高等教育 BIM 技术应用系列教材

Revit 2021 基础

主　编　王　婷
副主编　陈海涛　潘　辉
参　编　刘志辉　余辰轩
　　　　郑　琪　熊　丽
　　　　罗来鸣　熊志峰
　　　　刘宇凡　谭　斌

科 学 出 版 社
北　京

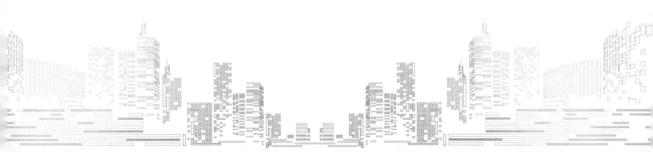

内 容 简 介

Autodesk Revit（以下简称 Revit）软件是欧特克（Autodesk）公司基于 BIM（Building Information Modeling，建筑信息模型）理念开发的建造三维设计产品，在市场占据主导地位。本书专为初学者快速入门 Revit 而量身编写，由浅入深，通俗易懂；图文并茂，逻辑严密；案例丰富，快速上手。

本书共有 4 章，主要内容如下：第 1 章主要介绍 Revit 软件的基础操作；第 2 章通过小别墅案例详细介绍了 Revit 项目建模的流程与构件功能命令的使用；第 3 章详细阐述族的创建及应用；第 4 章主要讲解体量的创建及应用。附录部分提供了 2 套模拟试题与小别墅图纸，以供读者自测与使用。

本书可作为全国高等、职业教育 BIM 技术课程的相关教材，也可作为全国 BIM 技能等级考试 Revit 初级的培训用书，还可供 BIM 技术项目实施、理论研究等从业人员学习和参考。

图书在版编目（CIP）数据

Revit 2021基础 / 王婷主编.—北京：科学出版社，2022.5
（高等教育BIM技术应用系列教材）
ISBN 978-7-03-070244-9

Ⅰ．①R… Ⅱ．①王… Ⅲ．①建筑设计–计算机辅助设计–应用软件–高等学校–教材 Ⅳ．①TU201.4

中国版本图书馆CIP数据核字（2021）第215732号

责任编辑：万瑞达 / 责任校对：王 颖
责任印制：吕春珉 / 封面设计：曹 来

科 学 出 版 社 出版
北京东黄城根北街 16 号
邮政编码：100717
http://www.sciencep.com

北京中科印刷有限公司印刷
科学出版社发行 各地新华书店经销

*

2022 年 5 月第 一 版 开本：787×1092 1/16
2022 年 5 月第一次印刷 印张：21 1/4
字数：485 000

定价：69.00 元

（如有印装质量问题，我社负责调换〈中科〉）

销售部电话 010-62136230 编辑部电话 010-62130874（VA03）

前 言

BIM（Building Information Modeling，建筑信息模型），于 2002 年首次提出，正引领建筑行业信息技术的变革。随着建筑技术、信息技术的不断发展，以及人们对智能、绿色、可持续性等建筑功能要求的不断提高，BIM 技术的应用已经被行业普遍认可。《2011—2015 年建筑业信息化发展纲要》的总体目标明确提出，在"十二五"期间，加快 BIM、基于网络的协同工作等新技术在工程中的应用。在《2016—2020 年建筑业信息化发展纲要》中，BIM 作为核心关键词贯穿全文，并明确了 BIM 与互联网、云计算、大数据等新技术结合应用的发展目标，这标志着"BIM+"的应用时代正式到来。2022 年 3 月住房和城乡建设部印发的《"十四五"住房和城乡建设科技发展规划》中明确："要以支撑建筑业数字化转型发展为目标，研究 BIM（建筑信息模型）与新一代信息技术融合应用的理论、方法和支撑体系，研发自主可控的 BIM 图形平台、建模软件和应用软件，开发工程项目全生命周期数字化管理平台，BIM 为数字化赋能正迸发新的生命力。"近些年，全国各地也纷纷出台关于 BIM 技术落地的政策与标准，且 BIM 在公路、水利等基础建设工程领域的应用也得到普遍认可，BIM 技术应用是大势所趋。正是在 BIM 引领建筑业信息化这一时代背景下，中国图学学会本着更好地服务于社会的宗旨，积极推动和普及 BIM 技术应用，从 2012 年开始，开展全国 BIM 技能等级考评工作；中国建设教育协会也于 2015 年全面开展全国 BIM 应用技能考评工作。

南昌航空大学是首批全国 BIM 技能等级考试和全国 BIM 应用技能考试的指定考点和培训单位，本书编写团队 2013 年开始积极组织编写 Revit 技能培训教程，并于 2015 年 1 月出版《全国 BIM 技能培训教程 Revit 初级》，旨在为相关读者提供快速掌握 Revit 软件行之有效的途径。2017 年，南昌航空大学教学团队对该教材重新进行修订，增加了族和体量的系统阐述，形成《全国 BIM 技能实操系列教程 Revit 2015 初级》。随着 Revit 版本的更新，其界面改动较大，功能也有所增改，原内容难以适应新版本软件操作，鉴于此，作者于 2020 年启动修订工作，以 Revit 2021 版本为基础进行内容更新，形成本书。

Revit 软件是一款基于 BIM 理念开发的建筑三维设计产品，可实现协同工作、参数化设计、结构分析、工程量统计、碰撞检查、二维出图等功能，且具有"一处修改、处处更新"的特点。这些功能的实现，大大提高了设计的高效性、准确性，为后期的施工、运营等提供便利。本书是专门为初学者快速入门 Revit 软件而量身编写的，同时结合案例与试题以巩固学习各知识点，力求保持简明扼要、通俗易懂、实用性强的编写风格，帮助读者更快捷地掌握 Revit 应用。本书主要写作特点如下。

1. 由浅入深，通俗易懂

本书内容所包含的信息量丰富：第一，本书首先对 Revit 的基本概念、界面和基础操作进行介绍，让读者了解 Revit 软件的总体结构；第二，结合实际操作，以完整的小别墅案例详解建模流程，并拓展讲解操作命令，力求使读者轻松上手；第三，系统介绍族和体量的基本概念和创建方法，深入浅出地讲解族和体量的创建要素和特征。

2. 图文并茂，逻辑严密

为了使软件命令更加容易理解，软件操作过程更加熟练，本书为各个操作命令配置相对应的图片，使每个命令在对比操作过程中一目了然，大大减少了因文字描述带来的操作不明确的问题。本书编写采用了发散型思维方法，在讲解一个操作命令的同时，举一反三，尽可能多地罗列出此命令的实践应用点，帮助读者巩固所学知识点。

3. 案例丰富，快速上手

本书在 Revit 应用的讲解过程中不仅讲解各命令的使用方式，同时还结合具体的小别墅案例与拓展练习题进行各应用点的拓展学习，帮助读者能从"死命令"的学习模式中"跳"出来，灵活地学习 Revit 软件，有助于在面对实际项目时能有据可依，快速上手。

本书"第 1 章 Revit 基础"、"2.12 渲染与漫游"、"2.13 明细表"与"2.14 布图与打印"等模块内容为建模流程或模型应用的介绍，需基于已有模型体现，因此功能介绍中直接采用小别墅案例讲解、无案例讲解和拓展练习。各节后的拓展练习和课后练习均有相应的视频参考，可扫码观看。

贯穿于本书内容的小别墅模型配有对应的 2016 版本和 2021 版本的".rvt"文件，各章后的拓展练习和课后练习也配有匹配的".rvt"文件，可通过登录网站 www.abook.cn 进行下载使用。

本书由南昌航空大学土木建筑学院王婷担任主编，陈海涛、潘辉担任副主编。本书编写分工如下：王婷、陈海涛编写第 1 章，陈海涛、潘辉、刘志辉、余辰轩、郑琪、熊丽编写第 2 章，潘辉、刘志辉编写第 3 章，陈海涛、余辰轩编写第 4 章，郑琪、熊丽、罗来鸣、熊志峰、刘宇凡、谭斌编写练习题并录制视频，王婷、陈海涛、潘辉负责拟定大纲及统稿、审稿。

本书能够出版，首先感谢陈海涛、潘辉、刘志辉、余辰轩、郑琪、熊丽等为本书的撰写投入了大量精力，其次感谢科学出版社万瑞达先生的倾力支持和悉心审阅。

书中难免存在不妥之处，衷心欢迎广大读者批评指正。

目　录

CONTENTS

第1章

Revit 基础

1.1 Revit 概述

■学习目标

1. 了解 Revit 软件作用与特性。
2. 掌握 Revit 软件中一些应用的基本概念。

1.1.1 Revit 简介

Revit 是构建 BIM 模型的基础平台。从概念性研究到施工图纸的深化出图及明细表的统计，Revit 可带来明显的竞争优势，提供了更好的组织协调平台，并大幅提高了工程质量，使建筑师和建筑团队的其他成员获得更高收益。

Revit 自 2013 版开始，将 Autodesk Revit Architecture（建筑）、Autodesk Revit MEP（机电）和 Autodesk Revit Structure（结构）三者合为一个整体，用户只需一次安装就可以享有建筑、机电、结构建模环境，使用时更加方便高效。Revit 历经多年的发展，功能也日益完善，本书使用版本为 Revit 2021。

Revit 具有全面创新的概念设计功能，可自由地进行模型创建和参数化设计，还能对早期的设计进行分析。借助这些功能，可以自由绘制草图，快速创建三维模型。还可利用 Revit 内置的工具进行复杂外观的概念设计，为建造和施工准备模型。随着设计的持续推进，Revit 支持参数化创建复杂的形状，并提供更高的创建控制力、精确性和灵活性。从概念模型到施工图纸的整个设计流程都可以在 Revit 软件中完成。

Revit 在设计阶段的应用主要包括 3 个方面，即建筑设计、结构设计及机电深化设计。在 Revit 中进行建筑设计，除可以建立真实的三维模型外，还可以直接通过模型得到设计师所需的相关信息（如图纸、表格、工程量清单等）。利用 Revit 的机电（系统）

设计可以进行管道综合、碰撞检查等工作，更加合理地布置水暖电设备和管道，另外还可以进行建筑能耗分析、水力压力计算等。结构设计师通过绘制结构模型，结合 Revit 自带的结构分析功能，能够准确地计算出构件的受力情况，协助工程师进行设计。

1.1.2　Revit 的基本概念

1．项目

项目是单个设计信息数据库模型。项目文件包含建筑的所有设计信息（从几何图形到构造数据），如建筑的三维模型，平、立、剖面及节点视图，各种明细表，施工图图纸，以及其他相关信息，其文件扩展名为 .rvt。

2．项目样板

项目样板即在文件中定义的新建项目中默认的初始参数，如项目默认的度量单位、楼层数量的设置、层高信息、线型设置、显示设置等。项目样板相当于 AutoCAD 的 .dwt 文件，其文件扩展名为 .rte。

3．族

族是构成 Revit 项目的基本元素，同时是参数信息的载体。例如，"桌子"作为一个族可以有尺寸和材质参数信息。Revit 中的族分为内建族、系统族和可载入族 3 类，详情参见 3.1.2 节。族文件的扩展名为 .rfa。

4．图元

图元是基于族创建的实例图形单元，如在项目中建立的墙、门、窗等都称之为图元。图元根据类型可分为基准图元、模型图元、注释图元和详图图元。其中，基准图元如标高轴网图元；模型图元为三维实体模型，如墙、屋顶；注释图元包括尺寸标注、注释文字；详图图元则为图纸中的标识，如详图线、填充区等。

5．族样板

族样板是自定义可载入族的基础，Revit 根据自定义族的不同用途与类型提供了多个对象的族样板文件，族样板中预定义了常用视图、默认参数和部分构件，创建族初期应根据族类型选择族样板，族样板文件扩展名为 .rft，详见 3.2 节。

6．概念体量

概念体量属于特殊的族，其具有灵活的建模工具，可快速便捷地创建复杂的概念形体，可直接将建筑图元添加到这些形状中，并统计概念体量模型的建筑楼层面积、占地面积、外表面积等设计数据，可以方便快捷地完成网架结构的三维建模设计，详见第 4 章。

1.1.3　Revit 的基本特性

1. 可视化

Revit 模型可以从任意位置和任意角度查看，从模型中点选构件，不仅可以查看图元的尺寸、材质等参数属性，还可以查看该图元的设备型号和有关技术指标等场地属性。Revit 模型的可视化能够同构件之间形成互动性和反馈性，可视化的模型不仅可以展示效果图和生成报表，在项目设计、建造、运营过程中的沟通、讨论、决策也均可在可视化的状态下高效进行。

2. 协调性

整个三维建筑模型是一个集成的数字化数据库。模型中构件所有的实体和功能特征都以数字形式存储在数据库中，存储数据库与视图间的双向关联性，使所有的图形和非图形数据都能够轻松协调。例如，修改项目中的三维图形，其平、立、剖面视图和明细表统计也会同步修改。

3. 模拟性

通过显示、隐藏或设置不同颜色等方法，由 Revit 建立的 3D 场地实体模型不仅能够对建筑项目整体和节点施工工艺进行直观演示，而且能够运用 BIM 模型结合一系列辅助设计工具进行各施工阶段的场地布置及施工模拟。

4. 参数化

Revit 的 3D 模型具有参数化修改功能，即构件的移动、删除和尺寸的修改引起的参数变化会引起相关构件的参数产生关联的变化，在任意视图下产生的参数化变更都能双向地传播到所有视图。另外，模型的参数化修改不受时间顺序和空间顺序的限制，这对于后期的优化修改工作具有非常重要的意义。

5. Revit 和 CAD 的对比

利用 Revit 建立的模型具有三维显示功能，构件具有参数化、关联性的特点，在建模和出图方面都表现得更加准确快捷；而广为流行的传统设计工具以 AutoCAD（以下简称 CAD）为主，主要用于二维绘图、设计文档和基本二维设计等，同时也具有三维显示功能，其中包含的信息量和使用功能与 BIM 相比还存在很大的差别。表 1-1 所示为 Revit 和 CAD 的对比。

表 1-1　Revit 和 CAD 的对比

对比内容	Revit	CAD
内涵差异	从三维出发，必然包含二维模型	从二维出发，兼顾三维形象

续表

对比内容	Revit	CAD
设计平台	在同一个平台对平、立、剖面及三维视图进行设计，多重尺寸可同时准确定位	主要进行平面绘制，且只能在单一视图进行构件布置
参数设计	由多个属性参数控制，能够自由地修改模型的外观、材质、样式、尺寸	在平面视图上使用线条表示构件，只能进行三维设备的简单尺寸修改
设备建模	使用丰富的族样板和方便的三维创建功能，快速方便地进行设备的制作	由前期程序定制好，不能自动进行新设备的设计制作
图纸修改	各视图关联，修改平、立、剖面图及三维视图中一个视图，其他视图联动修改	只能在平面视图中进行修改，立面、剖面视图需要手动进行更新
断面视图	以视图的形式生成，方便、灵活，可以根据要求隐藏或显示构件及添加材质	以整体块的形式存在，只能查看，不能单独编辑
协同设计	通过链接功能链接各专业模型，生成局部三维视图，方便地进行定位和管理，同时可以导入其他平台进行碰撞分析检测	只能在二维状态下通过外部参照功能进行平面的协同

1.2　Revit 界面介绍

■**学习目标**

掌握 Revit 主页界面与工作界面的布局与基本设置。

Revit 2021 软件安装完成后，双击 Revit 2021 软件图标打开软件，打开主页界面，如图 1-1 所示。界面包括文件打开面板、最近使用文件面板、主视图切换按钮、帮助与信息中心、资源共享区。

1）文件打开面板：新建和打开项目文件和族文件。

2）最近使用文件面板：显示最近使用的项目文件和族文件，并支持单击快捷打开方式，初次使用 Revit 软件没有最近使用文件，最近使用文件面板中会默认显示系统自带的模型和族样例文件。

3）主视图切换按钮：单击切换主页显示方式，切换后显示工作界面的模式。

4）帮助与信息中心：用户遇到使用困难时，可打开帮助文件查阅相关帮助。

5）资源共享区：可查看 Autodesk 官方网站进行在线学习。

单击左侧"模型"中的"打开 ..."按钮，弹出"打开"对话框，选择本书提供的"小别墅 .rvt"文件（登录网站 www.abook.cn 下载学习），进入 Revit 工作界面，如图 1-2 所示，包括文件菜单、快速访问工具栏、选项卡、上下文选项卡、工具栏、选项栏、属性栏、项目浏览器、视图控制栏、状态栏、ViewCube 工具以及绘图区域。

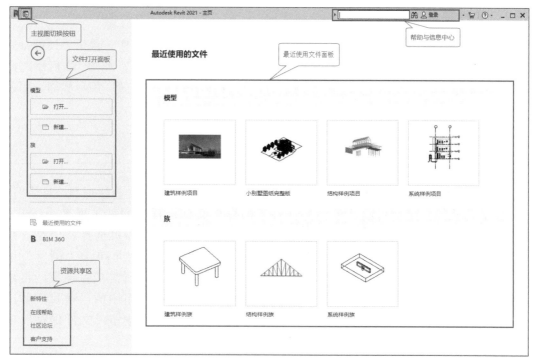

图 1-1

图 1-2

1.2.1　文件菜单

文件菜单 位于软件工作界面的左上方，其提供常用文件操作，包括"最近打开的文件""新建""打开""保存""另存为""导出""打印"等，如图 1-3 所示。此外，单击文件菜单右下角的"选项"按钮，可以查看和修改文件位置、用户界面、图形设置等。

1．新建与打开

（1）新建项目

执行"文件"→"新建"→"项目"命令如图 1-3 所示，弹出"新建项目"对话框，如图 1-4 所示。新建项目前，要先选择基于的样板文件，样板文件扩展名为 .rte。Revit 提供了一些默认样板文件，通过"样板文件"下拉列表即可选择。但是，系统自带样板文件较为简单，有时难以满足实际项目需求，此时可单击"浏览"按钮，自选所需样板文件。如果没有合适的项目样板，需先制作所需项目样板，再添加到项目中使用。在"新建项目"对话框中，如选中"新建"组中的"项目"单选按钮，则文件保存后扩展名为 .rvt；若选中"项目样板"单选按钮，文件保存后扩展名为 .rte。

图 1-3

图 1-4

（2）创建族

执行"文件"→"新建"→"族"命令，如图 1-5 所示，弹出"新族 – 选择样板文件"对话框，如图 1-6 所示。在该对话框中选择所需族样板（扩展名为 .rft），单击"打开"按钮后进入族绘制界面，详见第 3 章，完成族绘制后保存文件，扩展名为 .rfa。族样板与项目样板不同，其不支持自定义。

图 1-5

图 1-6

（3）打开文件

执行"文件"→"打开"命令或选择"打开"级联菜单中对应的文件类型，如图 1-7 所示。弹出"打开"对话框，如图 1-8 所示。选择所需打开的文件，此处选择"小别墅 .rvt"文件，单击"打开"按钮，即可打开文件。

图 1-7

图 1-8

2．"选项"按钮的使用

单击文件菜单右下角的"选项"按钮，如图 1-9 所示，弹出"选项"对话框，其中包括"常规""用户界面""图形""文件位置""渲染"等选项卡。下面介绍几个常用选项功能。

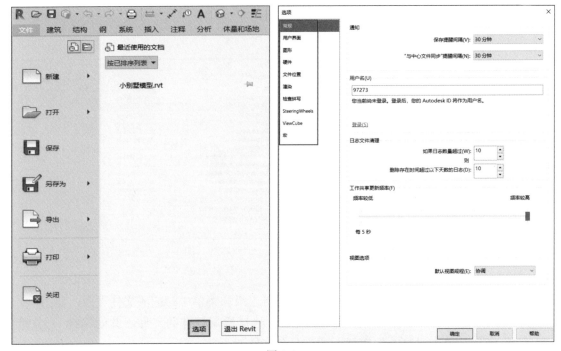

图 1-9

（1）"常规"选项卡

"常规"选项卡可以对保存提醒间隔、日志文件清理、工作共享更新频率、默认视图规程等进行设置，如图 1-10 所示。

（2）"用户界面"选项卡

"用户界面"选项卡如图 1-11 所示。在配置框中，通过选中或取消选中复选框，可设置"建筑"、"结构"、"系统"、"体量和场地"、能量分析以及路线分析等选项卡或工具的可见性。此外，单击或双击选项后的"自定义"按钮可进行相应的功能设置。取消选中"在家时启用最近使用的文件列表"复选框，在退出 Revit 后再次进入，主页界面会显示"最近使用文件已禁用"。若要显示最近使用的文件，重新选中该复选框即可。

（3）"图形"选项卡

"图形"选项卡如图 1-12 所示，其中常用到的是"背景"。在"背景"下拉列表中选择黑色，背景色将会由白色变为黑色，如图 1-13 所示。

（4）"文件位置"选项卡

"文件位置"选项卡可用于设置新建项目中默认的样板文件，初始安装会显示软件自带默认样板文件，可以利用✚或➖按钮添加或删除样板文件。同时，也可以设置默认的样板文件、用户文件默认路径及族样板文件默认路径，如图 1-14 所示。

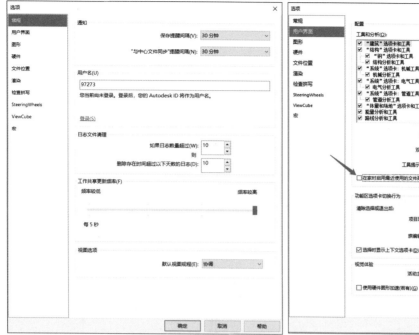

图 1-10

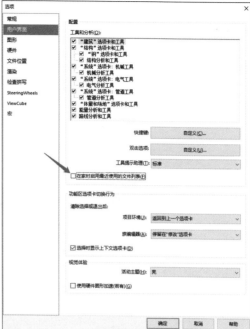

图 1-11

图 1-12

图 1-13

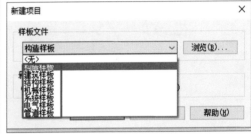

图 1-14

1.2.2　功能区

功能区包括选项卡、上下文选项卡和选项栏 3 部分。

1．选项卡

选项卡中包括 Revit 的主要命令，如图 1-15 所示。

图 1-15

1）"建筑"选项卡：创建建筑模型所需工具。

2）"结构"选项卡：创建结构模型所需工具。

3）"钢"选项卡：创建钢结构模型所需工具。

4）"预制"选项卡：创建预制结构模型所需工具。

5）"系统"选项卡：创建机电、管道、给排水模型所需工具。

6）"插入"选项卡：用于添加和管理次级项目，如导入 CAD、链接 Revit 模型等。

7）"注释"选项卡：将二维信息添加到设计中。

8）"分析"选项卡：对结构、机电等模型进行受力、压力损失分析等。

9）"体量和场地"选项卡：用于建模和修改概念体量族和场地图元。

10）"协作"选项卡：用于与内部和外部项目团队成员进行协作。

11）"视图"选项卡：用于管理和修改当前视图及切换视图。

12）"管理"选项卡：对项目和系统参数进行设置管理。

13）"附加模块"选项卡：只有在安装了第三方工具后才能使用附加模块。

14）"修改"选项卡：用于编辑现有的图元、数据和系统。

2. 上下文选项卡

上下文选项卡是在使用某个工具或选中某图元时跳转到的针对该命令或图元的选项卡，完成该命令或退出选中图元时，该选项卡将自动关闭。上下文选项卡一般会与修改选项卡进行合并显示。图 1-16 所示为进入墙绘制命令后，选项卡栏自动跳转到的"修改 | 放置 墙"上下文选项卡，完成墙体的绘制后"修改 | 放置 墙"上下文选项卡将自动关闭。

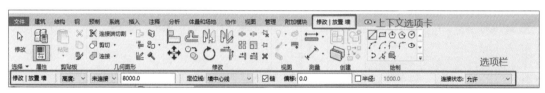

图 1-16

3. 选项栏

功能区下方即为选项栏，当选择不同的工具命令或选择不同的图元时，选项栏会显示与该命令或图元有关的功能选项，从中可以设置或编辑相关参数。图 1-16 所示为进入墙绘制命令后，选项栏显示当前绘制墙的参数及相关设置。

1.2.3　属性栏

属性栏会显示所选构件的图元属性，如图 1-17 所示。图元属性分为实例属性和类型属性，这里以选择"基本墙常规 –200mm"构件属性面板为例，其说明如下。

1）实例属性：属性面板直接显示的属性，是选中单个图元的属性，包括构件名称、标高和约束条件。

2）类型属性：单击属性栏中"编辑类型"按钮，弹出"类型属性"对话框，该对话框中的属性是同类型图元的共有属性，如图 1-18 所示。如果没有选中的构件，则属性面板默认显示当前视图属性，如图 1-19 所示。

如果不小心关闭了属性面板，可单击"修改"选项卡中的"属性"按钮重新打开，如图 1-20 所示；也可在"视图"选项卡→"窗口"面板→"用户界面"下拉列表中选中"属性"复选框，如图 1-21 所示。

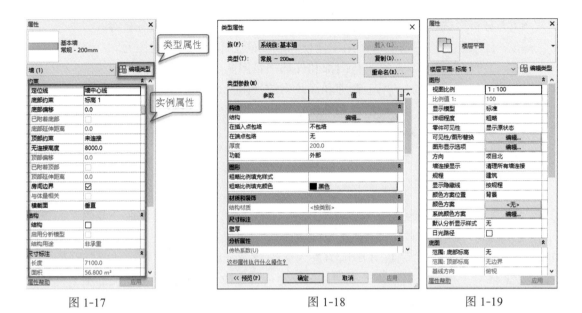

图 1-17   图 1-18   图 1-19

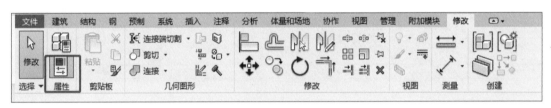

图 1-20

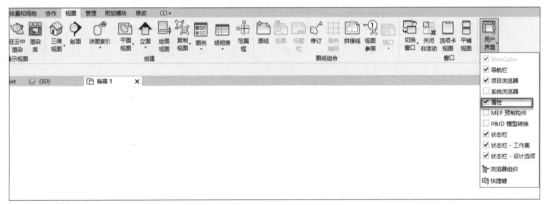

图 1-21

1.2.4 项目浏览器

项目浏览器用于组织和管理当前项目中的所有信息，包括项目中所有视图、明细表、图纸、族、链接的 Revit 模型等项目资源。项目设计时，最常用的就是利用项目浏览器在各个视图中进行切换，如图 1-22 所示。

如果不小心关闭了项目浏览器，可以选中"视图"选项卡→"窗口"面板→"用户界面"下拉列表中的"项目浏览器"复选框，即可重新打开项目浏览器，如图 1-23 所示。

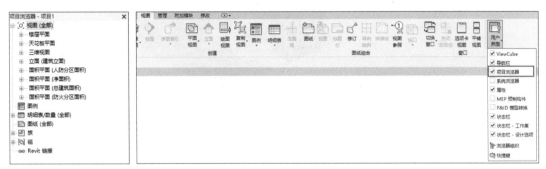

图 1-22　　　　　　　　　　　　　　　　　　　图 1-23

1.2.5　视图控制栏

视图控制栏位于 Revit 绘图区域窗口底部的状态栏上方，其可以控制视图比例、精细程度、视觉样式、临时隐藏 / 隔离等，如图 1-24 所示。

图 1-24

下面介绍视图控制栏中比较常用的命令。

1. 视觉样式

视图样式按显示效果由弱变强可分为线框、隐藏线、着色、一致的颜色和真实，显示的效果越好，计算机消耗的资源也就越多，对计算机的性能要求也就越高。因此，需根据实际需要，选择合适的显示效果。图 1-25 只给出了真实的显示效果，其他效果读者可自行尝试体会。

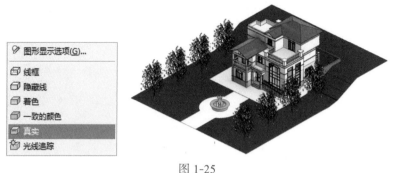

图 1-25

2. 临时隐藏/隔离

"临时隐藏/隔离"命令可以帮助设计人员在设计过程中，临时隐藏或者突显需要观察或者编辑的构件，为绘图工作提供了极大的方便。选择需要编辑的图元，单击图标，如图 1-26 所示，可以看到有 6 个选项：隔离类别、隐藏类别、隔离图元、隐藏图元、重设临时隐藏/隔离、将隐藏/隔离应用到视图，其中"重设临时隐藏/隔离、将隐藏/隔离应用到视图"功能默认灰显。当有对象临时隐藏时，进行临时隐藏/隔离模式，图标变为，重设临时隐藏/隔离、将隐藏/隔离应用到视图才会显示可用。下面以屋顶为例分别介绍这 6 种功能。

图 1-26

1）隔离类别：只显示与选中对象相同类别的图元，其他图元将被临时隐藏，如图 1-27 所示。

2）隐藏类别：选中的图元与其具有相同类别的图元将会被隐藏，如图 1-28 所示。

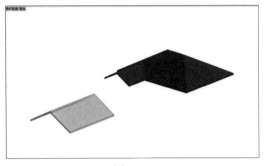

图 1-27

图 1-28

3）隔离图元：只显示选中的图元，其他图元不会被显示，如图 1-29 所示。

4）隐藏图元：只有选中的图元会被隐藏，其他图元不会被隐藏，如图 1-30 所示。

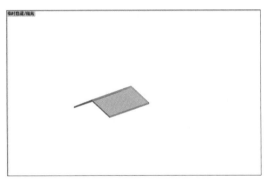

图 1-29

图 1-30

5）重设临时隐藏 / 隔离：选择"重设临时隐藏 / 隔离"选项，则所有临时隐藏的图元均会重新显示在视图范围，如图 1-31 所示。

6）将隐藏 / 隔离应用到视图：选择"将隐藏 / 隔离应用到视图"选项，临时隐藏或隔离的图元会永久隐藏和隔离，图标 会恢复为 。

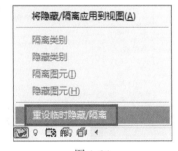

图 1-31

3．显示隐藏的图元

如果想恢复永久隐藏的图元，可单击"显示隐藏图元"按钮，此时被隐藏的图元轮廓线显示为暗红色，如图 1-32 所示。选中想要被显示的图元，右击，在弹出的快捷菜单中选择"取消在视图中隐藏"→"图元"命令，如图 1-33 所示。完成后再次单击"显示隐藏图元"按钮，即可重新显示被隐藏的图元。

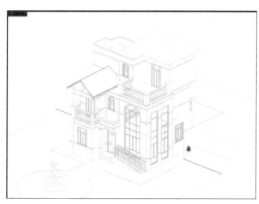

图 1-32

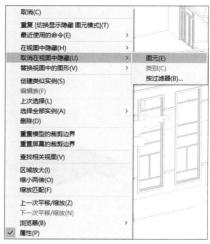

图 1-33

1.2.6 ViewCube 工具

ViewCube 工具 位于三维视图中绘图区域的右上角，使用该工具可以方便地将视图旋转至东南轴测、顶部视图等常用的三维视点。

图 1-34

ViewCube 立方体中各顶点、边、面和指南针的指示方向代表三维视图中不同的视点方向，单击立方体各顶点、边、面或指南针，可以在对应视角间切换显示；按住 ViewCube 立方体的任意位置拖动鼠标，可以旋转视图。例如，单击 ViewCube 立方体的左上角（图 1-34），则将切换视图方向为东南轴测视图，效果如图 1-35 所示。

图 1-35

使用 ViewCube 工具可以在三维视图中按各指定方向快速查看模型，在进行方案表达时可极大地提高工作效率。值得注意的是，使用 ViewCube 工具仅改变三维视图中相机的视点位置，并不能代替项目中的立面视图。

1.2.7　状态栏

状态栏位于应用程序窗口的底部，如图 1-36 所示。状态栏包括文字提示、工作集、设计选项与选择设置四项内容。

图 1-36

1）文字提示：为用户提供一些操作技巧或提示，高亮显示图元或构件时，状态栏会显示族和类型的名称。

2）工作集：提供对工作共享项目的工作集对话框的快速访问。该显示字段显示处于活动状态的工作集。使用下拉列表可以显示已打开的其他工作集（若要隐藏状态栏中"工作集"控件，可取消选中"视图"选项卡→"窗口"面板→"用户界面"下拉列表中的"状态栏 – 工作集"复选框）。

3）设计选项：提供对设计选项对话框的快速访问。该显示字段显示处于活动状态的设计选项。使用下拉列表可以显示其他设计选项，使用"添加到集"工具可以将选中的图元添加到活动的设计选项（若要隐藏状态栏中的"设计选项"控件，可取消选中"视图"选项卡→"窗口"面板→"用户界面"下拉列表中的"状态栏 – 设计选项"复选框）。

4）选择设置：进行选择方式与过滤的设置，具体功能如下。

① 选择链接 ：选择链接进项目中的模型及其图元。

② 选择基线图元 ：选择视图中的基线图元。

③ 选择锁定图元 ：选择被锁定的图元。

④ 按面选择图元 ：可单击某个面选择图元，而不用选择边或选择某个图元。

⑤ 选择时拖曳图元 ：在选择图元的情况下拖曳。

⑥ 过滤 ：优化在视图中选中的图元类别。例如，按住 Ctrl 键，依次选中小别墅北侧 2F 墙、C4 和两扇 C6 共 4 个图元，如图 1-37 和图 1-38 所示。单击右下角的过滤器 按钮，弹出"过滤器"对话框，如图 1-39 所示。

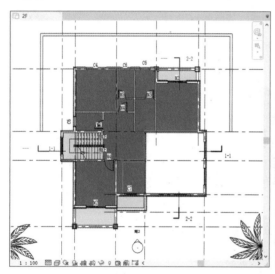

图 1-37

图 1-38

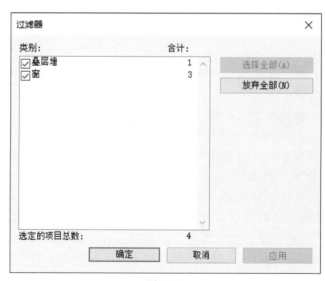

图 1-39

由于选择了两扇 C6，因此选中项目总数为 4，其中叠层墙图元个数为 1，窗图元个数为 3。此时取消选中"窗"复选框，单击"确定"按钮，从视图中可以看出，现在只有叠层墙是被选中的，如图 1-40 所示。

图 1-40

1.2.8　快速访问工具栏

快速访问工具栏位于软件界面的左上方，便于使用者快速访问某些命令，如快速进入 3D 视图，快速创建剖面等。单击快速访问工具栏的下拉按钮，打开工具列表，如图 1-41 所示。

1. 移动快速访问工具栏

可设置快速访问工具栏工具列表显示在功能区的上方或下方。单击快速访问工具栏下拉按钮，在打开的下拉列表中选择"在功能区下方显示"或"在功能区上方显示"选项，如图 1-41 所示，即可改变快速访问工具栏的位置。

2. 添加与删除快速访问工具栏功能

在功能区内查找要添加的工具，在该工具上右击，在弹出的快捷菜单中选择"添加到快速访问工具栏"命令，即可完成功能的添加，如图 1-42 所示。

删除功能：取消图 1-41 中的功能勾选，可删除快速访问工具栏的对应功能。

【提示】上下文选项卡上的某些工具无法添加到快速访问工具栏中。

自定义快速访问工具栏

新建
✓ 打开
✓ 保存
✓ 与中心文件同步
✓ 放弃
✓ 重做
✓ 测量
✓ 对齐尺寸标注
✓ 按类别标记
✓ 文字
✓ 默认三维视图
✓ 剖面
✓ 细线
✓ 关闭隐藏窗口
✓ 切换窗口

自定义快速访问工具栏
在功能区下方显示

图 1-41

图 1-42

3．自定义快速访问工具栏

单击图 1-41 中自定义快速访问工具栏，弹出"自定义快速访问工具栏"对话框，如图 1-43 所示。在该对话框中，可自定义快速访问功能的顺序、添加分隔线、删除工具或分隔线等操作，如表 1-2 所示。

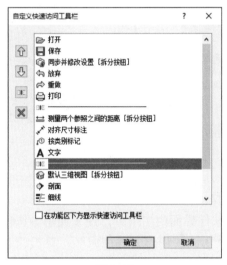

图 1-43

表 1-2　自定义快速访问功能

目标	操作
向上或向下移动工具	单击⬆（上移）或⬇（下移）将该工具移动到所需位置
添加分隔线	选择要显示在分隔线上方（左侧）的工具，然后单击▣▣（添加分隔线）
删除工具或分隔线	选择该工具或分隔线，然后单击☒（删除）

1.2.9　帮助与信息中心

用户在遇到使用困难时，可以随时选择"帮助与信息中心"中的"帮助"选项，打开帮助文件，查阅相关帮助。

如果是 Autodesk 用户，还可以登录到 Autodesk 中心，使用一些只为 Autodesk 用户提供的功能，如对概念体量进行建筑性能分析、能耗分析等。

1.3　Revit 基础操作

■**学习目标**

1. 掌握视图缩放、平移、旋转、打开、
   关闭等基本操作。
2. 掌握图元单选、多选、框选、切换等
   选择操作。
3. 掌握基本线的绘制命令。
4. 掌握图元修改操作。

1.3.1　视图操作

1. 视图基本操作

Revit 软件中，所有的三维视图、二维视图、明细表、图纸等都属于视图的范畴，均可在项目浏览器中快速访问。常用的视图操作包括视图放大、缩小、平移，三维建模环境中还有视图旋转、定位等操作，如表 1-3 所示。

表 1-3　视图基本操作

目标	操作
视图放大与缩小	滚动鼠标中键滚轮
视图平移	按住鼠标中键，移动鼠标
视图旋转	按住 Shift+ 鼠标中键，移动鼠标
视图定位	双击鼠标中键，快速定位

2. 视图平铺与还原

在项目浏览器中，可以选择平面、立面、剖面和三维等不同视图观察模型。打开多个视图后，直接输入 WT（视图窗口平铺），或单击"视图"选项卡→"窗口"面板→"平铺视图"按钮，即可同时看到所有打开的视图，如图 1-44 所示。Revit 使用三维参数化设计，所有构件在各个视图都是互通的，在一个视图中改变了构件的属性，其他视图也会进行相应的改变，这为进行精细化的设计及寻找设计中存在的错误提供了方便。单击"视图"选项卡→"窗口"面板→"选项卡视图"按钮，关闭平铺视图，还原视图。

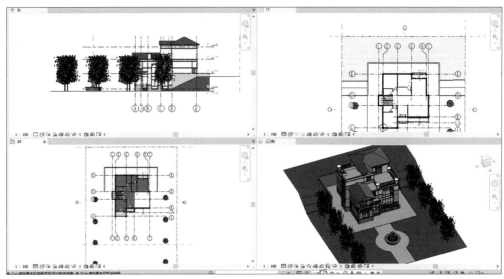

图 1-44

3．视图批量关闭

在进行项目应用时，需要使用项目浏览器频繁地切换视图，而切换视图的次数过多，可能会因为视图窗口过多而消耗计算机内存，因此需及时关闭多余视图。单击视图上的图按钮即可关闭视图，如果所有视图都需要关闭，可单击"视图"选项卡→"窗口"面板→"关闭非活动"按钮，即可关闭绘图区未显示的非活动窗口，如图 1-45 所示。

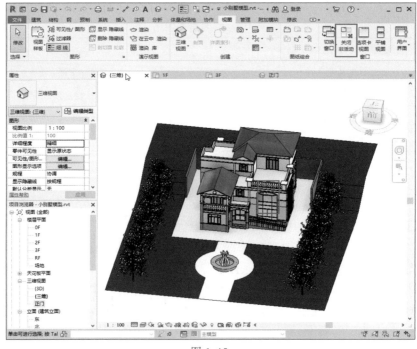

图 1-45

4．粗 / 细线设置

软件默认打开模式是粗线模式，当在绘图中需要更加细致的表现时，单击"视图"选项卡→"图形"面板→"细线"按钮即可，如图 1-46 所示。

图 1-46

1.3.2　选择操作

Revit 基于三维环境建模，在大型项目应用中，其图元数量和种类会非常多，因此快速准确地选择操作构件十分重要。

1．选择状态

Revit 中构件的选择状态有 3 种，分别为初始状态、预选状态和选中状态，如图 1-47 所示。构件默认为未选中状态，将光标移动到要选中的图元上后，该图元转换为预选状态，预选状态下模型边界会高亮显示，单击，该构件则为选中状态，选中状态下构件呈现蓝色半透明状态。

【提示】预选状态用于提前判断选中的构件，避免选中错误构件。

(a) 初始状态　　　(b) 预选状态　　　(c) 选中状态

图 1-47

2．选择设置

在任意选项卡左侧的"选择"下拉菜单中可对选择功能进行设置，如图 1-48 所示。

1）选择链接：设置是否需要选择链接文件及其图元；

2）选择基线图元：设置是否需要选择基线中的图元；

3）选择锁定图元：设置是否需要选择锁定图元；

图 1-48

4）按面选择图元：软件默认是按线选择图元，选择该选项后，可移动至图元任意表面选择图元；

5）选择时拖拽图元：设置是否需要拖拽预选状态的图元。

3. 图元选择方法

Revit 提供了多种图元选择方法，用于高效选择操作。下面介绍图元的基本选择方法和过滤器选择方法。

1）基本选择方法。图元的基本选择方法是通过鼠标直接选取，如表 1-4 所示。

表 1-4　图元的基本选择方法

选择方法	操作
单选构件	鼠标指针移动至构件，单击
加选	按住 Ctrl 键的同时单击需要选择的图元
减选构件	按住 Shift 键的同时单击需要选择的图元
正框选	鼠标从左向右框选为正框选，自动选中完全包含在选择框范围内的构件
反框选	鼠标从右向左框选为反框选，自动选中完全包含与部分包含在选择框范围内的构件
切换选择	常用于多个构件重叠的选择。鼠标指针移动至重叠范围，按 Tab 键可切换预选构件，直至预选为需选构件，单击选择构件
选择同类型构件	选择一个图元后，输入快捷键 SA

2）过滤器选择方法。过滤器选择方法常常配合框选使用，可对选中的构件进行分类和数量筛选，如图 1-49 所示，通过选中和取消选中状态来进行多类别选择。

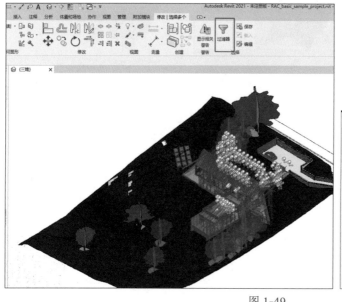

图 1-49

1.3.3　绘制命令

绘制命令是 Revit 模型各个创建功能的基础，但默认软件界面中并没有显示，需单击具体构件绘制命令后显示。例如，单击"建筑"选项卡→"模型"面板→"模型线"按钮，将自动跳转至"修改 | 放置 线"选项卡。较常规"修改"选项卡，该选项卡多了"绘制"面板，并激活了选项栏，如图 1-50 所示。

图 1-50

1．绘制功能

"绘制"面板中提供了丰富的绘制命令，包括线、矩形、内接多边形、外接多边形、圆形、起点终点半径弧、圆心端点弧、相切端点弧、圆角弧、样条曲线、椭圆线、半椭圆与拾取线等，如表 1-5 所示。

表 1-5　绘制命令

命令	图标	功能说明
线		单击起点和终点，可创建一条直线
矩形		通过拾取两个对角，生成矩形线框
内接多边形		通过拾取圆心和端点，设置边数，创建内接多边形
外接多边形		通过拾取圆心和端点，设置边数，创建外接多边形
圆形		指定圆心和半径，创建圆形
起点终点半径弧		通过指定起点、终点和半径，创建一段圆弧
圆心端点弧		通过指定圆心和弧的两个端点，创建一段圆弧
相切端点弧		通过拾取既有线与端点，创建与既有线相切的圆弧线
圆角弧		通过拾取两条相交既有线，生成圆角
样条曲线		创建一条经过或靠近制定点的平滑曲线
椭圆线		通过在两个方向上指定中心点和半径创建椭圆
半椭圆		创建半个椭圆
拾取线		根据绘图区域中选定的现有线或边创建一条线

2. 选项栏

1）放置平面：设置模型线的放置标高，如图1-51所示，设置绘制模型线放置在"标高：2F"上。

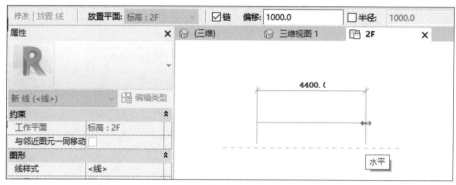

图 1-51

2）链：选中该复选框可连续绘制首尾相连的多段线段。

3）偏移：输入偏移值后，生成的线会发生偏移，偏移值为正数则以前进方向向右偏移，偏移值为负数则向左偏移。

4）半径：选中该复选框后，偏移功能会禁用，绘制连续线段会自动生成圆角，圆角半径为所输入数值，如图1-52所示。

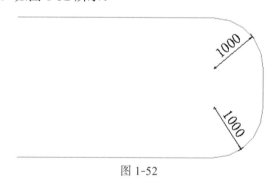

图 1-52

1.3.4 修改命令

本小节对"修改"选项卡→"修改"面板进行简单介绍。

"修改"面板如图1-53所示。

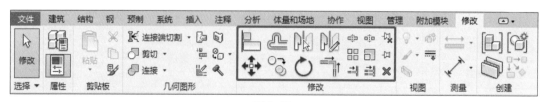

图 1-53

1）对齐 ：对构件进行对齐处理，单击"对齐"按钮 ，先选中被对齐的构件，再选中需要对齐的构件，图 1-54 所示为下面墙体与轴线对齐示意。在选中对象时可以使用 Tab 键精确定位。

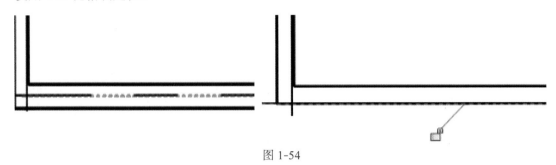

图 1-54

2）偏移 ：使图元按规定距离移动或复制。如果需要生成新的构件，选中选项栏中"复制"复选框，如图 1-55 所示，单击起点后输入数值，按 Enter 键确定即可。

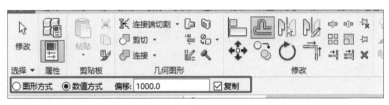

图 1-55

偏移有两种方式：图形方式和数值方式。图形方式在选中了构件之后，需要到图纸上确定距离（图 1-56）；而数值方式只需直接输入偏移数值即可。

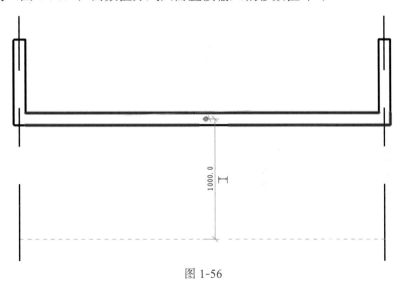

图 1-56

3）镜像：镜像分为镜像拾取轴 和镜像绘制轴 两种。其中，镜像拾取轴在拾取已有轴线之后，可以得到与原像轴对称的镜像；而镜像绘制轴则需要自己绘制对称轴。

4）拆分◨：在平面、立面或三维视图中单击墙体的拆分位置，即可将墙以水平方向或垂直方向拆分成几段。

5）间隙拆分◨◨：操作方式同"拆分"功能，但只能应用于墙体，且拆分后的两段墙体以间隙隔开。

6）移动✦：选中需要移动的对象，单击"移动"按钮，即可移动对象。

7）复制◉：选中选项栏中的"约束"与"多个"复选框 修改|墙 ☑约束 □分开 ☑多个 ，拾取复制的参考点和目标点，即可复制多个墙体到新的位置。要结束复制操作可以右击，在弹出的快捷菜单中选择"取消"命令，或者按 Esc 键。"约束"是指只能正交复制，"多个"是指在执行一次命令前提下复制出多个图元。

8）旋转◉：选中对象，单击"旋转"按钮，单击状态栏中的"地点"按钮，可选择旋转的中心。其中，选中"复制"复选框会出现新的墙体；选中"分开"复选框，墙体旋转之后会和原来连接的墙体分开，如图 1-57 所示。设置好"分开"和"复制"后，选中一个起始旋转平面，输入旋转角度，按 Enter 键即可。图 1-58 所示为选中了"分开"和"复制"复选框的旋转墙体，角度为 45°。

| 修改 | 墙 | □分开 □复制 | 角度： | | 旋转中心：地点 | 默认 |

图 1-57

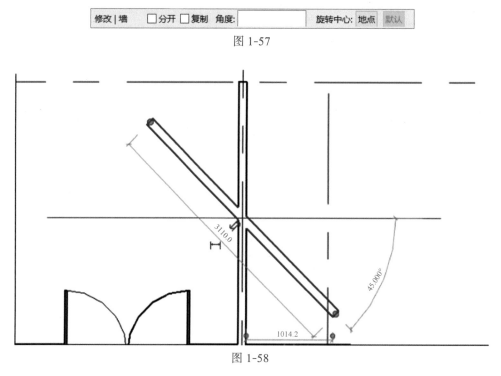

图 1-58

9）修剪/延伸为角◨：修剪/延伸图元，使两个图元形成一个角。

10）修剪/延伸单个图元◨：可修剪/延伸一个图元（如墙、线或梁）到其他图元定义的边界。

11）修剪/延伸多个图元◨：可修剪/延伸多个图元（如墙、线或梁）到其他图元定义的边界。

12）阵列 ⊞：单击"阵列"按钮，设置选项栏中的相应选项，在视图中拾取参考点和目标点位置，二者间距作为第一个墙体和第二个或者最后一个墙体的间距值，自动阵列墙体，如图 1-59 所示。如选中"成组并关联"复选框，阵列后的标高将自动成组，需要编辑该组才能调整墙体的相应属性；"项目数"包含被阵列对象在内的墙体个数；选中"约束"复选框，可保证沿正交方向阵列，如图 1-60 和图 1-61 所示。

| 修改 \| 墙 | 激活尺寸标注 | ⊞ ⟲ | ☑成组并关联 项目数: 4 | 移动到: ○第二个 ◉最后一个 ☑约束 |

图 1-59

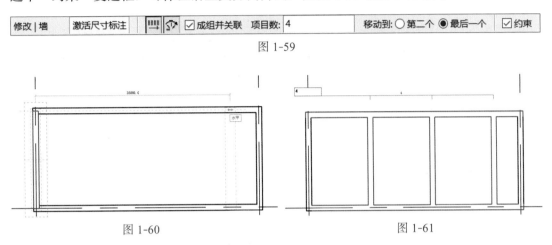

图 1-60　　　　　　　　　　　　　　　　图 1-61

13）缩放 ⬚：选中墙体，单击"缩放"按钮，缩放方式选择"图形方式"，单击整道墙体的起点和终点，以此作为缩放的参照距离；再单击墙体新的起点和终点，确认缩放后的大小距离，如图 1-62 所示。如果为"数值方式"，则直接缩放比例数值，按 Enter 键确认即可，如图 1-63 所示。

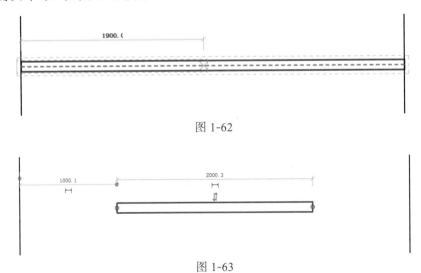

图 1-62

图 1-63

14）锁定 ⬚：用于锁定模型图元移动和修改。

15）解锁 ⬚：用于解锁模型图元，以使其可以移动和修改。

16）删除 ⬚：从模型中删除选中构件。

1.3.5 尺寸标注

Revit 中的"尺寸标注"面板位于"注释"选项卡下，如图 1-64 所示，提供了对齐、线性、角度、半径、直径、弧长、高程点、高程点坐标和高程点坡度等功能，用于对构件进行尺寸标注。尺寸标注功能介绍如表 1-6 所示。其中，对齐标注功能是最常用的尺寸标注功能，可在快速访问工具栏中单击 按钮快速使用。

图 1-64

表 1-6　尺寸标注功能介绍

功能名称	图标	功能说明
对齐标注	对齐	标注平行参照之间或多点之间的距离
线性标注	线性	标注水平和垂直参照之间的距离
角度标注	角度	标注两条参照线的角度
半径标注	半径	标注圆或圆弧的半径
直径标注	直径	标注圆或圆弧的直径
弧长标注	弧长	标注圆弧的弧长
高程点标注	高程点	标注选中点的高程
高程点坐标标注	高程点坐标	标注选中点的高程和平面坐标
高程点坡度标注	高程点坡度	标注选中点的坡度

【提示】尺寸标注过程中，通过单击参照面或点，可选中 / 取消参照点。因此，在标注尺寸过程中，应避免连续单击同一参照，以免取消选中。通过单击空白位置对尺寸标注进行确认。

1.3.6　快捷键的使用

在使用修改编辑图元命令时，往往需要进行多次操作。为避免花费太多时间寻找命令的位置，可使用快捷键加快操作速度。

Revit 的快捷键都由两个字母组成，在工具提示中可以看到快捷键的分配。以图 1-65 中的"对齐"命令为例，线框中的 AL 就是对齐命令的快捷键，将输入法切换到英文输入状态，直接按 AL 键即可。退出的快捷键为 Esc。

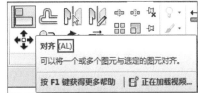

图 1-65

Revit 还允许用户自定义快捷键，如图 1-66 所示，在"视图"选项卡→"窗口"面板→"用户界面"下拉列表中选择"快捷键"选项，弹出图 1-67 所示的"快捷键"对话框。

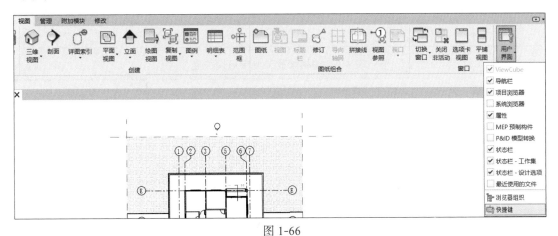

图 1-66

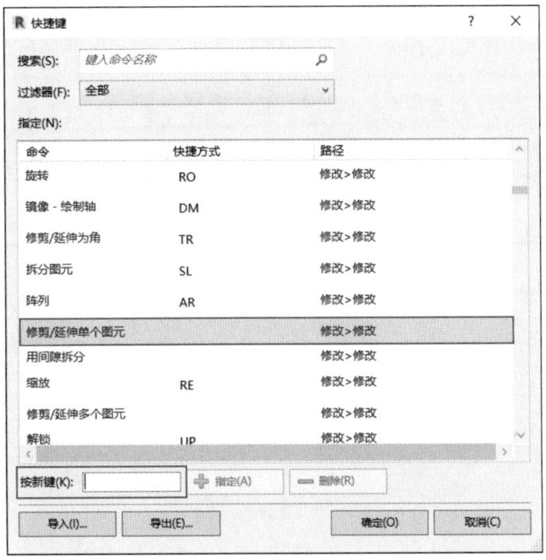

图 1-67

快捷键主要分为建模与绘图工具常用快捷键、编辑修改工具常用快捷键、捕捉替代常用快捷键和视图控制常用快捷键 4 种，具体分类如表 1-7～表 1-10 所示。

表 1-7　建模与绘图工具常用快捷键

命令	快捷键	命令	快捷键
墙	WA	对齐标注	DI
门	DR	标高	LL
窗	WN	高程点标注	EL
放置构件	CM	绘制参照平面	RP
房间	RM	模型线	LI
房间标记	RT	按类别标记	TG
轴线	GR	详图线	DL
文字	TX		

表 1-8　编辑修改工具常用快捷键

命令	快捷键	命令	快捷键
删除	DE	对齐	AL
移动	MV	拆分图元	SL
复制	CO	修剪 / 延伸	TR
旋转	RO	偏移	OF
定义旋转中心	R3	在整个项目中选择全部实例	SA
列阵	AR	重复上上个命令	RC
镜像 – 拾取轴	MM	匹配对象类型	MA
创建组	GP	线处理	LW
锁定位置	PP	填色	PT
解锁位置	UP	拆分区域	SF

表 1-9　捕捉替代常用快捷键

命令	快捷键	命令	快捷键
捕捉远距离对象	SR	捕捉到远点	PC
象限点	SQ	点	SX
垂足	SP	工作平面网格	SW
最近点	SN	切点	ST
中点	SM	关闭替换	SS
交点	SI	形状闭合	SZ

续表

命令	快捷键	命令	快捷键
端点	SE	关闭捕捉	SO
中心	SC		

表 1-10　视图控制常用快捷键

命令	快捷键	命令	快捷键
区域放大	ZR	临时隐藏类别	HC
缩放配置	ZF	临时隔离类别	IC
上一次缩放	ZP	重设临时隐藏	HR
动态视图	F8	隐藏图元	EH
线框显示模式	WF	隐藏类别	VH
隐藏线显示模式	HL	取消隐藏图元	EU
带边框着色显示模式	SD	取消隐藏类别	VU
细线显示模式	TL	切换显示隐藏图元模式	RH
视图图元属性	VP	渲染	RR
可见性图形	VV	快捷键定义窗口	KS
临时隐藏图元	HH	视图窗口平铺	WT
临时隔离图元	HI	视图窗口层叠	WC

1.4　Revit 2021 新版功能介绍

■学习目标

了解 Revit 2021 的新版功能。

Revit 2021 软件的新增和增强功能支持（可延伸至细节设计和施工）多领域设计建模的一致性、协调性和完整性。

1. 衍生式设计

Revit 2021 在"管理"选项卡中新增了"衍生式设计"面板，包括"创建分析"与"浏览结果"，如图 1-68 所示。可以用计算机代替人工去计算，以便得到较好的计算结果。

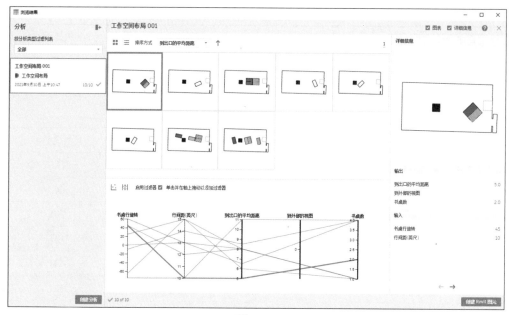

图 1-68

2．实时真实视图功能

Revit 2021 中"图形显示选项"对话框中的设置可以增强模型视图的视觉效果，实现更优质、更方便、更快速的真实视图直接实时地工作，如图 1-69 所示。

图 1-69

3．电气回路命名

为了更好地支持电气回路标识约定，在 Revit 2021 中，可以在"电气设置"对话框中自定义回路命名方案。使用配电盘的"回路命名"实例参数可选择一个方案，如图 1-70 所示。

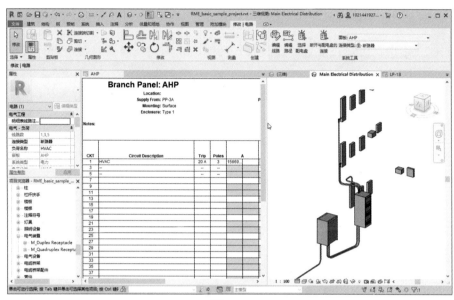

图 1-70

4．倾斜墙

Revit 2021 中，墙体新增横截面与垂直方向的角度参数，可通过设置这两项参数，直接创建倾斜墙模型，如图 1-71 所示。

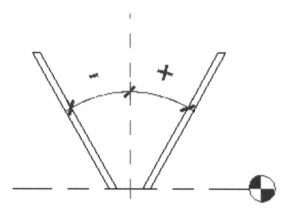

图 1-71

5．链接 PDF 文件或图像

Revit 2021 中，可以在二维视图中链接 PDF 文件或图像，以在创建模型时用作参照、跟踪或在图纸上使用。对于链接的 PDF 文件或图像，可以像导入的 PDF 文件或图像一样来移动、复制、缩放和旋转。

6．明细表"斑马纹"功能

Revit 2021 中，可通过设置"斑马纹"功能，采用对比颜色对各行进行显示，以使明细表更易于阅读。

7．集成的预制自动化

Revit 2021 中，新增了预制选项卡功能，并在安装软件过程中同步安装了预制的工具包，支持预制拆分、连接、钢筋和出图等功能，大大提高了 Revit 在预制自动化的深化设计应用能力，如图 1-72 所示。

 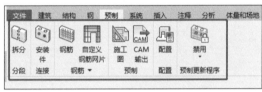

图 1-72

8．基础设施规程和桥梁类别

Revit 2021 中，通过 InfraWorks 支持桥梁和土木结构工作流，其中包括扩展的桥梁类别，以进行建模和文档编制，如图 1-73 所示。

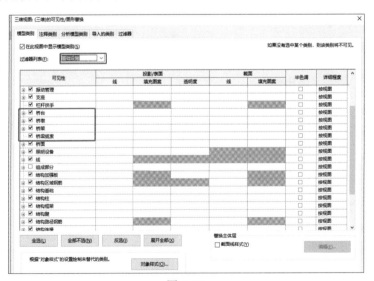

图 1-73

第2章

小别墅模型的创建

模型是 Revit 的设计基础任务。从本章开始，将以小别墅作为案例，介绍如何使用 Revit 开展 BIM 建模、明细表、渲染和出图等应用。本章共分为 14 小节：2.1 节介绍项目准备工作；2.2～2.10 节介绍各个 Revit 绘制功能的建模操作，并逐步完成小别墅主体模型；2.11 节介绍 Revit 场地功能，为项目创建场地并布置场地构件；2.12 节介绍 Revit 的渲染及漫游功能；2.13 节和 2.14 节介绍明细表统计、布图与打印功能。

在小别墅项目创建过程的介绍中将穿插拓展练习，帮助读者进一步熟练掌握和灵活运用 Revit 软件的各项功能。

小别墅模型".rvt"文件可通过登录网站 www.abook.cn 下载使用。

2.1 项 目 准 备

■**学习目标**

1. 掌握项目样板设置要点，根据项目要求选择合适的项目样板。
2. 掌握新建项目的前期准备要点，了解 Revit 建模基本流程。

Revit 建模基本设计流程分为选择项目样板，新建项目，绘制标高、轴网，创建建筑基本构件，为项目创建场地、地坪及其他构件等。完成模型后，再根据模型生成指定视图，为视图添加尺寸标注及其他注释信息等，并创建图纸与打印；也可以对模型进行渲染，与其他分析、设计软件进行交互。以小别墅为例，Revit 建模基本流程如图 2-1 所示。

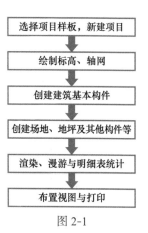

图 2-1

2.1.1 设置样板

在联网状态下完成 Autodesk Revit 2021 的安装后，在 C:\ProgramData\Autodesk\RVT 2021 的文件夹中会默认自带软件的族库、族样板及项目样板。打开 Revit 软件准备建模时，首先面临的就是项目样板的选择。当 Revit 软件提供的默认样板文件不能满足项目要求时，需要添加所需的项目样板。下面以小别墅为例，添加别墅样板。

打开 Revit 2021 软件，单击左上角的"主视图"按钮▣，打开 Revit 主视图。单击"文件"右下角的"选项"按钮，弹出"选项"对话框，选择"文件位置"选项卡，单击▣按钮，添加所需样板，如图 2-2 所示，单击"确定"按钮，完成样板的添加。

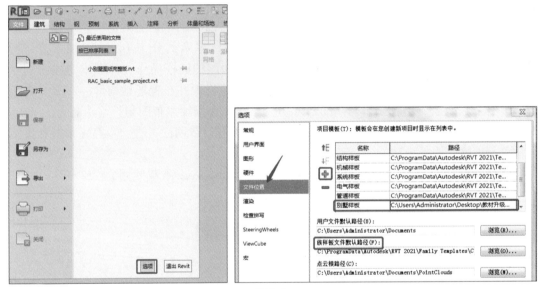

图 2-2

【提示】在"文件位置"选项卡中可设置"族样板文件默认路径"，设置后在新建族文件时，软件会自动访问默认路径的文件夹，用户可快速选择所需的族样板。

2.1.2 新建项目

选择"文件"→"新建"→"项目"命令，如图 2-3 所示，弹出"新建项目"对话框，在"样板文件"下拉列表中选择"别墅样板"，选中"项目"单选按钮，如图 2-4 所示，单击"确定"按钮。

【提示】若事先没有将别墅样板添加在样板文件列表中，可单击"浏览"按钮，在计算机中找到别墅样板的路径，选择并将其打开，如图 2-5 所示。

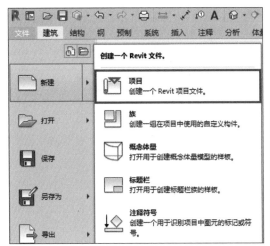

图 2-3

图 2-4

图 2-5

2.1.3　设置项目

1）设置项目单位：进入项目建模界面后，单击"管理"选项卡→"设置"面板→"项目单位"按钮，弹出"项目单位"对话框，根据项目要求设置度量单位，如图 2-6 所示。

2）设置项目信息：单击"管理"选项卡→"设置"面板→"项目信息"按钮，弹出"项目信息"对话框，如图 2-7 所示，按照项目要求设置相关参数。

图 2-6

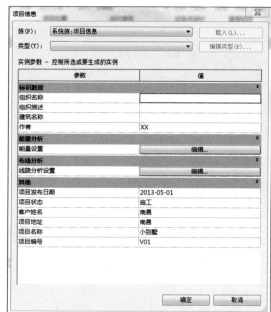

图 2-7

2.1.4 保存项目

执行"文件"→"保存"命令（快捷键为 Ctrl+S），或单击快速访问工具栏中的"保存"按钮 🖫，弹出"另存为"对话框，将文件命名为"小别墅"，选择文件类型为"项目文件（*.rvt）"，单击"保存"按钮，如图 2-8 所示。

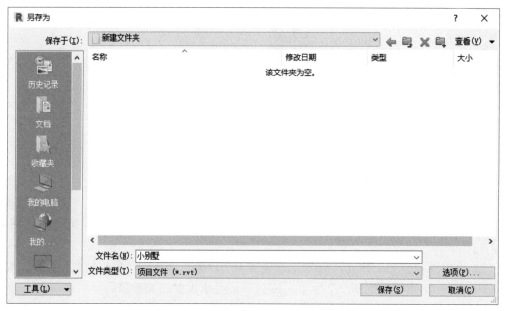

图 2-8

【提示】在建模过程中，Revit 软件默认每 30min 提示保存。读者应养成常保存文件的习惯，避免出现断电、软件或系统崩溃等突发状况时导致文件丢失。

2.2 标高和轴网

■学习目标

1. 掌握基本的标高和轴网绘制命令及图面符号的设置和修改。
2. 通过对标高和轴网的绘制，熟悉"复制""移动""阵列"等修改命令。
3. 掌握标高和轴网的参数设置。

标高表示建筑物各部分的高度，并且基于标高生成楼层平面视图，反映建筑物构件在竖向的定位情况；轴网用于构件的水平定位，在 Revit 中轴网确定了一个不可见的工作平面。

2.2.1 创建标高

通过在立面视图中绘制水平线进行标高平面的创建。

1. 绘制标高

（1）"标高"按钮

在 Revit 中，"标高"按钮位于"建筑"选项卡→"基准"面板中，如图 2-9 所示。平面或三维视图中"标高"按钮不可用，须在立面或剖立面视图中才能激活使用。在项目浏览器中单击任意立面视图，单击"标高"按钮或按 LL 快捷键，选项卡将自动跳转至"修改 | 放置 标高"上下文选项卡，并激活选项栏，如图 2-10 所示。

图 2-9

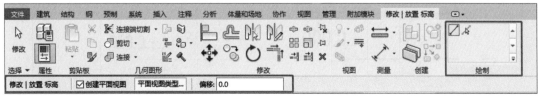

图 2-10

（2）放置标高

Revit 提供了线和拾取线两种绘制工具，如图 2-10 所示。单击"线"按钮 ✍，移动光标到视图中 2F 标高左端头上方，如图 2-11 所示，当标头对齐出现蓝色虚线时，单击捕捉标高起点。向右拖动光标指针，直到 2F 标高右端头上方，再次出现蓝色虚线，单击，完成一条名为 2G 的标高创建，并在项目浏览器的楼层平面中新增了一个 2G 平面。双击标高名称可修改名称，将其修改为 3F，单击确定后会弹出"确认标高重命名"对话框。单击"确定"按钮后，在项目浏览器楼层平面中，2G 平面会同步修改为 3F 平面。

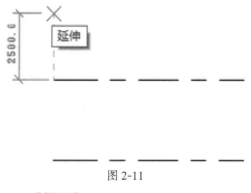

图 2-11

【提示】

1）新创建的标高命名一般为软件自动排序，通常按最后一个字母或数字排序，如 2F、2G、2H 或 F1、F2、F3，汉字不能自动排序。

2）标高线若未对齐，可选中该条标高线，拖动末端小圆圈横向调整标高线末端位置，如图 2-12 所示。

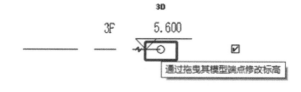

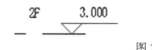

图 2-12

3）绘制标高过程中，若取消选中选项栏中的"创建平面视图"复选框，则在绘制完标高后在项目浏览器中不会生成"楼层平面"视图。

（3）修改标高值

在立面视图中一般会有样板中的默认 1F、2F 标高，标高默认以 m 为单位。例如，2F 标高为 3.00，单击标高符号中的高度值，输入 3.5，则 2F 的楼层高度改为 3.5m，如图 2-13 和图 2-14 所示。

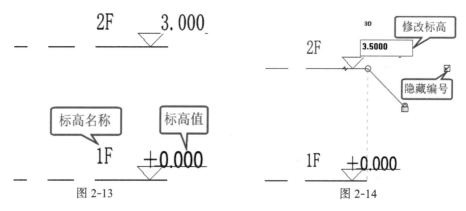

图 2-13   图 2-14

【提示】取消选中"隐藏编号"复选框，则标头、标高值及标高名称将隐藏。

除了直接修改标高值外，还可通过临时尺寸标注修改两标高间的距离。单击 2F，选中后在 1F 与 2F 之间会出现一条蓝色临时尺寸标注，如图 2-15 所示，单击临时尺寸上的标注值，即可重新输入新的数值。该值单位为 mm，与标高值的单位 m 不同，读者要注意区分。

图 2-15

2．标高类型

标高有 3 种类型，分别为 GB- 上标高符号、GB- 零标高符号和 GB- 下标高符号，如图 2-16 所示。通过选中标高，可手动切换设置其显示类型。

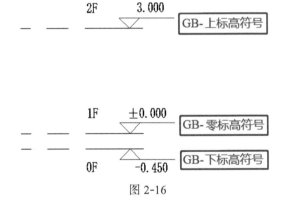

图 2-16

【常见问题剖析】

1）当绘制 −0.45m 标高时，为何标高显示却是"±0.00"？

答：因为此时的标高属性为零标高，需要选中该标高，在"属性"框中将其族类型由零标高修改为下标高，如图 2-17 所示。

图 2-17

2）为什么会出现负标高在零标高上方的情况？

答：如果在建模过程中不小心拖动了零标高，则会出现图2-18所示的情况，而在其他标高位置上下拖动后会直接修改标高值，这是因为在 Revit 中有默认的零标高位置，且零标高不随位置的改变而改变。这里只需在"属性"框中将立面中的"-2150"改为"0"即可，如图2-19所示。

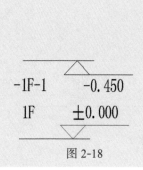

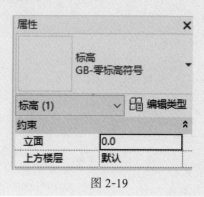

图 2-18   图 2-19

2.2.2 编辑标高

对于高层或者复杂建筑，可能需要多个高度定位线。除了直接绘制标高外，是否可以快速添加标高，并且修改标高的样式来快速提高工作效率？下面介绍通过复制、阵列等命令快速绘制标高。

1. 复制、阵列标高

选择 3F 标高，单击"修改 | 标高"上下文选项卡→"修改"面板→"复制" (CC/CO) 或"阵列" (AR) 按钮，快速添加标高。

（1）复制标高

单击"复制"按钮，上下文选项卡中会出现选项栏 ，选中"约束"复选框，可垂直或水平复制标高。选中"多个"复选框，可连续多次复制标高，两个复选框都选中，单击 3F 上的一点作为起点，向上拖动鼠标，直接输入临时尺寸的值（单位为 mm），按 Enter 键，则完成一个标高的绘制，如图 2-20 所示；继续

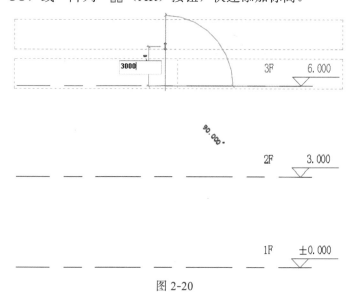

图 2-20

向上拖动鼠标，输入数值，则可继续绘制标高。

【提示】通过"标高"按钮绘制的标高线为蓝色，会自动在浏览器视图中创建标高平面；通过"复制"按钮创建的标高为黑色，不会生成标高平面。

（2）阵列标高

"阵列"按钮适用于一次绘制多个等距的标高，其对应的选项栏为

`修改 | 标高　▦ ☑成组并关联　项目数: 2　　　　移动到: ◉第二个 ○最后一个　☑约束　激活尺寸标注` 。选中"成组并关联"复选框，则阵列的标高为一个模型组，如果要编辑标高名称，则需要解组；"项目数"为包含原有标高在内的数量，如项目数为 3，则为 3F、4F 与 5F；选中"第二个"单选按钮，在输入标高间距 3000 后，按 Enter 键，则 3F、4F 与 5F 的间距均为 3000mm；若选中"最后一个"单选按钮，则 3F 与 5F 的间距共 3000mm。

2．添加楼层平面

完成标高的复制或阵列后，在项目浏览器中可以发现均没有 4F 和 5F 的楼层平面。这是因为在 Revit 中复制的标高是参照标高，所以新复制的标高标头都呈黑色显示，如图 2-21 所示。另外，在项目浏览器中的"楼层平面"中也没有创建新的平面视图，如图 2-22 所示。

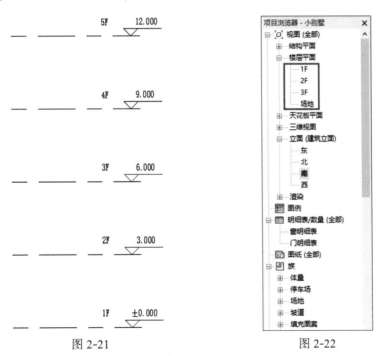

图 2-21　　　　　　　　　　　　　　　　　图 2-22

执行"视图"选项卡→"创建"面板→"平面视图"下拉列表中的"楼层平面"命令，如图 2-23 所示。弹出"新建楼层平面"对话框，在列表框中选择 4F 和 5F，如图 2-24 所示。单击"确定"按钮，即可在项目浏览器中创建新的楼层平面 4F 和 5F，并自动打开 4F 和 5F 平面视图。此时，可发现立面中的标高 4F 和 5F 显示为蓝色。

图 2-23　　　　　　　　　　　　　　图 2-24

2.2.3　创建轴网

在 Revit 中，轴网只需在任意一个平面视图中绘制一次，其他平面、立面和剖面视图中都将自动显示。

1．绘制轴网

（1）点击轴网绘制命令

在项目浏览器中双击"楼层平面"中的 1F 视图，打开"楼层平面：1F"视图。单击"建筑"选项卡→"基准"面板→"轴网"按钮或按 GR 快捷键进行绘制。

（2）绘制轴线

Revit 提供了线、起点、终点、半径、弧线与拾取线等绘制命令，在视图范围内单击一点后，竖直向上移动光标到合适距离再次单击，绘制第一条轴线，轴号为 1。通过"复制"命令可快速连续绘制多条方向一致的轴网。选择 1 号轴线，单击"修改"面板中的"复制"按钮，并在选项栏中选中"多个"复选框，在图面左侧随意捕捉一点作为复制参考点，然后水平向右移动光标，输入间距值 1200、3900、2800、1000 后，完成 2 ～ 5 号轴线的绘制。在连续输入数值过程中需注意光标位置和方向，完成结果如图 2-25 所示。

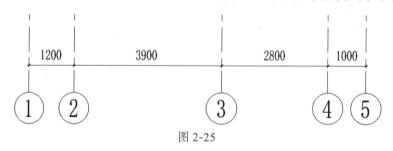

图 2-25

【注意事项】与标高一样，轴网在绘制过程中会自动进行排序。但轴网不会自动创建平面，因此通过轴网方式进行绘制与通过复制方式进行绘制没有区别。

2．类型属性

选择绘制的轴线，单击"属性"框中的"编辑类型"按钮，弹出"类型属性"对话框，如图 2-26 所示。修改类型参数后，该项目中全部该类型的轴网均会改变。

1）轴线中段：有 3 种可选择，即"连续""无""自定义"。选择"连续"，则轴线显示的是连续的；选择"无"，则轴线中间断开，如图 2-27 所示；选择"自定义"，则可定义轴线填充图案。

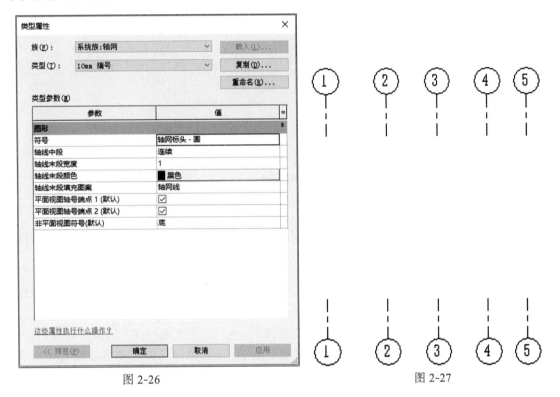

图 2-26　　　　　　　　　　　　　　　　图 2-27

2）平面视图轴号端点（默认）：取消选中该复选框，则一侧轴号不显示，如图 2-28 所示，可根据实际要求进行设置。

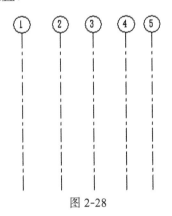

图 2-28

2.2.4 编辑轴网

1. 调整轴线标头

绘制完轴网后，需要在平面视图和立面视图中手动调整轴线标头位置，解决 1 号和 2 号轴线、4 号和 5 号轴线、6 号和 7 号轴线等的标头干涉问题。

1）添加轴号弯头。选择 2 号轴线，单击靠近轴号位置的"添加弯头"标志 ✦，出现弯头，拖动蓝色圆点即可调整偏移的程度。同理，调整 5 号和 7 号轴线标头的位置，如图 2-29 所示。

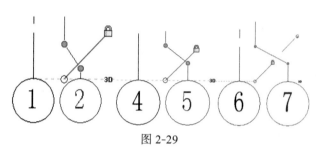

图 2-29

2）调整标头位置。任选其中一根轴网，在"标头位置调整"标志（空心圆点）上按住鼠标左键拖曳，可整体调整所有标头的位置；如果先单击打开"标头对齐锁" ▢，然后拖曳，则可单独移动一根标头的位置。

在项目浏览器中双击"立面（建筑立面）"中的"南立面"，进入南立面视图，使用前述编辑标高和轴网的方法调整标头位置，添加弯头。用同样的方法调整东立面或西立面视图标高和轴网。

【提示】在框选了所有轴网后，会在"修改|轴网"上下文选项卡中出现"影响范围"按钮，单击后弹出"影响基准范围"对话框，按住 Shift 键的同时选中各楼层平面，单击"确定"按钮，其他楼层的轴网也会发生相应的变化。

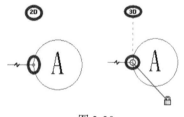

图 2-30

2. 轴网显示状态

轴网可分为 2D 和 3D 状态，单击 2D 或 3D 可直接替换状态。3D 状态下，轴网端点显示为空心圆；2D 状态下，轴网端点修改为实心点，如图 2-30 所示。2D 与 3D 的区别在于：2D 状态下所做的修改仅影响本视图，3D 状态下所做的修改将影响所有平行视图。

在 2D 状态下，轴网的修改仅针对当前视图，通过"影响范围"工具能将所有的修改传递给与当前视图平行的视图。

【提示】标高和轴网创建完成，回到任一平面视图，框选所有轴线，在"修改"面板中单击 ▣ 按钮，锁定绘制好的轴网（锁定的目的是使得整个轴网间的距离在后面的绘图过程中不会偏移）。

2.2.5 案例操作

打开项目→绘制标高→绘制轴网→设置轴网影响范围→锁定轴网。

1. 打开项目

打开 Revit 软件，单击"打开项目"按钮，弹出"打开"对话框，找到 2.1 节保存的"小别墅 .rvt"文件，开始项目绘制。

2. 绘制标高

1）在项目浏览器中双击视图名称"南"，如图 2-31 所示，进入南立面视图。

2）修改标高。调整 2F 标头上的数值为 3.5m 或修改 1F 与 2F 间的临时尺寸标注为 3500mm，如图 2-32 所示。

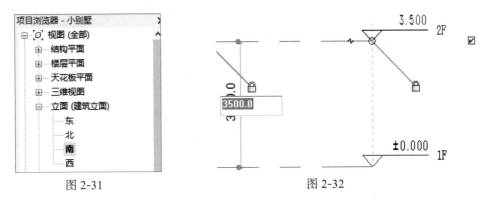

图 2-31　　　　　　　　　　图 2-32

【提示】标头数值单位为 m，临时尺寸标注数值单位为 mm。

3）单击"建筑"选项卡→"基准"面板→"标高"按钮，绘制标高 3F，修改临时尺寸标注，使其至 2F 的间距为 3200mm；绘制标高 RF，修改临时尺寸标注，使其至 3F 的间距为 2800mm，如图 2-33 所示。

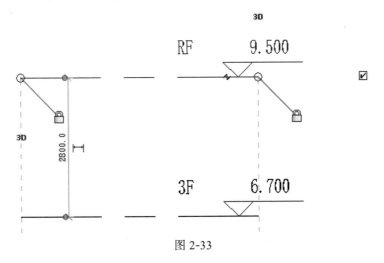

图 2-33

4）利用"复制"按钮创建地坪标高。选中标高 1F，单击"修改 | 标高"上下文选项卡→"修改"面板→"复制"按钮，移动光标，在标高 1F 上单击，捕捉一点作为复制参考点，然后垂直向下移动光标，输入间距值 450，单击放置标高。修改标高名称为 0F，选中绘制的标高 0F，将属性修改为"GB– 下标高符号"。完成后的标高如图 2-34 所示。

【提示】零标高不能通过直接复制得到，需要修改标高属性。如果直接从 1F 楼层复制，则复制出来的标高都是 ±0.00，需要将属性中的零标高改为上、下标高才会出现标高值。

5）新建楼层平面。在"视图"选项卡→"创建"面板→"平面视图"下拉列表中执行"楼层平面"命令，弹出"新建楼层平面"对话框，如图 2-35 所示。在列表框中选择标高 0F，单击"确定"按钮，即在项目浏览器中创建新的楼层平面 0F。

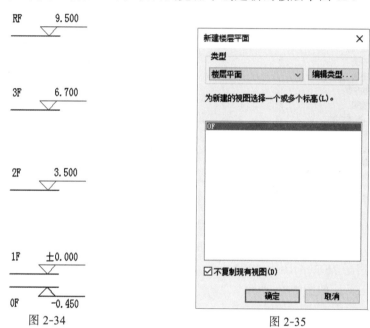

图 2-34　　　　　　　　　　　　图 2-35

在项目浏览器中双击"立面（建筑立面）"中的"南立面"立面视图，回到南立面视图中，会发现标高 0F 标头变成蓝色。

3．绘制轴网

1）创建竖直轴网。进入 1F 楼层平面视图，绘制第一条垂直轴线，轴号为 1。选择 1 号轴线，单击"修改"选项卡→"修改"面板→"复制"按钮，在选项栏中选中"多个"复选框，单击左侧空白处作为参照点，向右移动光标，分别输入 1200、3900、2800、1000、4000、600，创建 2 ～ 7 号轴网。

2）创建水平轴网。移动光标到视图中 1 号轴线下标头左上方位置，创建第一条水平轴线。选择 A 号轴线，单击"修改"选项卡→"修改"面板→"复制"按钮，在选项栏中选中"多个"复选框，单击参照点，向上移动光标，分别输入 2900（1300+1600）、3100、2600、5700，完成 B ～ E 号轴线的创建。重新选择 A 号轴线进行复制，垂直向上移动光标，输入 1300，单击绘制轴线，选择新建的轴线，修改标头文字为 1/A。

3）完成后的轴网如图 2-36 所示。

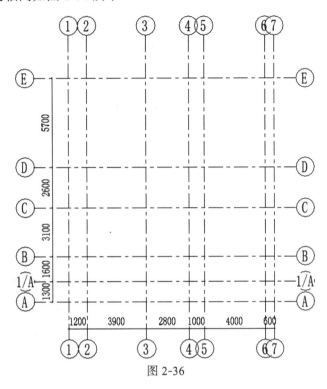

图 2-36

4）添加轴号弯头。选择 2 号轴线，单击靠近轴号位置的"添加弯头"标志✛，出现弯头，拖动蓝色实心圆点即可调整偏移的程度。同理，调整 5 号和 7 号轴线标头的位置，如图 2-37 所示。

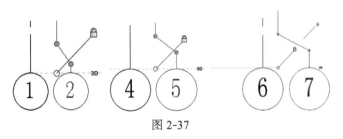

图 2-37

4．设置轴网影响范围

框选所有轴网，单击"修改 | 轴网"上下文选项卡→"基准"面板→"影响范围"按钮，弹出"影响基准范围"对话框，在按住 Shift 键的同时选中各楼层平面，单击"确定"按钮，其他楼层的轴网也会发生相应的变化，如图 2-38 所示。

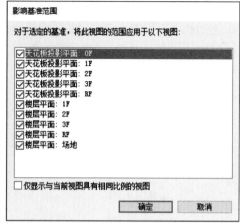

图 2-38

5. 锁定轴网

框选所有轴网，单击"修改 | 轴网"上下文选项卡→"修改"面板→"锁定"按钮 ，锁定所有轴网。至此，小别墅的标高和轴网即创建完成，保存为文件"标高轴网 .rvt"。

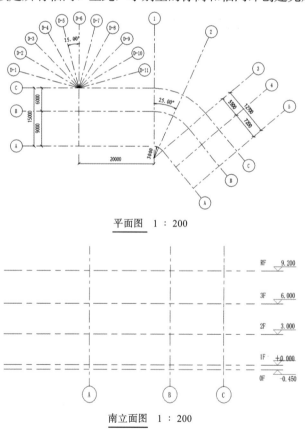

平面图　1：200

南立面图　1：200

图 2-39

2.2.6　拓展练习

根据图 2-39 给定的数据创建标高和轴网，显示方式以图 2-39 为准，结果以"标高轴网 .rvt"为文件名保存。

建模思路：

按照先标高再轴网的顺序绘制，本轴网绘制略有难度：带角度放射形轴网可使用"阵列"命令，提升建模速度；A、B、C轴是连续的，需用多段轴网命令创建；题目要求显示方式与所给图一致，需注意标高轴网的属性设置。

创建过程：

1）绘制标高。进入南立面视图，在别墅样板基础上绘制标高 3F、RF 和 0F，1F 和 2F 的间距为 3000mm，2F 和 3F 的间距为 3000mm，3F 和 RF 的间距为

3200mm，0F 和 1F 的间距为 450mm，修改尺寸标注，如图 2-40 所示。选中 0F，将其属性修改为"GB- 下标高符号"。

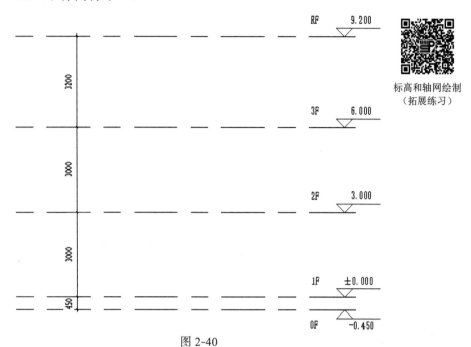

图 2-40

2）轴网的参数设置。单击"建筑"选项卡→"基准"面板→"轴网"按钮，此时"属性"框中显示"轴网 10mm 编号"。单击"编辑类型"按钮，弹出"类型属性"对话框；单击"复制"按钮，弹出"名称"对话框，修改名称为"10mm 单轴号"，单击"确定"按钮；返回"类型属性"对话框，取消选中"平面视图轴号端点 2（默认）"复选框，如图 2-41 所示，单击"确定"按钮。

3）绘制放射形轴网。单击"建筑"选项卡→"基准"面板→"轴网"按钮，在"属性"框中选择"10mm 单轴号"，绘制一条水平轴网，修改名称为 D-1。选中 D-1 轴网，单击"旋转"按钮，将 D-1 上的蓝色实心圆点拖动到轴网末端，确定旋转基点，再单击此轴网上的任意一点，向上移动光标，输入 15，按 Enter 键，如图 2-42 所示。

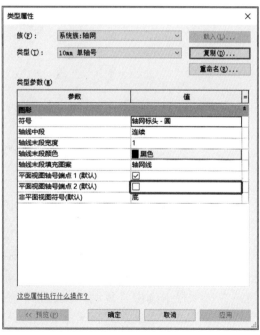

图 2-41

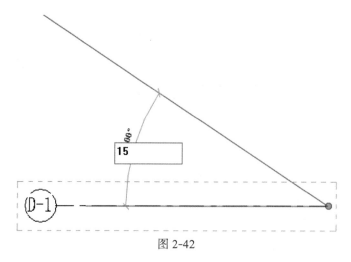

图 2-42

【提示】在 Revit 中绘制轴网时，轴号会自动按顺序累加。所以，绘制第一条轴网后，需要先修改轴号，这样接下来绘制的轴网会自动按顺序编号。

4）阵列轴网。选中 D-1 轴线，单击"建筑"选项卡→"修改"面板→"阵列"按钮，其选项栏设置如图 2-43 所示，其他操作同"旋转"命令。绘制效果如图 2-44 所示。

| 修改 | 轴网 | | | □成组并关联 | 项目数：11 | | 移动到：●第二个 ○最后一个 | 角度： | | 旋转中心：地点 | 默认 |

图 2-43

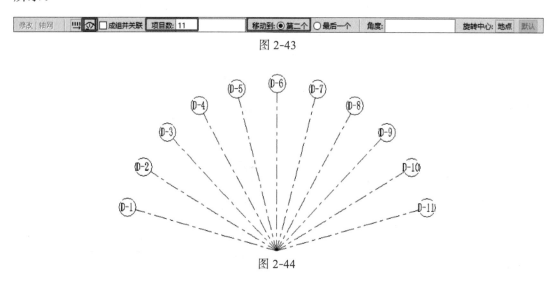

图 2-44

5）绘制纵向轴线。过放射形轴网的中心绘制水平参照平面，并在其下方 18000mm 处绘制一个参照平面。选择"10mm 单轴号"，在距 D-6 20000mm 处绘制 1 号轴线，拖动轴线下端与下方参照平面相交，如图 2-45 所示。选中 1 号轴网，单击"旋转"按钮，在选项栏中选中"复制"复选框，旋转 25°，分别绘制 2 号和 3 号轴线。选中 3 号轴线，单击"建筑"选项卡→"修改"面板→"复制"按钮，在选项栏中选中"约束""多个"复选框，以间距 5500mm 和 7200mm 分别绘制 4 号和 5 号轴线，如图 2-46 所示。

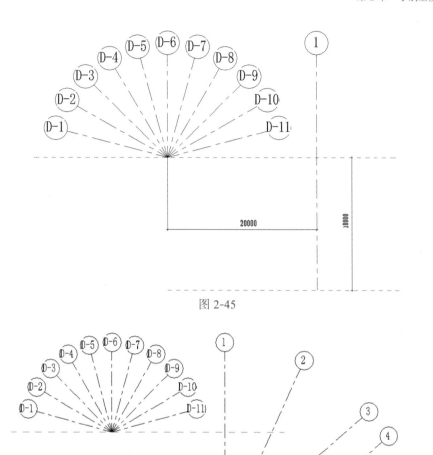

图 2-45

图 2-46

6）绘制横向轴线。单击"建筑"选项卡→"基准"面板→"轴网"按钮后，选项卡自动跳转至"修改 | 放置轴网"上下文选项卡，再单击"绘制"面板→"多段"按钮，进入编辑草图界面。在"属性"框中选择"轴网 10mm 编号"，在距 1～3 号轴线交点上方 3000mm 处绘制一条横线，单击"圆心 – 端点弧"按钮，绘制中间弧线部分；单击"直线"按钮，绘制直线。注意，需出现图 2-47 所示的蓝色虚线，代表圆弧切线方向（与3～5 号轴线垂直）。单击 ✔ 按钮，完成绘制，将轴号修改为 A。同理，绘制 B 和 C 轴线。

7）细部调整。将 D-6、4、5 标头拖动至与 A 轴相交。单击"建筑"选项卡→"修改"面板中的"对齐""角度""径向"按钮，按题目进行标注。如图 2-48 所示，在"属性"框中修改视图比例为 1 ∶ 200，完成轴网的绘制。

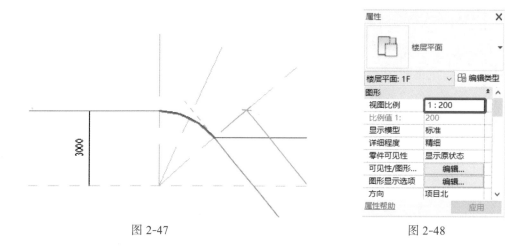

图 2-47

图 2-48

2.2.7　课后练习

根据图 2-49 给定的数据创建标高和轴网，标头和轴头显示以图 2-49 为准。

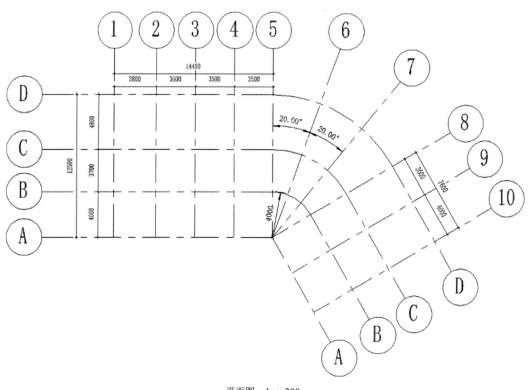

平面图　1：200

图 2-49

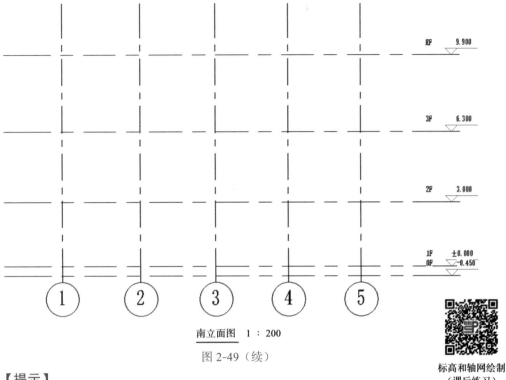

南立面图　1 ∶ 200

图 2-49（续）

标高和轴网绘制
（课后练习）

【提示】

1）绘制顺序：先绘制标高，再绘制轴网。

2）轴网应该在立面视图中绘制。A ～ D 轴是连续的，需用多段轴网命令创建。

3）标高、轴网的属性设置及视图比例设置应与题目要求一致。

2.3　墙　　体

■学习目标

1. 掌握墙体绘制的命令，并基于墙体了解 Revit 绘制模型的基本流程。

2. 掌握墙体标高的设置、结构层的修改及类型的新建等操作。

3. 掌握墙体编辑轮廓和附着功能，并在实际案例中应用。

墙体作为建筑设计中的重要组成部分，在绘制时，需要综合考虑墙体的高度、厚度、构造做法、粗略精细程度、内外墙体区别等。Revit 中提供了 3 种墙体建模工具，分别为建筑墙、结构墙和面墙。其中，建筑墙和结构墙主要针对竖直矩形墙体的绘制，其绘制方法一致，但结构墙可支持钢筋的添加，本节侧重讲解建筑墙的功能；面墙可绘制复杂造型的墙体，将在后续体量内容中进行讲解。

2.3.1 创建墙体

先绘制墙体平面定位线，设置墙体的顶高和底高；再通过选择墙体类型，生成墙体三维模型。

1．绘制墙体

1）执行墙体绘制命令，进入 1F 平面视图中，单击"建筑"选项卡→"构建"面板→"墙"下拉按钮或按 WA 快捷键，快速进入建筑墙体绘制模式。

单击选择"建筑墙"后，"修改"选项卡、"属性"框与选项栏均会转向墙体特征内容，其中"修改"选项卡变为"修改 | 放置墙"上下文选项卡，"绘制"面板中出现墙体的绘制方式，如图 2-50 所示；"属性"框也会变为墙"属性"，如图 2-51 所示；选项栏也变为墙体设置选项，如图 2-52 所示。在后续相关功能学习中，读者可以了解到每一个功能均会造成这种影响。

图 2-51

图 2-50

图 2-52

2）设置属性。在绘制墙体定位线前，应在"属性"框或选项栏中确定墙体绘制方式和标高、厚度等参数。"属性"框中，选择类型为"基本墙 – 常规 –200mm"，设置底部限制条件为 1F，顶部约束 2F，偏移均设置为 0。选项栏中，"高度 | 深度""未连接""定位线"等功能均可设置，使用频率较小；"链""偏移""半径"等功能使用如前述一致，本节不详细说明。

3）绘制墙体中心线。先选择绘制命令，如直线、矩形、多边形、圆形、弧形等。如果有导入的二维 CAD 图纸作为底图，可以执行"拾取线 / 边"命令，光标拾取 CAD 图纸的墙线，自动生成 Revit 墙体。除此以外，还可利用"拾取面"功能拾取体量的面生成墙。

【提示】Revit 中的墙体有内、外之分，因此绘制墙体时应选择顺时针绘制，保证外墙侧朝外。

4）完成墙体绘制。墙体定位线绘制完成后，平面视图中可以查看完成的墙体，选中绘制好的墙体，通过单击图面"翻转控件"按钮 ⇕ 或按 Space 键调整墙体内外的方向；进入三维视图，可查看三维墙体形状。

2．属性数据

选中绘制的墙体，墙的"属性"面板如图 2-53 所示，主要设置墙体类型、墙体定位线、高度、底部和顶部约束与偏移等，有些参数为暗显，该参数在更换为三维视图、选中构件、附着时或改为结构墙等情况下亮显。修改"属性"框中的参数只会影响所选中墙构件。

1）选择墙类型：Revit 默认提供 3 类墙体族，分别为叠层墙、基本墙与幕墙。本书小别墅样板中每个墙体族中有若干墙类型，不同墙类型可通过"属性"栏族类型名称下拉按钮进行转换，该内容将在后面类型属性中讲解。

2）定位线：共分为"墙中心线""核心层中心线""面层面：内部""面层面：外部""核心面：内部""核心面：外部"6 种（图 2-54）。通过选择不同的定位线，从左向右绘制出的墙体与参照平面的相交方式是不同的。在 Revit 软件术语中，墙的核心层是指其主结构层。图 2-55 所示为基本墙，右侧为基本墙的结构构造。在简单的砖墙中，"墙中心线"和"核心层中心线"平面将重合，然而它们在复合墙中可能会不同。顺时针绘制墙时，其外部面（面层面：外部）默认情况下位于顶部。

图 2-53

【提示】放置墙后其定位便永久存在，即使修改现有墙的"定位线"属性的值，也不会改变墙的位置。

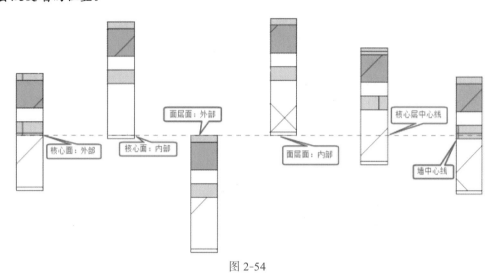

图 2-54

	功能	材质	厚度	包络	结构材质
1	面层 2 [5]	涂层 - 外部	25.0	☑	☐
2	面层 2 [5]	涂层 - 外部	25.0	☑	
3	面层 1 [4]	砖石建筑 -	102.0	☑	
4	保温层/空气	其他通风层	50.0	☑	
5	保温层/空气	隔热层/热障	50.0	☑	
6	涂膜层	防潮层/防水	0.0	☑	
7	核心边界	包络上层	0.0		
8	结构 [1]	砖石建筑 -	190.0	☐	☑
9	核心边界	包络下层	0.0		
1	面层 2 [5]	涂层 - 内部	12.0	☑	☐

图 2-55

3）底部约束 / 顶部约束：墙体底部和顶部以该标高作为基准进行约束。

4）底部偏移 / 顶部偏移：基于约束标高条件下，墙体底部和顶部高度的偏移。如果顶部偏移为 100mm，则墙顶升高 100mm；如果底部偏移为 –100mm，则墙底向下延伸 100mm。+100mm 为向上偏移，–100mm 为向下偏移。

5）无连接高度：墙体的净高，在不选择"顶部约束"时可自由设置。

6）房间边界：在计算房间的面积、周长和体积时，Revit 会使用房间边界。可以在平面视图和剖面视图中查看房间边界。墙默认为房间边界。

7）结构：该墙是否为结构墙。选中该复选框后，可用于进行后期受力分析。

3．类型属性

选择所绘制墙体，单击"属性"框中的"编辑类型"按钮，弹出"类型属性"对话框，如图 2-56 所示。修改类型参数只会影响项目中全部该类型的墙构件。

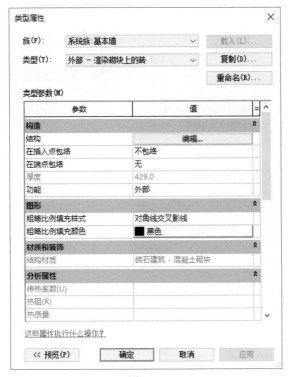

图 2-56

1）复制：新的类型的添加是在原有类型基础上进行复制，然后修改名称和类型参数。

2）重命名：可修改"类型"文本框中的名称。

【提示】类型名称如需显示墙体厚度，应与结构层厚度一致，以免使用过程中出现混乱。

3）结构：用于设置墙体的结构构造，单击"编辑"按钮，弹出"编辑部件"对话框，通过预览可查看平面视图，通过"视图"下拉列表可切换不同视图，如图 2-57 所示，"修改垂直结构"面板自动激活。内 / 外部边表示墙的内外两侧，可根据需要添加墙体的内部结构构造。

① 结构层新增：单击"插入"按钮可创建新的结构层。

② 结构层删除和调整顺序：如图 2-58 所示，单击结构层前数字可选中该结构层，单击"删除"按钮可删除选中的结构层；选中结构层，单击"向上"/"向下"按钮可调整该结构层的顺序。

③ 结构层功能与厚度的修改：如图 2-59 所示，单击结构层功能单元格下拉菜单可对结构功能进行修改（包括结构、衬底、保温层 / 空气层、面层、面层 2 与涂膜层）；在厚度单元格中可以设置厚度数据直接修改该单元格的厚度。

④ 结构层材质修改：通过单击结构层材质单元格，单击弹出的，弹出"材质浏览器"对话框，如图 2-60 所示，可选择下拉列表中的材质进行材质的替换。

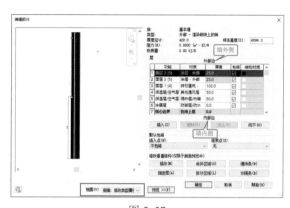

图 2-57

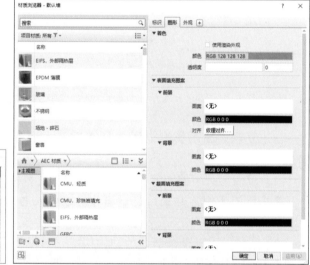

图 2-58

图 2-59

图 2-60

⑤ 包络：包络是指墙非核心构造层在断开点处的处理办法，仅是对"编辑部件"对话框中选中了"包络"复选框的构造层进行包络，且只在墙开放的断点处进行包络。

⑥ 修改垂直结构：常用于复合墙、墙饰条与分隔缝的创建。在 2.3.4 拓展练习中进行详解。

【提示】拆分区域后，选中拆分边界，会显示蓝色控制箭头↑，可调节拆分线的高度。

⑦ 墙饰条：墙饰条主要用于绘制的墙体在某一高度处自带墙饰条。如图 2-61 所示，单击"墙饰条"，在弹出的"墙饰条"对话框中，选择"添加"轮廓（可选择不同的轮廓族，如果没有所需的轮廓，可通过"载入轮廓"以载入相应轮廓族），通过设置"墙饰条"的各参数，可实现绘制出的墙体直接带有墙饰条。

分隔缝类似于墙饰条，只需添加分隔缝的族并编辑参数即可，在此不加以赘述。

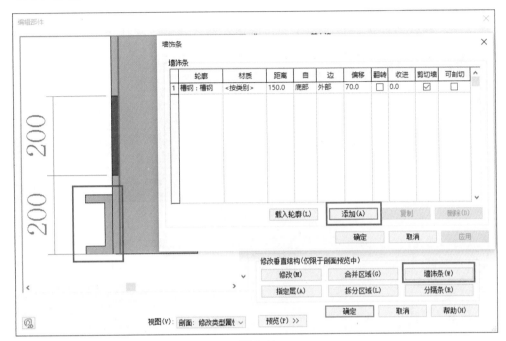

图 2-61

4）其他类型属性在本书中（书中所涉及的内容为初级）不详细讲述。

2.3.2 编辑墙体

在定义好墙体的高度、厚度、材质等各参数后，按照 CAD 底图或设计要求绘制墙体的过程中，如需要对墙体进行编辑，可利用"修改"面板中的移动、复制、旋转、阵列、镜像、对齐、拆分、修剪、偏移等命令，也可编辑墙体轮廓、附着/分离墙体，使所绘墙体与实际设计保持一致。

1. 编辑墙体轮廓

选择绘制好的墙体后，将自动激活"修改 | 墙"上下文选项卡，单击"修改 | 墙"上下文选项卡→"模式"面板→"编辑轮廓"按钮，如图 2-62 所示，或直接双击墙构件，如果在平面视图中进行了轮廓编辑操作，此时会弹出"转到视图"对话框，选择任意立面或三维图进行操作，进入绘制轮廓草图模式。如果在三维视图中单击"编辑轮廓"按钮，则编辑轮廓时的默认工作平面为墙体所在的平面。

图 2-62

在三维或立面视图中，可利用不同的绘制工具绘制所需形状，如图 2-63 所示。其创建思路如下：利用墙命令创建一段墙体，进入立面视图后，单击"修改 | 墙"上下文选项卡→"格式"面板→"编辑轮廓"按钮，通过修剪轮廓线条，从而得到所需轮廓形状。

【提示】弧形墙体的立面轮廓不能编辑。

图 2-63

完成后，单击"完成编辑模式"按钮 ✅ ，即可完成墙体的编辑，保存文件。

如需还原已编辑过轮廓的墙体，选择墙体，单击"修改 | 墙"上下文选项卡→"模式"面板→"重设轮廓"按钮即可。

2. 附着 / 分离墙体

如果墙体在多坡屋面的下方，需要墙和屋顶有效快速连接，如果仅依靠编辑墙体轮廓，会花费很多时间，此时通过附着 / 分离墙体可有效解决问题。

如图 2-64 所示，墙与屋顶未连接。按 Tab 键选中所有墙体，单击"修改 | 墙"上下文选项卡→"修改墙"面板→"附着顶部 / 底部"按钮，在选项栏中选中"顶部"或"底部"单选按钮，再选择屋顶，则墙会自动附着在屋顶下，如图 2-65 所示。再次选择墙，单击"修改 | 墙"上下文选项卡→"修改墙"面板→"分离顶部 / 底部"按钮，再选择屋顶，则墙会恢复原样。

【提示】墙不仅可以附着于屋顶，还可附着于楼板、天花板、参照平面等。

图 2-64   图 2-65

【常见问题剖析】

已经学习了墙体附着命令，如果要将编辑过轮廓的墙体附着，会出现什么情况？

答：此处以墙附着到屋顶为例，可以正常附着，但只有和参照标高重合的墙才能附着，不重合则不附着，如图 2-66 所示，在参照平面下方的墙体均未附着。但是，如果对编辑过轮廓的墙体再次编辑，将所有墙体顶部均拖至参照平面下方，如图 2-67 所示，则会弹出如图 2-68 所示的提示，这是因为没有墙和参照平面同高度。

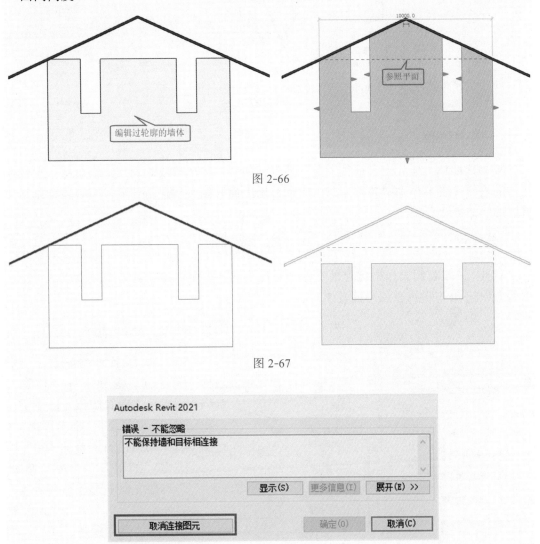

图 2-66

图 2-67

图 2-68

3．墙体连接方式

墙体相交时可有多种连接方式，如平接、斜接和方接，如图 2-69 所示。单击"修改 | 墙"上下文选项卡→"几何图形"面板→"墙连接"按钮，将光标移至墙上，然后在显示的灰色方块中单击，即可实现墙体的连接。

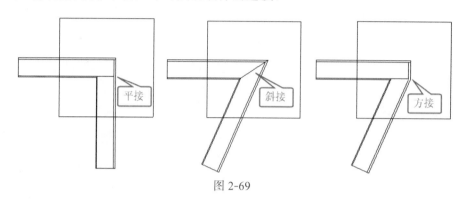

图 2-69

2.3.3 案例操作

要创建墙体，应先定义墙体的类型属性，包括墙体的厚度、材质、高度等；再绘制墙体的平面位置。小别墅共有 3 层，应从首层平面开始逐层进行绘制，本节将详细讲解首层的墙体创建步骤。

1．打开项目

打开 2.2.5 案例操作中保存的"标高轴网 .rvt"文件，在项目浏览器中双击"楼层平面"中的 0F，进入首层平面视图。

图 2-70

图 2-71

2．创建外墙

1）设置外墙参数。单击"建筑"选项卡→"构建"面板→"墙"按钮（快捷键：WA），在"属性"框中选择"外墙 – 奶白色石漆饰面 150"墙类型，如图 2-70 所示。在墙"属性"框中设置实例参数，"底部约束"为 0F，"顶部约束"为"直到标高：2F"，如图 2-71 所示。

2）绘制外墙。单击"修改 | 设置墙"上下文选项卡→"绘制"面板→"直线"按钮，在选项栏中"定位线"下拉列表中选择"墙中心线"选项，捕捉 E 轴和 2 轴交点作为起

点绘制墙体，按照图 2-72 所示顺时针方向绘制外墙轮廓。完成后的首层外墙如图 2-73 所示。

【提示】在绘制墙体时，正确的绘制顺序是顺时针方向，可使得墙体外面层朝外。

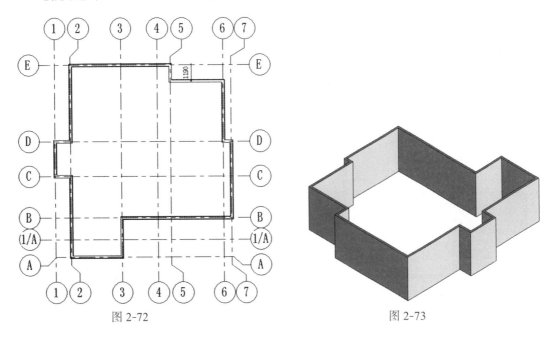

图 2-72   图 2-73

3. 创建内墙

1）设置 180mm 内墙参数。单击"建筑"选项卡→"构建"面板→"墙"按钮，在类型选择器中选择"基本墙：普通砖 -180mm"类型。单击"修改|放置墙"上下文选项卡→"绘制"面板→"直线"按钮，在选项栏→"定位线"下拉列表中选择"墙中心线"，在"属性"框中设置实例参数，"底部约束"为 1F，"顶部约束"为"直到标高：2F"。

2）绘制 180mm 内墙。按图 2-74 所示内墙轮廓捕捉轴线交点，绘制首层内墙。

【提示】按一次 Esc 键可取消继续绘制，按两次 Esc 键则可退出绘制模式。每绘制完一段墙体，按 Esc 键即可重新绘制下一段。

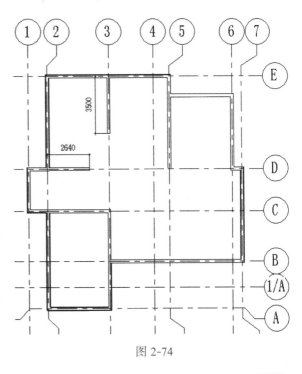

图 2-74

3）设置100mm内墙参数。在类型选择器中选择"基本墙：普通砖 –100mm"，在选项栏的"定位线"下拉列表中选择"核心面：外部"，在"属性"框中设置实例参数，"底部约束"为1F，"顶部约束"为"直到标高：2F"。

4）绘制100mm内墙。按图2-75所示内墙位置捕捉轴线交点，绘制"普通砖 –100mm"内墙。完成后的首层墙体如图2-76所示，将其保存为"墙体 .rvt"文件。

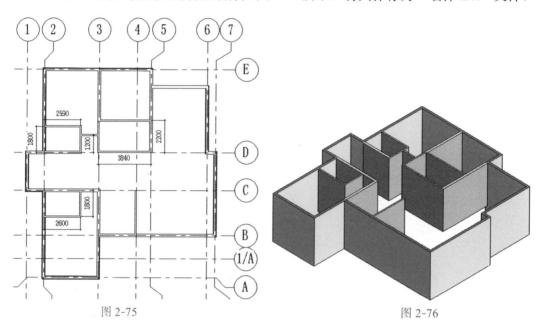

图 2-75   图 2-76

2.3.4　拓展练习

1. 叠层墙模型创建

基于小别墅样板文件，创建叠层墙模型，如图2-77所示，上部为混凝土砌块225mm，下部为带踢板复合墙（固定高度为1200mm）。其中，带踢板复合墙各面层做法参照图2-78所示。

叠层墙模型创建
（拓展练习）

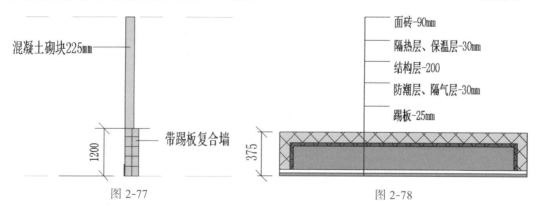

图 2-77   图 2-78

建模思路：

叠层墙是由若干个子墙（基本墙类型）相互堆叠在一起而组成的主墙，利用叠层墙可以沿墙的不同高度定义不同的墙厚、复合层和材质。本题要求创建一个叠层墙，应首先创建下部的复合墙，应注意各面层厚度、材质、包络设置，以及在墙饰条处添加踢板。

创建过程：

1）创建带踢板复合墙。单击"建筑"选项卡→"构建"面板→"墙"下拉列表中的"墙：建筑墙"按钮，选择"常规 –200mm"类型的墙，单击"复制"按钮，复制一个新类型墙体，输入新名称"带踏板复合墙"，单击"确定"按钮，如图 2-79 所示。再单击"结构"参数右侧的"编辑"按钮，插入新的结构层，单击"向上"或者"向下"按钮来确定面层的位置，设置每一层的功能、材质及厚度。在"默认包络"面板中将"插入点"和"结束点"均设置为"外部"包络，如图 2-80 所示，完成编辑。

图 2-79

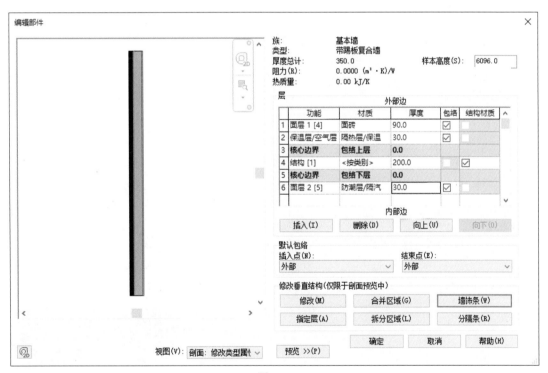

图 2-80

【提示】面层 1［4］通常是外层，指外墙的外部；面层 2［5］通常是内层，指外墙的内部。

2）添加踢板。单击"墙饰条"按钮，弹出"墙饰条"对话框，单击"载入轮廓"按钮，添加并选取"墙饰条 – 单排"族，如图 2-81 所示。单击"确定"按钮，完成带踢板复合墙的创建。

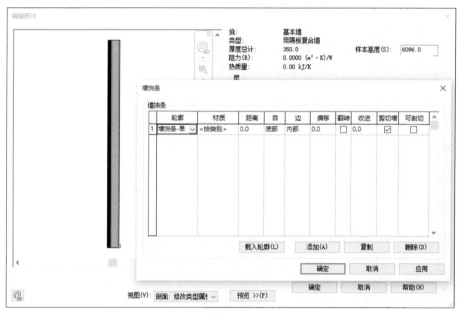

图 2-81

图 2-82

2．复合墙模型创建

【提示】当"墙饰条"灰显时，单击"预览"按钮，选择视图为"剖面：修改类型属性"即可。

3）创建叠层墙。在"建筑"选项卡→"构建"面板→"墙"下拉列表中选择"叠层墙"，单击"属性"框中的"编辑类型"按钮，选择复制一个新类型墙体，输入新名称"混凝土砌块叠层墙"，单击"确定"按钮，再单击"结构"参数右侧的"编辑"按钮，弹出"编辑部件"对话框，设置上部为"混凝土砌块 225mm"，高度为"可变"；下部为"带踢板复合墙"，高度为 1200mm，如图 2-82 所示。单击"确定"按钮，完成叠层墙的创建。

【提示】绘制时设置叠层墙内边对齐。

创建图 2-83 所示的复合墙模型，将其命名为"幼儿园 – 外墙"。以标高 1 至标高 2 为墙高，绘制一面 10m 的外墙。

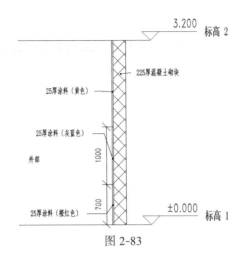

图 2-83

建模思路:

本题要求绘制复合墙,通过修改垂直结构的方法在面层拆分涂料层,并运用"指定层"命令将面层材质指定在相应区域,以满足同一面层不同材质的要求。

创建过程:

1) 新建外墙。单击"建筑"选项卡→"构建"面板→"墙"下拉列表中的"墙:建筑墙"按钮,选择任意基本墙,单击"属性"框中的"编辑类型"按钮,选择复制一个新类型墙体,输入新名称"幼儿园外墙",单击"确定"按钮,再单击"结构"参数右侧的"编辑"按钮,进入"编辑部件"对话框,单击"预览"按钮,修改"视图"为"剖面:修改类型属性",如图 2-84 所示。单击"插入"按钮,插入 3 个结构 [1],单击"向上"按钮,移动结构层,上面 3 行功能均选择为"面层 1(4)",修改材质及厚度,如图 2-85 所示。

复合墙模型创建
(拓展练习)

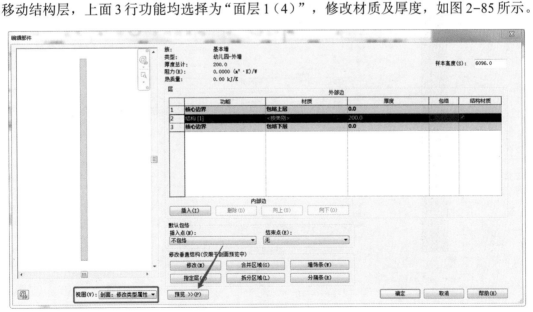

图 2-84

外部边

	功能	材质	厚度	包络	结构材质
1	面层 1 [4]	涂料 - 黄色	25.0	☑	
2	面层 1 [4]	涂料 - 灰蓝色	0.0	☑	
3	面层 1 [4]	涂料 - 橙红色	0.0	☑	
4	核心边界	包络上层	0.0		
5	结构 [1]	混凝土砌块	225.0		☐
6	核心边界	包络下层	0.0		

内部边

图 2-85

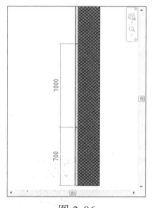

图 2-86

2）拆分区域。单击"拆分区域"按钮，放大左侧的剖面视图，用操作柄拾取面层边界处，当出现黑色横线时单击。创建完两条边界后再次单击"拆分区域"按钮，使其不再高亮显示。单击"修改"按钮，移动鼠标指针指向上下面层的边界处，将数值分别修改为 700、1000，完成后如图 2-86 所示。

【提示】按钮高亮显示时进行操作，操作完成后需再次单击按钮取消高亮显示。

3）指定面层。单击"指定层"按钮，指定层高亮显示，选择"涂料 – 灰蓝色"面层，放大左侧剖面视图，单击指定面层边界，再取消"指定层"按钮的高亮显示。用同样的方法指定"涂料 – 橙红色"面层，完成后如图 2-87 所示。单击"确定"按钮完成外墙的创建。

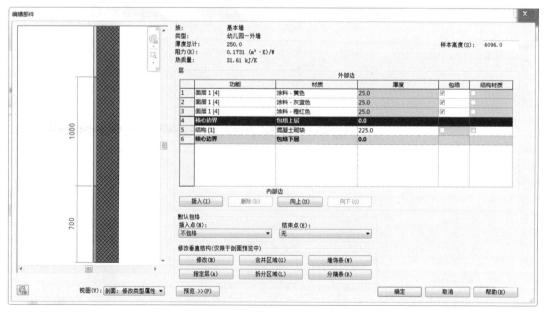

图 2-87

4）绘制墙体。单击任意立面绘制标高，在楼层平面视图里按要求绘制一面 10m 的外墙，选择刚刚创建的"幼儿园 – 外墙"并设置墙体高度，如图 2-88 所示。绘制完成后打开三维视图，如图 2-89 所示。

图 2-88

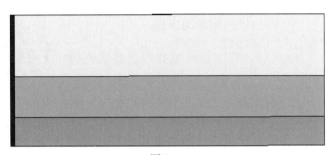

图 2-89

2.3.5　课后练习

根据图 2-90 给出平面图创建一层建筑墙模型，层高为 4m，墙厚为 240mm，洗衣房墙厚为 120mm，图中未注明尺寸可自定。

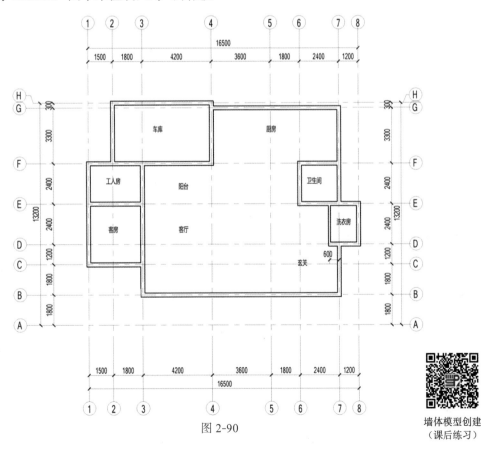

图 2-90

墙体模型创建
（课后练习）

2.4 建筑门窗

■**学习目标**

1. 掌握门窗放置的操作方法，并理解门
   窗实例属性和类型属性的编辑过程。
2. 掌握门窗的尺寸标注规则。

门、窗是建筑设计中的常用构件，在设计中，需要按照图纸的门窗明细表中的门窗尺寸创建门窗类型。在 Revit 软件中有自带的门、窗族，可直接放置于墙、屋顶等主体图元，这种依赖主体图元而存在的构件称为基于主体的构件。普通的门窗可通过修改族类型参数实现，如门窗的宽度、高度、材质等。本书侧重讲解门窗的放置、标注及属性。

2.4.1 门窗的创建

门、窗是基于主体的构件，可添加到任何类型的墙体上，在平、立、剖及三维视图中均可添加门、窗，且门窗会自动剪切墙体放置。

图 2-91

1．门窗的绘制

1）进入 1F 平面视图，绘制一面墙体，为后续门窗放置做好准备。单击"建筑"选项卡→"构建"面板→"门"或"窗"按钮，或按 DR 或 WN 快捷键，分别进入"门""窗"放置。

2）属性面板类型选择器如图 2-91 所示，可通过各选项的下拉菜单选择所需的门、窗类型。如果需要更多的门、窗类型，可通过"载入族"命令从族库载入，该内容将在 2.4.3 节介绍。

3）放置在主体墙上。Revit 中的门、窗是无法独立存在的，需附着在墙体上。因此，放置门、窗时，光标在放置空白区域显示禁用符号，只有将光标移动到墙体上时才会出现模型预览状态，激活临时尺寸标注。通过单击完成门、窗的放置，连续单击可进行门、窗的连续放置。

4）门窗精确定位。手动放置门、窗时较难快速定位放置位置，可将门、窗放置大致位置后，选中该门、窗，修改其出现的临时尺寸标注，完成精确定位，如图 2-92 所示。如果放置门窗时开启方向反了，则可和墙一样，选中门窗，按 Space 键或通过"翻转控件"⇕来调整，如图 2-92 所示。

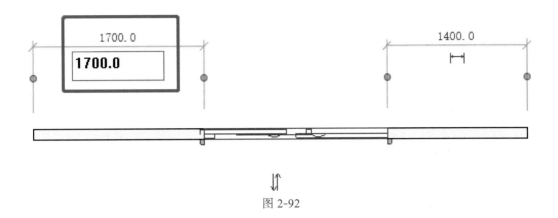

图 2-92

2．门窗的属性

1）门窗的类型属性。在"属性"框中单击"编辑类型"按钮，弹出"类型属性"对话框，如图 2-93 所示。在该对话框中可设置门、窗的高度、宽度、材质等属性，也可复制出新的门、窗，以及对当前的门、窗重命名。

图 2-93

2）编辑门窗的实例属性。在视图中选择门、窗后，视图"属性"框则自动转成门 / 窗的"属性"框，如图 2-94 所示，在"属性"框中可设置门、窗的标高及底高度。在窗"属性"框中，底高度为窗台高度，顶高度为门窗高度 + 底高度。该"属性"框中的参数为该扇门窗的实例参数。

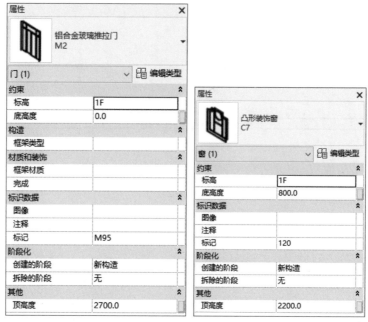

图 2-94

3．门窗的标记

门窗标记的方式有以下两种。

1）门窗构件放置时单击"修改 | 放置 门"上下文选项卡→"标记"面板→"在放置时进行标记"按钮，然后放置门、窗，软件会自动标记门、窗；选中选项栏中的"引线"复选框可设置引线的可见性和长度，如图 2-95 所示。

图 2-95

2）若放置门窗时未单击"在放置时进行标记"按钮，则可通过第二种方式对门窗进行标记。在"注释"选项卡→"标记"面板中，"按类别标记"与"全部标记"按钮均可为构件添加标记，如图 2-96 所示。

图 2-96

① 单击"按类别标记"按钮，将光标移至放置标记的构件上，待其高亮显示时，再次单击即可。

② 单击"全部标记"按钮，在弹出的"标记所有未标记的对象"对话框中选中所需标记的类别后，单击"确定"按钮即可，如图 2-97 所示。

图 2-97

【知识点解析】临时尺寸标注设置

门、窗放置时，软件在所放置门窗附近会自动显示蓝色临时尺寸标注。执行"管理"选项卡→"设置"面板→"其它设置"下拉列表→"临时尺寸标注"命令，弹出"临时尺寸标注属性"对话框，如图 2-98 所示。

对于墙，选中"中心线"单选按钮后，在墙周围放置构件时，临时尺寸标注会自动捕捉墙中心线；对于门和窗，则选中"洞口"单选按钮，表示门和窗放置时临时尺寸捕捉到的为距门、窗洞口的距离。

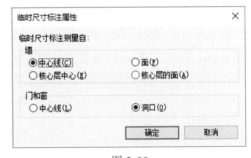

图 2-98

【知识点解析】门、窗主体的替换

当门、窗放置在两面不同厚度（以 100mm 与 200mm 为例）的墙中间时，门、窗只能附着在单一的主体上，但可替换主体。以窗替换为例，需要选中窗，单击"修改 | 窗"上下文选项卡→"主体"面板→"拾取主要主体"按钮，可更换放置窗的主体，如图 2-99 所示。

图 2-100 表示窗在不同厚度墙体中间，通过"拾取主要主体"按钮，既可以左边墙体为主体，又可以右边墙体为主体。"拾取新主体"按钮则可使门、窗脱离原本放置的墙，重新捕捉到其他的墙上。

图 2-99

图 2-100

2.4.2 案例操作

根据本书附录 2 小别墅图纸，使用"建筑"选项卡→"构建"面板→"门"/"窗"按钮放置首层门窗。注意，窗需要设置底高度。

1. 绘制首层门

1）打开 2.3 节案例操作中保存的"墙体 .rvt"文件，进入 1F 视图，单击"建筑"选项卡→"构建"面板→"门"按钮或按 DR 组合键。

2）在"属性"框中选择"硬木装饰门 M1"，单击"修改 | 放置 门"上下文选项卡→"标记"面板→"在放置时进行标记"按钮，将光标移动到 B 轴 3、4 号轴线之间的墙体上并单击，放置门，此时会出现门与周围墙体距离的蓝色相对临时尺寸，如图 2-101 所示。拖动临时尺寸标注的蓝色控制点到 4 号轴线，修改距离值为 615，如图 2-102 所示。根据数据修改临时尺寸，即可确定门的位置。

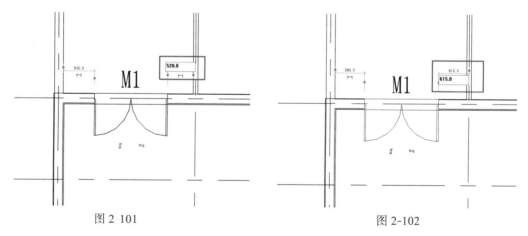

图 2-101

图 2-102

【提示】如图 2-103 所示，若需生成标记引线，可选中"引线"复选框并指定长度12.7mm，引线显示如图 2-104 所示。

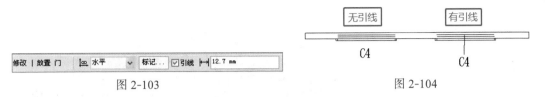

图 2-103　　　　　　　　　　　　　　　图 2-104

3）同理，在"属性"框中分别选择"硬木装饰门 M1""铝合金玻璃推拉门 M2""双扇推拉门 M3""装饰木门 M4""装饰木门 M5"门类型，按图 2-105 所示位置插入首层墙体上。在平面视图中放置门之前，按 Space 键可控制门的开启方向。

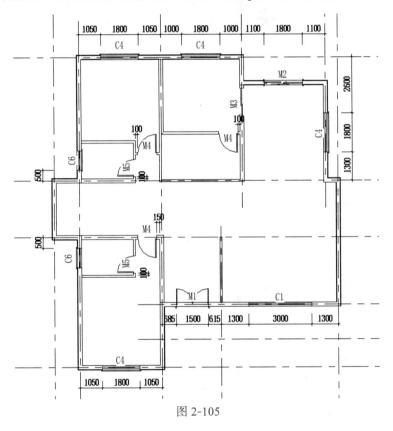

图 2-105

2．绘制一层窗

继续在 1F 视图中操作，单击"建筑"选项卡→"构建"面板→"窗"按钮或按 WN 快捷键，在类型选择器中分别选择"跨层窗 C1""玻璃推拉窗 C4""双扇推拉窗 C6"窗类型。按图 2-106 所示位置调整窗台底高度值为 C1-600mm、C4-900mm、C6-900mm；按图 2-107 所示平面位置，通过编辑临时尺寸标注，将窗放置在对应位置。

【提示】窗比门多一个属性设置——"底高度"，注意结合立面视图判断窗的底高度。如在放置好窗后要修改底高度，可选中该窗，然后在"属性"框中修改。

图 2-106

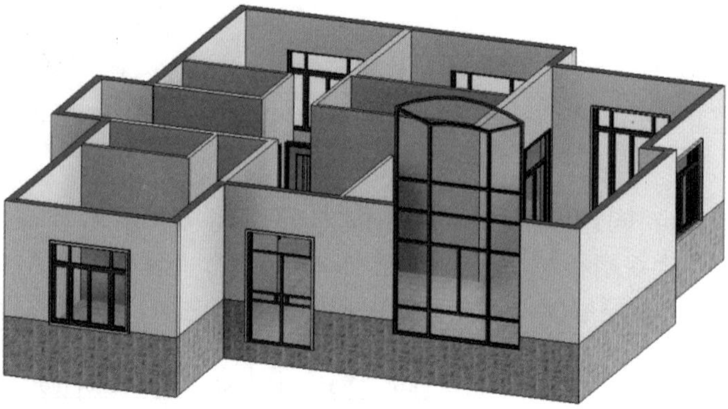

图 2-107

3．修改外墙类型

进入一层平面视图，移动光标到外墙上，按 **Tab** 键，当所有外墙亮显时单击，选择所有外墙，在类型选择器中选择"叠层墙"下拉列表中的"外部叠层墙－浅褐＋米黄色石漆饰面"墙类型，修改首层墙的类型。至此，首层门、窗全部绘制完成，保存为文件"门窗 .rvt"。

【提示】由于叠层墙放置门、窗时临时尺寸无法标注，因此先以基本墙代替，门、窗放置完成后再修改墙体类型为叠层墙。

2.4.3 拓展练习

根据图 2-108 所示，放置建筑门、窗。

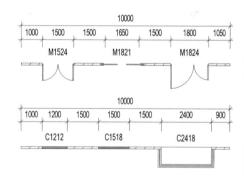

门、窗明细表				
A	**B**	**C**	**D**	**E**
族	类型	宽度	高度	类型标记
双面嵌板格栅门 2	双开门 M1524	1500	2400	M1524
双扇推拉门 - 墙中2	推拉门 M1821	1800	2100	M1821
子母门	子母门 M1824	1800	2400	M1824
凸窗 - 双层两列	凸窗 C2418	2560	1800	C2418
双扇平开 - 带贴面	平开窗 C1518	1500	1800	C1518
百叶风口 1	百叶窗 C1212	1200	1200	C1212

图 2-108

创建思路：

Revit 软件自带了大量族类型文件，可根据项目使用需要载入。本题共运用到 3 种门类型族（双开门、推拉门、子母门），3 种窗类型族（百叶窗、平开窗、凸窗），通过"载入族"命令，可载入所需的族类型，再修改其宽度及高度值，按图 2-108 所示进行放置。

创建过程：

1）创建墙体。基于建筑样板创建项目文件，打开楼层平面"标高 1"视图，单击"建筑"选项卡→"构建"面板→"墙"下拉列表中的"墙：建筑墙"按钮，在"属性"框中设置"底部约束"为"标高 1"，"顶部约束"为"标高 2"，绘制一道长度为 10m 的基本墙。

放置建筑门、窗（拓展练习）

2）载入"双开门 M1524"族类型并放置。单击"建筑"选项卡→"构建"面板→"门"按钮，自动进入"修改│放置 门"上下文选项卡，单击"模式"面板→"载入族"按钮，弹出"载入族"对话框，如图 2-109 所示。

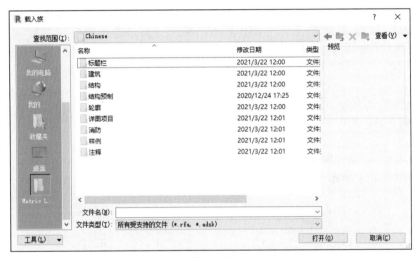

图 2-109

依次双击图 2-109 中的文件夹找到双开门族类型位置：建筑→门→普通门→平开门→双扇→双面嵌板格栅门 2，如图 2-110 所示，单击"打开"按钮，载入族文件。

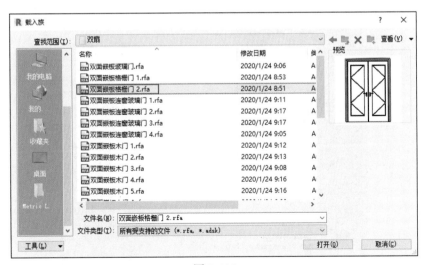

图 2-110

图 2-111

修改族属性：单击"编辑类型"按钮，弹出"类型属性"对话框，单击"复制"按钮，在弹出的"名称"对话框中输入名称"双开门 M1524"，单击"确定"按钮返回"类型属性"对话框，下拉滚动条找到"高度、宽度、类型标记"参数，分别输入"2400、1500、M1524"，如图 2-111 所示，单击"确定"按钮完成修改。

放置门族：单击"修改｜放置 门"上下文选项卡→"标记"面板→"在放置时进行标记"按钮激活门标记，按图 2-108 所示位置放置双开门 M1524。

3）载入"推拉门 M1821、子母门 M1824"族类型并放置。同上步操作分别载入推拉门、子母门族类型，按图 2-108 所示的门、窗明细表给定数据放置门。

依次双击图 2-109 中的文件夹找到推拉门族类型位置：建筑→门→普通门→推拉门→双扇推拉门 – 墙中 2，如图 2-112 所示。

依次双击图 2-10 中的文件夹找到子母门族类型位置：建筑→门→普通门→子母门→子母门，如图 2-113 所示。

图 2-112

图 2-113

4）载入"百叶窗 C1212"族类型并放置。窗载入方法和门一样；单击"建筑"选项卡→"构建"面板→"窗"按钮，自动进入"修改｜放置 窗"上下文选项卡，单击"模式"面板→"载入族"按钮，弹出"载入族"对话框，如图 2-109 所示。

依次双击图 2-109 中文件夹找到百叶窗族类型：建筑→窗→普通窗→百叶风口→百叶风口 1，如图 2-114 所示，单击"打开"按钮，载入族文件。

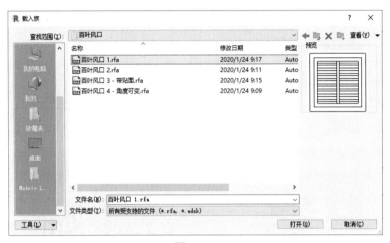

图 2-114

修改族属性：单击"编辑类型"按钮，弹出"类型属性"对话框，单击"复制"按钮，在弹出的"名称"对话框中输入名称"百叶窗 C1212"，单击"确定"按钮返回"类型属性"对话框，下拉滚动条找到"高度、宽度、类型标记"参数，分别输入"1200、1200、C1212"如图 2-115 所示，单击"确定"按钮完成修改。

放置窗族：单击"修改｜放置 窗"上下文选项卡→"标记"面板→"在放置时进行标记"按钮激活门标记，按图 2-108 所示位置放置百叶窗 C1212。

5）载入"平开窗 C1518、凸窗 C2418"族类型并放置。同上步操作分别载入平开窗、凸窗族类型，按图 2-108 所示的门、窗明细表给定数据放置窗。

依次双击图 2-109 中文件夹找到平开窗族类型位置：建筑→窗→普通窗→平开窗→双扇平开→带贴面，如图 2-116 所示。

依次双击图 2-109 中文件夹找到凸窗族类型位置：建筑→窗→普通窗→凸窗→凸窗 – 双层两列，如图 2-117 所示。

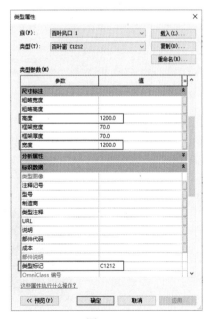

图 2-115

图 2-116

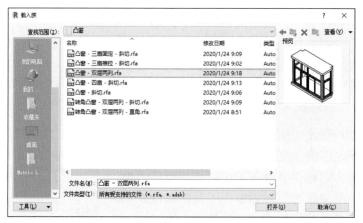

图 2-117

6）打开三维视图，创建结果如图 2-118 所示。

图 2-118

2.4.4　课后练习

在 2.3 节墙的课后练习基础上，根据图 2-119 给出平面图创建一层门窗模型，门垛长度为 240mm，M1：800×2100mm，M2：700×2100mm，图中未注明尺寸可自定。

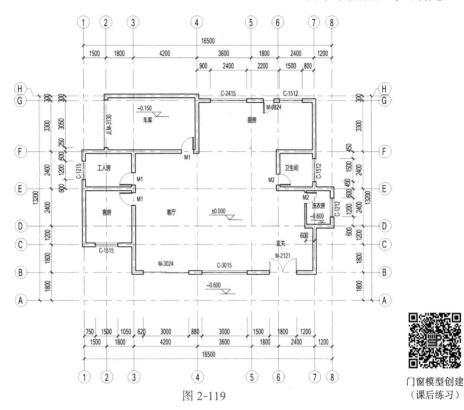

图 2-119

门窗模型创建
（课后练习）

2.5　楼　　板

■**学习目标**

1. 掌握楼板创建步骤及属性设置方法，并理解坡度箭头及定义坡度。
2. 掌握楼板修改子图元功能的使用方法。

楼板是建筑设计中的常用构件，用于分隔建筑各层的空间。Revit 中提供了 3 种楼板建模工具：建筑楼板、结构楼板和面楼板。其中，建筑楼板与结构楼板的绘制方式相同，其区别在于是否用于结构分析及钢筋布置；面楼板用于将体量楼层转换为建筑模型的楼层。本节以建筑楼板为例进行讲解。

2.5.1 绘制楼板

1．激活楼板命令

在"建筑"选项卡→"构建"面板→"楼板"下拉列表中选择"楼板：建筑"，在弹出的"修改|创建楼层边界"上下文选项卡中可选择楼板的绘制方式，如图 2-120 所示。

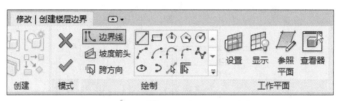

图 2-120

2．绘制楼板边界

这里以"直线" ✎ 及"拾取墙" ☞ 绘制方式进行讲解。

1）选择"直线" ✎ 方式绘制，设置偏移为 500，绘制时捕捉墙的外边线端点，顺时针绘制楼板边界线。图 2-121 所示为绘制的矩形楼板。

【提示】顺时针绘制楼板边界时，若偏移量为正值，则边界线在参照线外侧；若为负值，则在参照线内侧。楼板边界线必须形成闭合回路，不能存在重复或多余的线条。

2）选择"拾取墙" ☞ 方式绘制，设置偏移为 500，单击墙体，会自动生成楼板边界线。图 2-122 所示为绘制的矩形楼板。

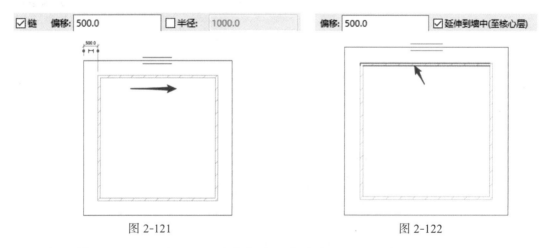

图 2-121   图 2-122

【操作技巧】按 Tab 键可一次选中相连所有外墙，一键生成楼板边界。若出现交叉线条，可使用"修剪" ☴ 命令将楼板轮廓修剪成闭合回路。

3．创建楼板坡度

通过添加坡度箭头、定义坡度、修改子图元 3 种方式可创建带坡度楼板。其中，修改子图元将在 2.5.2 节中进行讲解。

1）坡度箭头。楼板边界绘制完成后，单击"绘制"面板→"坡度箭头"按钮，由楼板高边向低边绘制坡度箭头，在"属性"框中设置"尾高度偏移"为1000，如图 2-123 所示。

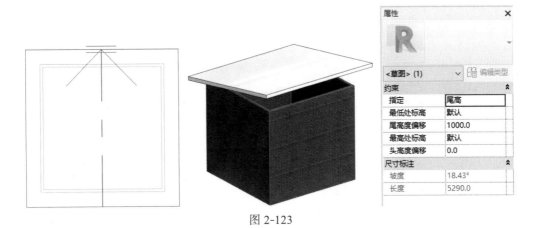

图 2-123

【提示】只有先单击"坡度箭头"按钮，方可对其属性进行设置及修改。另外，在一块楼板中，坡度箭头符号仅可添加一个。

对于楼板坡度箭头的设置，Revit 提供了尾高及坡度两种方式，可在"属性"框的"指定"下拉列表中进行修改，如图 2-124 所示。

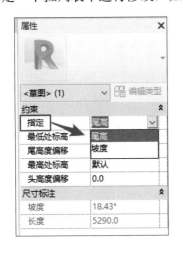 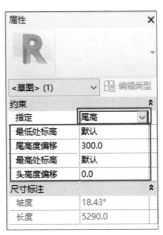 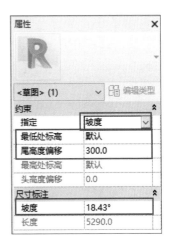

图 2-124

① 尾高：可以指定头尾的约束标高及偏移距离，创建坡度楼板。

② 坡度：可以定义尾高约束标高、偏离高度及坡度数，创建坡度楼板。

2）定义坡度。楼板边界绘制完成后，单击楼板边界线，选中选项栏中的"定义坡度"复选框，激活楼板坡度，如图 2-125 所示，边界线周围会生成三角符号，该符号称为定义坡度符号。

图 2-125

修改坡度步骤如下：

① 单击楼板边界线，可对定义坡度符号旁边的坡度值进行修改。

② 单击楼板边界线，在"属性"框中可对坡度值进行修改，如图 2-126 所示。

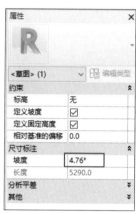

图 2-126

【提示】

① 楼板坡度定义功能仅支持一条边界线。

② 在"属性"框中可通过选中"定义固定高度"复选框对楼板相对基准的偏移量进行设置。

③ 对添加坡度箭头、定义坡度、修改子图元 3 种方式，一块楼板中只能使用其中一种。

4．设置楼板属性

1）实例属性。在"属性"框中可对楼板的约束标高与自标高的高度偏移值进行设置，如图 2-127 所示。

2）类型属性。单击"编辑类型"按钮，弹出"类型属性"对话框，单击"结构"右侧的"编辑"按钮，弹出楼板层的设置对话框，可对楼板的厚度、材质及层进行设置（设置方法同墙体），如图 2-128 所示。

图 2-127　　　　　　　　　　图 2-128

5．完成楼板创建

单击 ✔ 按钮，完成绘制，此时会弹出"是否希望将达到此楼层标高的墙附着到其底部？"提示框，如图 2-129 所示。单击"附着"按钮，墙顶高度与楼板会进行关联，墙顶附着至楼板底部，并会随着楼板高度变化而随之变化；单击"不附着"按钮，墙顶高度与楼板则不会进行关联。

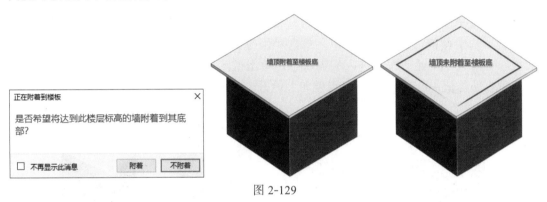

图 2-129

2.5.2　编辑楼板

若楼板边界需修改，可选中楼板，单击"修改|楼板"上下文选项卡→"模式"面板→"编辑边界"按钮（图 2-130）或双击楼板，即可再次进入编辑楼板轮廓草图模式。

图 2-130

1．楼板开洞

楼板边界线绘制完成后，在边界线内绘制一个闭合的图形，楼板会对该图形进行剪切；若在边界线外绘制一个闭合的图形，楼板则会对该图形进行添加，如图 2-131 所示。

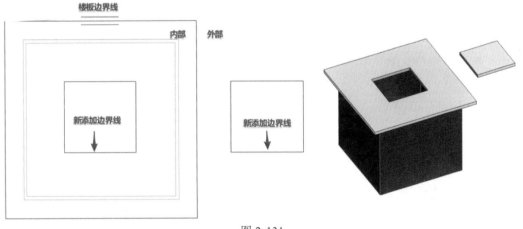

图 2-131

除通过"编辑边界"方式绘制洞口外，Revit 还提供了其他开洞功能。

在"建筑"选项卡的"洞口"面板中有"按面""竖井""墙""垂直""老虎窗"5 种方式，可针对不同的开洞主体选择不同的开洞方式，选择后在需开洞处绘制封闭洞口轮廓，单击即可实现开洞。

2．修改子图元

"修改子图元"功能通过对楼板的点和边的垂直偏移进行修改，从而得到需要的楼板形状。选中楼板，在图 2-130 中，单击"修改 | 楼板"上下文选项卡→"形状编辑"面板→"修改子图元"按钮进入编辑状态，单击视图中的绿点或绿边，出现 0 文本框，输入垂直偏移值 1000，则楼板该点位向上抬升 1000mm，如图 2-132 所示。

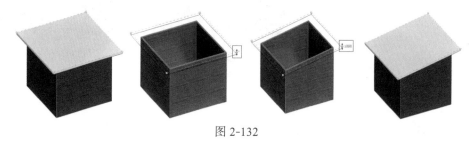

图 2-132

通过"重设形状"功能可一键重置该楼板子图元的修改操作，恢复楼板原形状。

2.5.3 案例操作

根据小别墅图纸，创建小别墅首层楼板，并创建二层、三层、屋顶层内外墙、门窗和楼板。

1．绘制一层楼板

1）打开 2.4 节案例操作中所保存的"门窗 .rvt"文件，单击"建筑"选项卡→"构建"面板→"楼板"按钮，进入楼板绘制模式。在"属性"框中选择楼板类型为"楼板常规 –200mm"。

2）单击"绘制"面板→"拾取墙"按钮，在选项栏中设置偏移为 –20，如图 2-133 所示。移动光标到外墙外边线上，依次单击拾取外墙外边线，自动创建如图 2-134 所示的楼板轮廓线。

偏移: -20.0   ☑ 延伸到墙中 (至核心层)

图 2-133

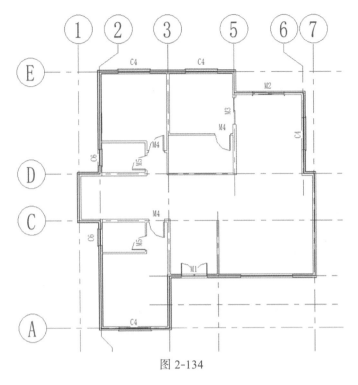

图 2-134

3）单击"完成"按钮 ✅，首层楼板完成创建，同时在图 2-135 所示的对话框中单击"否"按钮。创建的首层楼板如图 2-136 所示。

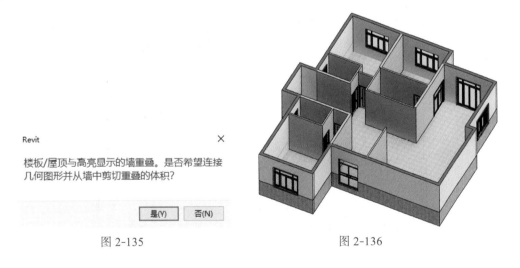

图 2-135　　　　　　　　　　　　　　　图 2-136

2．绘制二层墙

1）切换到三维视图，光标放至其中一面外墙体上，无须选择，在墙体亮显后，按 Tab 键，单击选中所有首层外墙，如图 2-137 所示，单击"修改 | 墙"上下文选项卡→"剪贴板"面板→"复制到剪贴板"按钮，再单击"剪贴板"面板→"粘贴"下拉列表

中的"与选定的标高对齐"按钮,在弹出的"选择标高"对话框中选择"2F",如图2-138所示。最后单击"确定"按钮完成2F墙体创建。

2)选择复制完成的2F外墙,在"属性"框中替换其类型为"外部叠层墙 – 米黄1000+ 奶白色石漆饰面",再切换到楼层平面"2F"视图,按图2-139所示墙体位置,对2F墙体进行修改。

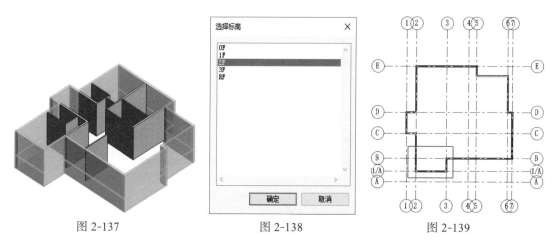

图2-137 图2-138 图2-139

3)选择"基本墙:普通砖 –180mm",设置"底部约束"为2F,"顶部约束"为"直到标高:3F",绘制图2-140所示的内墙;选择"基本墙:普通砖 –100mm",绘制图2-141所示的内墙。绘制完成的二层墙如图2-142所示。

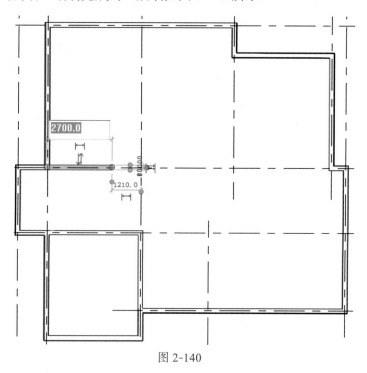

图2-140

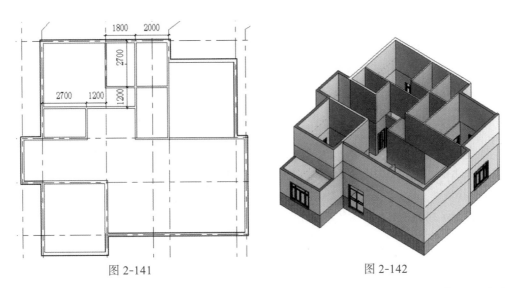

图 2-141　　　　　　　图 2-142

【提示】Tab 键的妙用：①切换选择对象来帮助快速捕捉选取，如选中的是墙中心线，则可通过 Tab 键选取墙外边线；②可选取头尾相连的多面墙体；③在幕墙中可切换选取到幕墙网格或嵌板。

3．绘制二层门窗

1）绘制二层门：在"项目浏览器"中双击"2F"，打开二层平面图。选择"门"命令，在类型选择器中分别选择门类型："铝合金玻璃推拉门 M2""装饰木门 M4""装饰木门 M5"，单击放置门，并按图 2-143 所示尺寸位置编辑临时尺寸以精确定位。

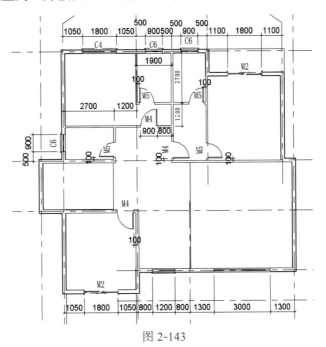

图 2-143

2）绘制二层窗：选择"窗"命令，在类型选择器中分别选择窗类型："玻璃推拉窗 C4""双扇推拉窗 C6""凸形装饰窗 C7"，在"属性"栏中修改"底高度"：C4-900mm、C6-900mm、C7-1300mm，单击放置窗，并按图 2-143 所示尺寸位置编辑临时尺寸以精确定位。

4．绘制二层楼板

1）打开二层平面 2F，单击"建筑"选项卡→"构建"面板→"楼板"按钮。

2）单击"拾取线"按钮，在"选项"框中设置偏移为 0，移动光标到外墙内边线上，依次单击拾取外墙外边线，创建楼板轮廓线，如图 2-144 所示，最上方的轮廓线距下方的墙中心线为 1305mm，最下方的轮廓线距上方的墙中心线为 1700mm。

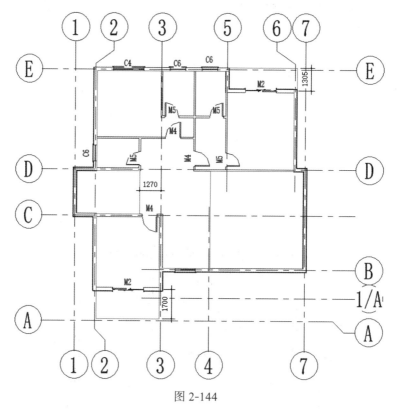

图 2-144

3）检查确认轮廓线完全封闭。可以通过"修剪"命令 修剪轮廓线，使其封闭；也可以通过光标拖动迹线端点移动到合适位置来实现，Revit 将自动捕捉附近的其他轮廓线的端点。当完成楼板绘制时，如果轮廓线没有封闭，系统会自动提示；也可以单击"拾取线"或"直线"按钮，绘制封闭楼板轮廓线。

4）单击"完成绘制"绿色按钮，创建二层楼板，结果如图 2-145 所示。

5）选择图 2-146 所示的亮显外墙墙体，在"属性"框中将其类型替换为"外墙-米黄色石漆饰面"，结果如图 2-147 所示。

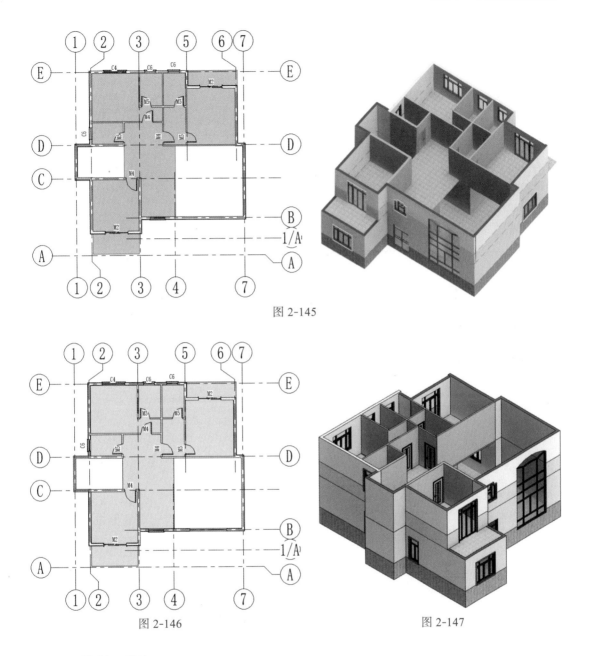

图 2-145

图 2-146　　　　　　　　　　　　　图 2-147

5. 绘制三层墙

1）在"属性"框中选择"基本墙：外墙 – 奶白色石漆饰面"，设置"底部约束"为 3F，"顶部约束"为"直到标高：RF"，绘制图 2-148 所示的外墙。

2）在"属性"框中选择"基本墙：普通砖 –180mm"（标高 3F 至 RF），添加图 2-149 所示的内墙。如图 2-150 所示，添加内墙"基本墙：普通砖 –100mm"。

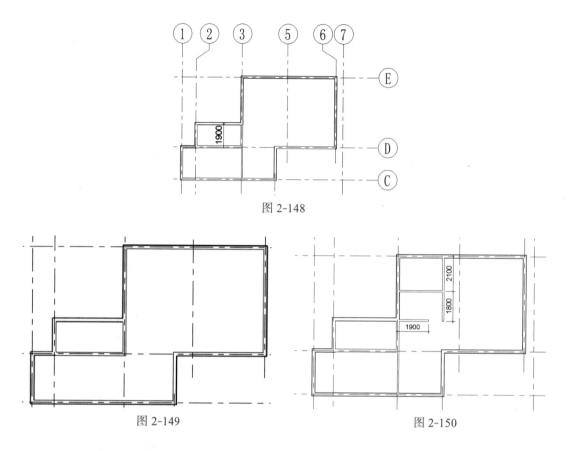

图 2-148

图 2-149　　　　　　　　　　　　图 2-150

6．绘制三层门窗

1）绘制三层门。单击"建筑"选项卡→"构建"面板→"门"按钮，在类型选择器中选择"装饰木门 M4""装饰木门 M5""双扇平开门 M6""铝合金玻璃推拉门 M7"，按图 2-151 所示位置移动光标到墙体上，单击放置门，并编辑临时尺寸位置，精确定位。

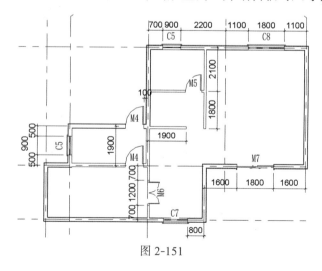

图 2-151

2）绘制三层窗。单击"建筑"选项卡→"构建"面板→"窗"按钮，在类型选择器中选择"双扇推拉窗 C5""凸形装饰窗 C7""玻璃推拉窗 C8"，在"属性"框中修改底高度，即 C5 为 900mm，C7 为 1000mm，C8 为 900mm，按图 2-151 所示位置移动光标到墙体上，单击放置窗，并编辑临时尺寸位置，精确定位。

7. 绘制三层楼板

1）展开项目浏览器中的"楼层平面"，双击 3F，进入"楼层平面：3F"视图。

2）单击"建筑"选项卡→"构建"面板→"楼板"按钮，进入楼板绘制模式后，在"属性"框中选择"楼板：常规 –100mm"，在选项栏中设置偏移为 0，绘制图 2-152 所示的楼板轮廓。完成轮廓绘制后，单击"完成绘制"按钮，完成三层楼板创建。

3）选择图 2-153 所示的亮显墙体，在"属性"框中将其类型替换为"外部叠层墙 – 米黄 1000+ 奶白色石漆饰面"，结果如图 2-154所示。

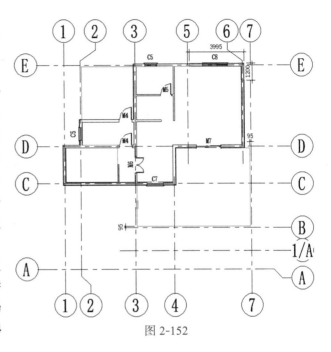

图 2-152

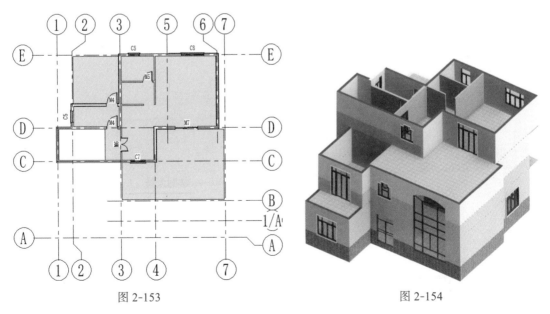

图 2-153

图 2-154

8．绘制屋顶层楼板

1）在项目浏览器中双击"楼层平面"中的 RF，打开顶层平面视图。

2）单击"建筑"选项卡→"构建"面板→"楼板"按钮，在顶层平面视图中绘制图 2-155 所示的顶层楼板轮廓，在"属性"框中选择"楼板 常规 –100mm"，单击"完成编辑"按钮，完成绘制，如图 2-156 所示，保存为文件"楼板 .rvt"。

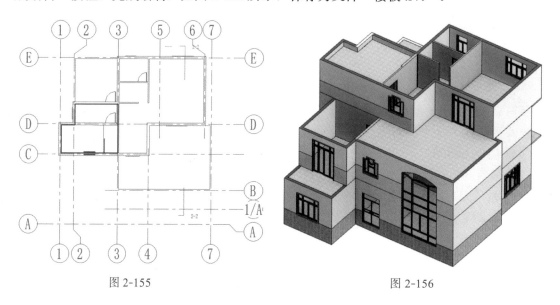

图 2-155   图 2-156

2.5.4　拓展练习

根据图 2-157 中给定的尺寸及详图大样创建卫生间楼板，顶部标高为 ±0.000m，构造层保持不变，水泥砂浆层进行放坡，并创建洞口，洞口标高为 –0.02m。

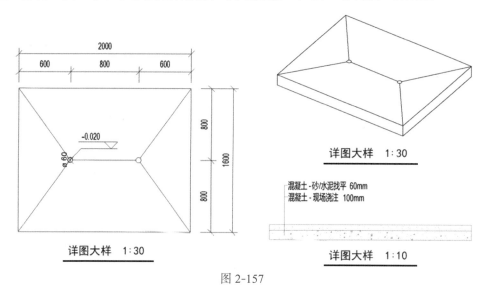

图 2-157

建模思路：

本题楼板具有多个坡度，楼板的坡度箭头与定义坡度仅支持一个坡度的设置，因此选择"修改子图元"命令编辑楼板表面形状。

创建过程：

1）创建项目。打开 Revit 软件，执行"文件"→"新建"命令，在弹出的"新建项目"对话框的"样板文件"下拉列表中选择"构造样板"，单击"确定"按钮，完成项目的创建。

卫生间楼板创建
（拓展练习）

2）新建卫生间楼板类型。在项目浏览器中进入标高 1 平面视图，单击"建筑"选项卡→"构建"面板→"楼板"按钮，在"属性"框中选择"楼板：常规 –150mm"类型，单击"编辑类型"按钮，在弹出的"类型属性"对话框中单击"复制"按钮，在弹出的"名称"对话框中修改名称为"卫生间楼板 –160mm"，单击"确定"按钮，此时新类型创建完成，但是其结构层默认厚度还是 150mm。单击结构层右侧"编辑"按钮，修改结构层厚度为 160mm，单击"确定"按钮，完成卫生间楼板类型的创建，如图 2-158 所示。

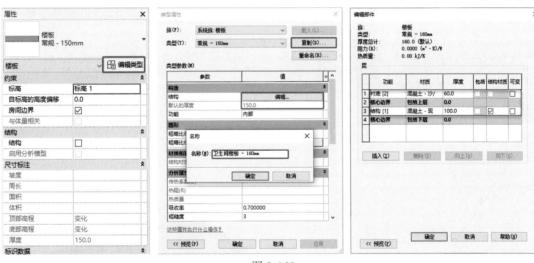

图 2-158

3）绘制楼板。单击"修改 | 创建楼层边界"上下文选项卡→"绘制"面板→"矩形"按钮，在"属性"框中选择楼板类型为新建类型"卫生间楼板 –160mm"，按照图纸给出的尺寸绘制 1600mm×2000mm 的矩形框，如图 2-159 所示，单击"完成"按钮完成创建楼板。

4）创建定位参照平面。单击"建筑"选项卡→"工作平面"面板→"参照平面"按钮，按照图纸尺寸创建 3 条参照平面，如图 2-160 所示。

5）设置楼板坡点。选中创建的楼板，单击"形状编辑"面板→"添加点"按钮，

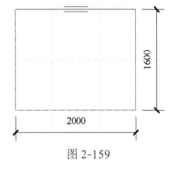

图 2-159

在参照平面的两个交点处添加点。分别单击添加的点,输入标高为 –20,按 Esc 键退出形状编辑模式。

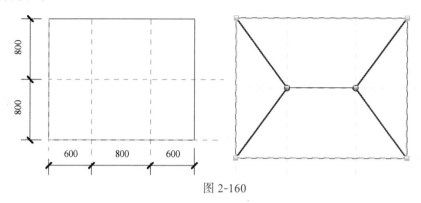

图 2-160

6)绘制洞口。单击"建筑"选项卡→"洞口"面板→"竖井"按钮,如图 2-161 所示,在"绘制"面板中选择"圆形"命令,在添加的点处绘制两个半径为 30mm 的圆,如图 2-162 所示。设置"属性"框中的"无连接高度"为 150,单击"确定"按钮,三维模型如图 2-163 所示。

图 2-161

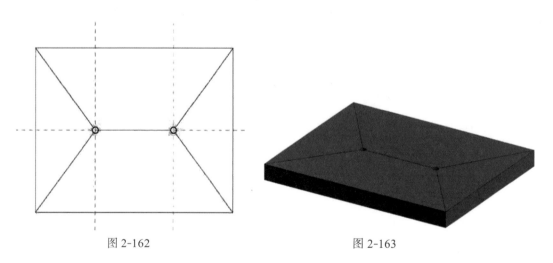

图 2-162 图 2-163

2.5.5 课后练习

根据图 2-164 中给出的楼板平面图、立面图,创建旋转楼板模型,楼板厚度为 150mm。

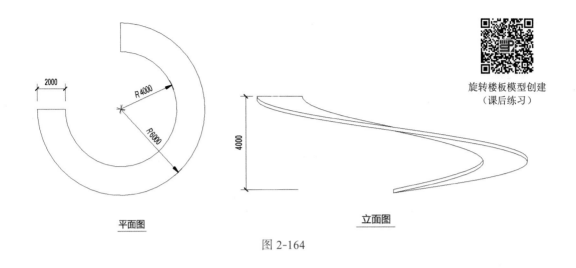

平面图　　　　　　　　　　　　　　　　　立面图

图 2-164

2.6　屋　顶

■学习目标

1. 掌握迹线屋顶模型创建及其属性设置，并理解坡度箭头和定义坡度的区别。
2. 掌握拉伸屋顶模型创建及其属性设置，并理解绘制工作平面的原理。
3. 通过学习屋顶内容理解平面视图中视图范围的设置，掌握视图范围各个参数的含义。

Revit 中提供了 3 种屋顶建模工具，分别为迹线屋顶、拉伸屋顶和面屋顶（不做详细介绍，多用于复杂曲面屋顶）。迹线屋顶常用于坡屋顶的绘制；拉伸屋顶可绘制简单曲面造型屋顶；对于一些特殊造型的屋顶常，采用面屋顶进行创建。

2.6.1　迹线屋顶

迹线屋顶通过绘制屋顶边界，并通过对边界定义坡度或设置坡度箭头的方式生成屋顶。

1. 绘制迹线屋顶

（1）进入绘制屋顶轮廓草图模式
单击"建筑"选项卡→"构建"面板→"屋顶"下拉列表中选择"迹线屋顶"按钮，

进入绘制屋顶轮廓草图模式,"修改"选项卡自动跳转为"修改 | 创建屋顶迹线"上下文选项卡,如图 2-165 所示。其除了边界线外,还包括坡度箭头的绘制。

图 2-165

(2) 绘制屋顶边界

屋顶边界线绘制方式和其他构件类似,按照图 2-166 所示绘制矩形屋顶边界线即可。在绘制过程中,每条边四周均有三角符号,该符号为定义坡度符号,可在选项栏中取消选中"定义坡度"复选框将其取消,如图 2-167 所示。

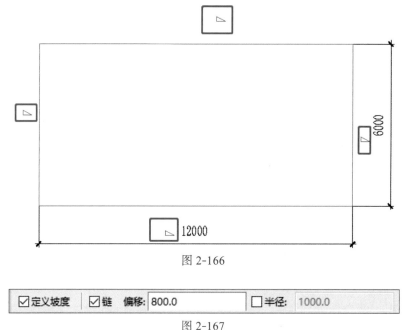

图 2-166

图 2-167

【提示】屋顶边界线工具仅支持绘制一个最外部闭合轮廓,不能出现两个独立且平行的轮廓,但允许在最外部闭合轮廓内绘制无定义坡度的闭合轮廓。

(3) 设置坡度

迹线屋顶提供了定义坡度与坡度箭头两种坡度设置功能。

1) 设置定义坡度。选中边界线,在"属性"框中即可取消选中"定义屋顶坡度"复选框或修改坡度值,本示例将坡度修改为 1 : 2,如图 2-168 所示。如坡度显示不匹配,可在"管理"选项卡→"设置"面板→"项目单位"中进行坡度单位的设置,设置为"1 : 比"。

图 2-168

【提示】默认定义坡度坡比为 1 ∶ 1.73，但选中边界线显示的临时坡比标记为 1 ∶ 2，这是四舍五入后的坡比，如图 2-169 所示，在"属性"框中可查看准确坡度。

2）设置坡度箭头。坡度箭头的绘制原理同楼板坡度箭头的绘制原理一致，在此不详细介绍。不同于楼板仅支持一个坡度箭头的绘制，迹线屋顶可支持多个坡度箭头的绘制，如图 2-170 所示。

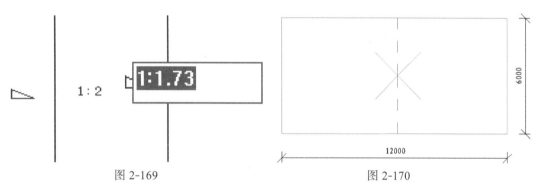

图 2-169　　　　　　　　　　　　　　图 2-170

【知识点解析】定义坡度与坡度箭头的区别

从前述内容可以看出，定义坡度和坡度箭头在上述案例中均可绘制坡屋顶，在同一坡度方向上二者不能重叠使用，但在不同方向上可以。

1）定义坡度。定义坡度是针对边界进行设置，其生成的坡度方向为该边界线的法向垂直方向。如图 2-171 所示，为圆形边界设置定义坡度，圆边界各方向均向中心点垂直，生成圆锥形坡屋顶。

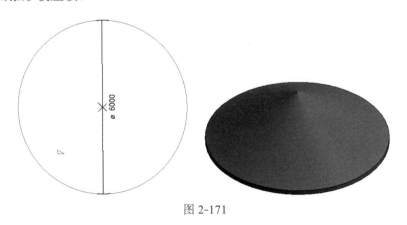

图 2-171

2）坡度箭头。坡度箭头绘制过程中需特别注意必须保证有一个端点在边界上，但其坡度方向随着箭头的方向，与边界线无关。如图2-172所示，为圆形边界设置坡度箭头，坡度方向以坡度箭头方向为准，与边界无关，生成两个半圆面组成的坡屋顶。

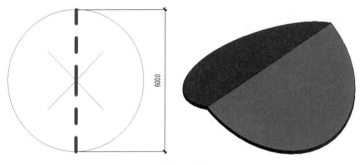

图 2-172

【知识点解析】单位设置

本样例中，系统默认坡度单位为度（°）。单击"管理"选项卡→"设置"面板→"项目单位"按钮，弹出"项目单位"对话框，如图2-173所示，单击坡度后的示例数值，弹出"格式"对话框，依次将"单位""舍入""单位符号"改为"1：比""0个小数位""1："，如图2-174所示。此外，长度、面积、体积、角度、货币、质量密度等单位也均通过此对话框进行设置。

图 2-173

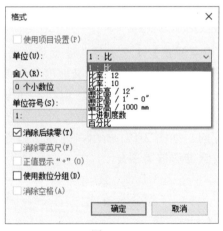

图 2-174

【知识点解析】视图范围设置

视图范围设置在项目建模过程中非常常见，经常会出现放置的某个构件在该层看不到的情况，但是在三维视图中可以看到，正如在上述案例中绘制生成的屋顶，此时大多是因为视图范围设置不合理。在该平面视图的"属性"框中单击"视图范围"后的"编辑"按钮，如图2-175所示，在弹出的"视图范围"对话框中调整主要范围及视图深度，如图2-176所示。

图 2-175

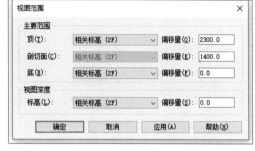

图 2-176

视图范围分为顶、剖切面、底与标高 4 个参数，由于标高参数按照顺序自上而下设置，显示区域为底部视图与剖切面之间的区域，因此屋顶看不完整，如图 2-177 所示。

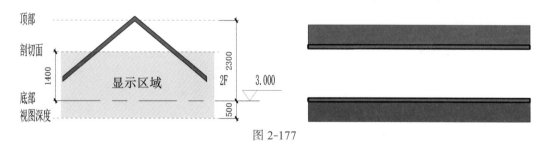

图 2-177

将剖切面的偏移量设置为 4000，则可在平面中查看完整的屋顶，如图 2-178 所示。

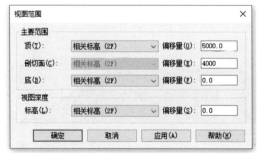

图 2-178

2. 设置实例属性

用迹线屋顶方式绘制的屋顶，其"属性"框中与其他构件不同的是多了截断标高、截断偏移、椽截面及坡度 4 个参数，如图 2-179 所示。

1）截断标高：屋顶标高到达该截面标高时，超出截面标高部分屋顶将会被剪切。

2）截断偏移：截断面在该标高处向上或向下的偏移值，如 100mm。

3）椽截面：屋顶边界处理方式，包括垂直截面、垂直双截面与正方形双截面，如图 2-180 所示。创建屋顶默认的椽截面为垂直截面，垂直双截面与正方形双截面的区别取决于封檐板深度值。

图 2-179

垂直截面

垂直双截面

正方形双截面

图 2-180

4）坡度：各条带坡度边界线的坡度值。图 2-181 所示为绘制的屋顶边界线，单击坡度箭头可调整坡度值，图 2-182 生成的屋顶。根据整个屋顶的生成过程可以看出，屋顶是根据所绘制的边界线，按照坡度值形成一定角度向上延伸而成的。

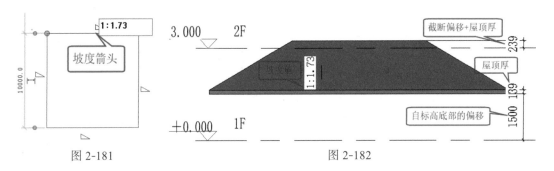

图 2-181

图 2-182

3．编辑迹线屋顶

绘制完屋顶后，还可选中屋顶，在弹出的"修改 | 屋顶"上下文选项卡→"模式"

面板中单击"编辑迹线"按钮，再次进入迹线屋顶的编辑模式。

对于屋顶的编辑，还可单击"修改"选项卡→"几何图形"面板→"连接 / 取消连接屋顶"按钮 ，连接屋顶到另一屋顶或墙上。操作时需先选中需要连接的屋顶边界，再选中连接到的屋顶面，如图 2-183 所示。

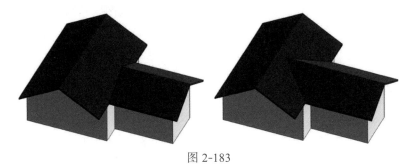

图 2-183

2.6.2　拉伸屋顶

拉伸屋顶是基于选择的立面上绘制拉伸形状，按照拉伸形状在平面上拉伸而形成的。拉伸屋顶的轮廓不能在楼层平面上进行绘制。

1．绘制拉伸屋顶

1）在 2F 平面视图中绘制一条水平参照线，用于拉伸屋顶拾取平面。

2）在"建筑"选项卡→"构建"面板→"屋顶"下拉列表中选择"拉伸屋顶"，弹出如图 2-184 所示"工作平面"对话框。

3）拾取该水平参照线，则自动跳转至"转到视图"对话框，如图 2-185 所示，选择"立面：南"，单击"打开视图"按钮，进入南立面视图。

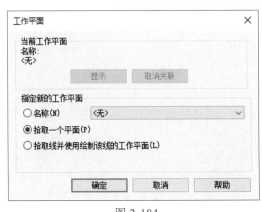

图 2-184

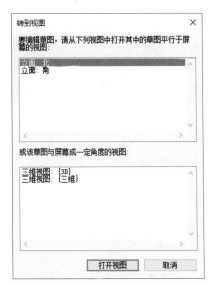

图 2-185

【提示】在平面中选择不同的线，弹出的"转到视图"对话框中供选择的立面是不同的。本样例选择水平直线，则跳转至"南、北"立面；如果选择垂直线，则跳转至"东、西"立面；如果选择斜线，则跳转至"东、西、南、北"立面，同时三维视图均可跳转。

图 2-186

4）选择完立面视图后，弹出"屋顶参照标高和偏移"对话框，在其中设置拉伸屋顶的参照标高及参照标高的偏移值，如图 2-186 所示。

5）此时，可以开始在立面或三维视图中绘制屋顶拉伸截面线，无须闭合，如图 2-187 所示。绘制完成后，需在"属性"框中设置拉伸起点/终点（其设置的参照与最初弹出的"工作平面"对话框选取有关，均以"工作平面"为拉伸参照）、椽截面等，如图 2-188 所示；同时，单击"编辑类型"按钮，在弹出的"类型属性"对话框中设置屋顶的构造、材质、厚度、粗略比例、填充样式等，完成后的屋顶平面图如图 2-189 所示。

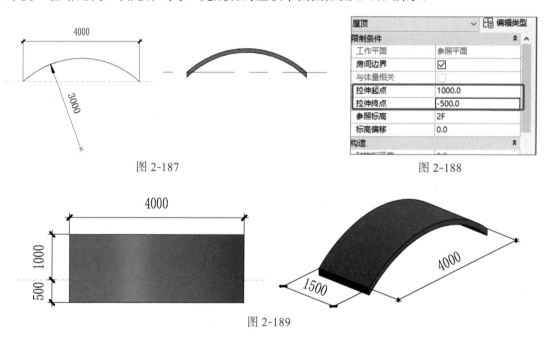

图 2-187   图 2-188

图 2-189

2．拉伸屋顶属性

采用拉伸屋顶方式绘制的屋顶，其"属性"框与其他构件的不同之处是多了"拉伸起点"和"拉伸终点"。

3．编辑拉伸屋顶

选中生成的拉伸屋顶，单击"修改 | 屋顶"上下文选项卡→"模式"面板→"编辑

轮廓"按钮，可对绘制拉伸轮廓进行修改。

在选中拉伸屋顶后，会激活屋顶拉伸柄功能，通过鼠标拖动拉伸柄可调整该屋顶的拉伸位置，如图 2-190 所示，也可通过"属性"框调整标高和拉伸范围。

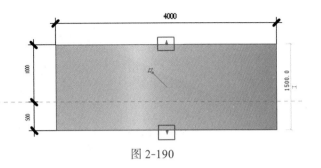

图 2-190

2.6.3　案例操作

小别墅在 3F 及 RF 共有两处屋顶，RF 层屋顶采用迹线屋顶方法创建，3F 层屋顶可采用迹线屋顶或拉伸屋顶创建。

1. 创建 RF 层屋顶

1）打开 2.5.3 案例操作中保存的"楼板 .rvt"文件，进入 RF 平面视图，在"建筑"选项卡→"构建"面板→"屋顶"下拉列表中选择"迹线屋顶"命令，在"绘制"面板中选择"拾取线"命令，在选项栏中选中"定义坡度"复选框，设置偏移量为 500，在"属性"框中选择"基本屋顶：常规 –100mm"，并修改限制条件"自标高的底部偏移"为 400，绘制迹线轮廓图。

2）在绘制 C 轴上的屋顶迹线时，在选项栏中取消选中"定义坡度"复选框，最下方的水平迹线取消定义坡度。完成后，在"属性"框中设置坡度为 1：2（图 2-191），单击"完成编辑"按钮，完成屋顶绘制，切换到三维视图中，结果如图 2-192 所示。

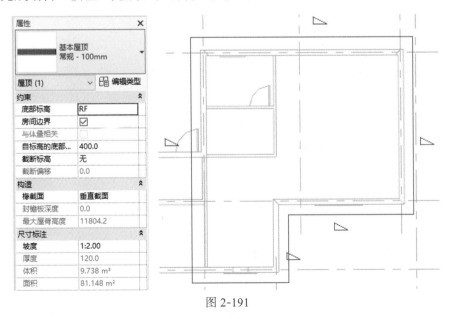

图 2-191

【提示】有坡度的线会在线上出现一个红色三角形，取消坡度后红色三角形会消失。

图 2-192

3）观察上述创建的屋顶，发现屋顶并没有同下方墙体连接，不符合现实情况。按住 Ctrl 键，选中上述所绘制屋顶包络住的墙，单击"修改 | 墙"上下文选项卡→"修改墙"面板→"附着顶部 / 底部"按钮，在选项栏中选中"附着顶部 | 底部"单选按钮，再单击上述绘制的屋顶，则墙顶部发生偏移，附着到屋顶上，如图 2-193 所示。

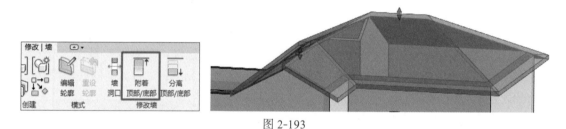

图 2-193

【提示】墙体附着顶部 / 底部时，若弹出图 2-194 所示的"高亮显示的墙要附着到高亮显示的目标上，但未与此目标接触"提示框，可直接单击"确定"按钮。

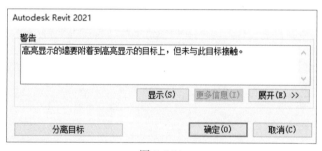

图 2-194

2．创建 3F 层屋顶

1）在项目浏览器中双击"楼层平面"中的 3F，打开三层平面视图。在"建筑"选项卡→"构建"面板→"屋顶"下拉列表中选择"迹线屋顶"命令，进入绘制屋顶轮廓迹线草图模式。

2）屋顶类型仍选择"基本屋顶：常规 –100mm"。在"绘制"面板选择"拾取线"命令，同之前操作，在选项栏中设置偏移量为 500，绘制纵向迹线时选中"定义坡度"

复选框，并设置坡度大小为 1 ∶ 2，绘制横向屋顶迹线时取消选中"定义坡度"复选框。屋顶迹线轮廓如图 2-195 所示。

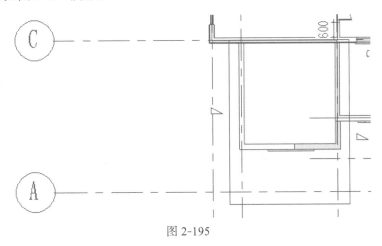

图 2-195

3）同前所述，选择屋顶下的墙体，单击"修改|墙"上下文选项卡→"修改墙"面板→"附着顶部/底部"按钮，拾取刚创建的屋顶，将墙体附着到屋顶下。完成后的屋顶如图 2-196 所示，保存文件为"屋顶.rvt"。

上述屋顶也可通过拉伸功能创建，读者可自行尝试。

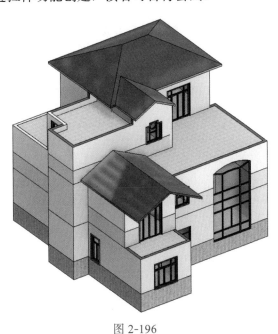

图 2-196

2.6.4　拓展练习

根据给定的投影尺寸创建如图 2-197 所示的屋顶，屋顶板厚度取 200mm。

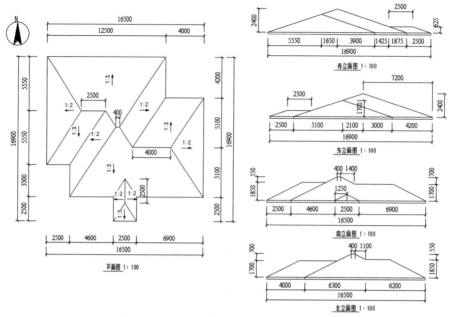

图 2-197

建模思路：

本题要求绘制一个多面的斜坡屋顶，使用迹线屋顶方式绘制，屋顶各边长度及坡度已知，纵向的屋顶坡度均为 1 ：3，横向的屋顶坡度均为 1 ：2。

创建过程：

1）进入 2F 楼层平面，在"建筑"选项卡→"构建"面板→"屋顶"下拉列表中选择执行"迹线屋顶"命令，按照题目给定的尺寸绘制屋顶轨迹，结果如图 2-198 所示。

屋顶模型创建
（拓展练习）

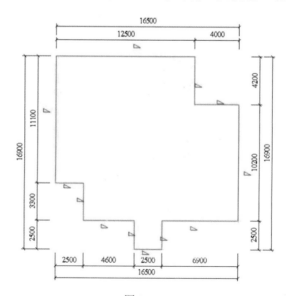

图 2-198

2）设置坡度。按照题目所给坡度给每条边添加坡度。选中一条屋顶迹线，会有对应坡度的显示（状态栏中默认选中"定义坡度"复选框），系统默认坡度的单位为度（°）。单击"管理"选项卡→"设置"面板→"项目单位"按钮，弹出"项目单位"对话框，如图 2-199 所示，单击"坡度"后的示例数值，弹出"格式"对话框，依次将"单位""舍入""单位符号"改为"1：比""0 个小数位""1："，如图 2-200 所示。

图 2-199

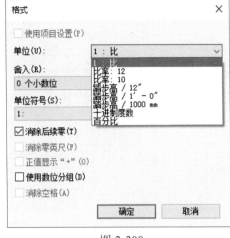

图 2-200

对坡度数值进行相应修改，横向为 1：3，纵向为 1：2，如图 2-201 所示。单击"完成"按钮 ✓，退出编辑模式，三维效果如图 2-202 所示。

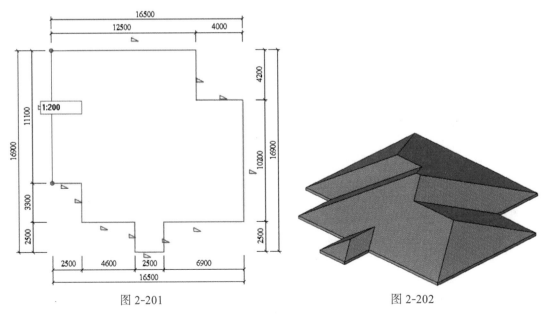

图 2-201

图 2-202

3）添加尺寸标注。转到屋顶的平面视图，即 2F 楼层平面，单击"注释"选项卡→"尺寸标注"面板→"对齐"按钮，选择屋顶轮廓线，拖动鼠标，将尺寸标记放置到合适位置。单击"注释"选项卡→"尺寸标注"面板→"高程点坡度"按钮，在屋顶坡面上单击放置标记。完成后的效果如图 2-203 所示。

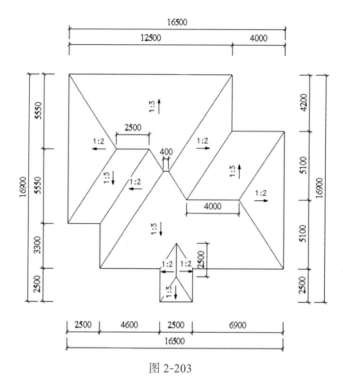

图 2-203

4）检验作图的准确性。进入南立面视图，与题中对应的立面视图进行对照，检验作图的准确性，如图 2-204 所示。

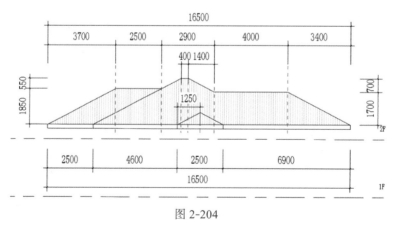

图 2-204

2.6.5　课后练习

根据给定的投影尺寸创建图 2-205 所示的屋顶，屋顶坡度均为 30°，屋顶板厚度取 200mm。

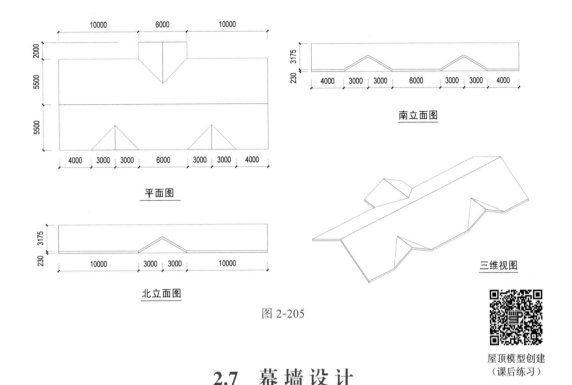

图 2-205

屋顶模型创建
（课后练习）

2.7　幕　墙　设　计

■学习目标

1. 掌握幕墙的绘制命令和幕墙属性的设置方法。
2. 掌握幕墙网格线和竖梃的创建过程，了解幕墙网格线段的添加和删除。
3. 掌握幕墙嵌板的修改方法。

幕墙是现代建筑设计中被广泛应用的一种建筑外墙，由幕墙网格、竖梃和幕墙嵌板组成。在 Revit 中，根据幕墙的复杂程度，有常规幕墙、规则幕墙和面幕墙 3 种创建幕墙的方法。常规幕墙是墙体的一种特殊类型，其绘制方法和常规墙体相同，并具有常规墙体的各种属性，可以像编辑常规墙体一样用"附着""编辑立面轮廓"等命令编辑常规幕墙。本书侧重讲解常规幕墙的创建过程。

2.7.1　幕墙的创建

Revit 提供的幕墙是指由幕墙网格、竖梃与幕墙嵌板组成的模型体系，而非一项具体的构件类别，其创建分布在"墙""屋顶"及基于体量的"幕墙体系"等构件命令中，但其模型结构体系基本一致。本节以"墙"命令下的"幕墙"为例进行讲解。

1．绘制幕墙

Revit 通过设置幕墙的顶部标高和底部标高，绘制玻璃幕墙，设置幕墙网格线和竖梃，生成幕墙模型。

1）进入 1F 平面视图，在"建筑"选项卡→"构建"面板→"墙"下拉列表中执行"幕墙"命令。

2）绘制幕墙。幕墙绘制方式与其属的构件的绘制方式一致，由于本节采用的是"墙"下的"幕墙"命令，因此其创建方式与墙体绘制方式一致。

图 2-206

2．幕墙的实例属性

幕墙的实例属性继承了其所在构件类别的实例属性，基于"墙"→"幕墙"创建的幕墙会具有"墙"的实例属性。此外，其还具有幕墙特有实例属性垂直网格和水平网格，如图 2-206 所示。

1）编号：控制网格线的数量，只有类型属性中垂直或水平网格布局选择的是固定数量，编号属性才会被激活。

2）对正：可选"起点""终点""中心"3 个参数，用于控制网格线分布的对齐方式。

3）角度：设置网格线的旋转角度。

4）偏移：设置网格线的偏移量。

3．幕墙的类型属性

单击"属性"框中的"编辑类型"按钮，在弹出的"类型属性"对话框中可设置幕墙参数，如图 2-207 所示，主要需要设置构造、垂直网格、水平网格、垂直竖梃和水平竖梃几大参数。复制和重命名的使用方式和其他构件一致，可用于创建新的幕墙及对幕墙重命名。

1）构造：设置幕墙的嵌入和连接方式。选中"自动嵌入"复选框，则在普通墙体上绘制的幕墙会自动剪切墙体，如图 2-208 所示。"幕墙嵌板"可用于选择绘制幕墙的默认嵌板，一般幕墙的默认选择为"系统嵌板：玻璃"。

2）垂直网格与水平网格：分割幕墙表面，用于整体分割或局部细分幕墙嵌板。其布局方式可分为：无、固定数量、固定距离、最大间距与最小间距 5 种。

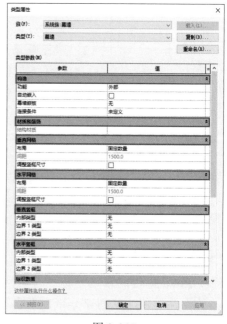

图 2-207

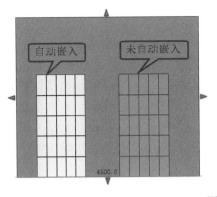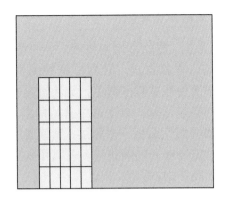

图 2-208

① 无：绘制的幕墙没有网格线，可在绘制完幕墙后在幕墙上添加网格线。

② 固定数量：不能设置幕墙的"间距"选项，可直接利用幕墙"属性"框中垂直网格和水平网格的编号来设置幕墙网格数量。

【提示】只有在"类型属性"对话框中垂直网格和水平网格的布局设置成"固定数量"时，"编号"才能被激活。编号值即等于网格数，幕墙网格间距按照编号数量进行等分。

③ 固定距离、最大间距、最小间距：3 种方式均是通过"间距"来设置。绘制幕墙时，多用固定数量与固定距离两种。

3）垂直竖梃与水平竖梃：设置竖梃样式后，幕墙网格上会自动添加对应竖梃；如果该处没有网格线，则该处不会生成竖梃。垂直竖梃的内部类型是对幕墙内部垂直方向的网格线设置竖梃，水平竖梃的内部类型是对幕墙内部水平方向的网格线设置竖梃。边界 1 类型和边界 2 类型设置的网格线位置如图 2-209 所示。

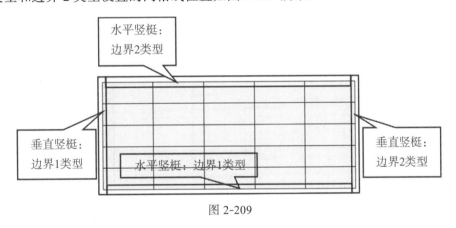

图 2-209

2.7.2　编辑幕墙

编辑幕墙主要包括 3 方面的内容：一是编辑幕墙网格线，包括添加、删除、移动网格线等；二是编辑竖梃，包括竖梃的放置、删除和修改；三是编辑幕墙嵌板。

1．编辑幕墙网格线

1）添加／删除幕墙网格段。在三维或平面视图中绘制一段包含幕墙网格与竖梃的玻璃幕墙，样式自定，转到三维视图中，如图 2-210 所示。将光标移至某条幕墙网格处，由于网格线被竖梃覆盖，无法直接选中，因此可通过按 Tab 键切换预选构件，待网格虚线高亮显示时，单击选中幕墙网格，则出现"修改|幕墙网格"上下文选项卡，单击"幕墙网格"面板→"添加／删除线段"按钮，如图 2-211 所示。此时，单击选中幕墙网格中需要断开的网格线，若需添加网格线，同理单击已删除网格线位置，即可完成添加，如图 2-212 所示。

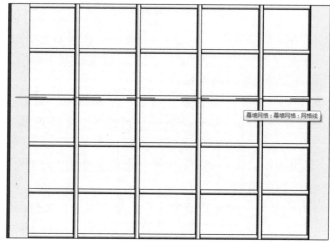

图 2-210

图 2-111

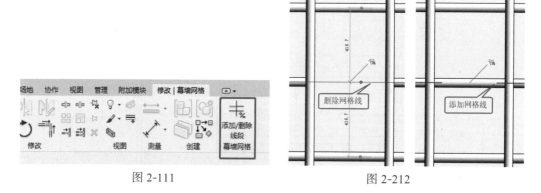

图 2-212

2）添加幕墙网格线。不选中幕墙网格线，同样可以添加幕墙网格。单击"建筑"选项卡→"构建"面板→"幕墙网格"按钮，在弹出的"修改|放置 幕墙网格"上下文选项卡的"放置"面板中可以选择网格放置方式，如图 2-213 所示。

图 2-213

① 全部分段：单击添加整条网格线。

② 一段：在单块嵌板中添加一段网格线，从而拆分嵌板。

③ 除拾取外的全部：单击先添加一条红色的整条网格线，再单击某段删除，其余嵌板添加网格线。

3）移动和删除网格线：选中网格线，激活临时尺寸标注，修改临时尺寸标注后可完成网格线的位置调整，按 Delete 键可进行删除。

2．编辑竖梃

1）放置竖梃。单击"建筑"选项卡→"构建"面板→"竖梃"按钮，在弹出的"修改 | 放置 竖梃"上下文选项卡的"放置"面板中可以选择竖梃放置方式，如果 2-214 所示。

图 2-214

① 网格线：单击一条网格线，则整条网格线均添加竖梃。

② 单段网格线：在每根网格线相交后形成的单段网格线处添加竖梃。

③ 全部网格线：全部网格线均加上竖梃。

2）删除和修改竖梃。选中竖梃，可在"属性"框中修改竖梃类型，按 Delete 键进行删除。

3．编辑幕墙嵌板

将光标放在幕墙网格上，通过多次按 Tab 键切换选中幕墙嵌板，如图 2-215 所示，选中幕墙嵌板后，单击"属性"框中的"编辑类型"按钮，在弹出的"类型属性"对话框中可直接修改幕墙嵌板的类型属性。如果没有所需类型，可载入族库中的族文件或新建族载入项目中。

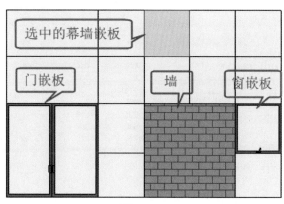

图 2-215

2.7.3　案例操作

本节以小别墅为例讲解幕墙的创建，具体步骤如下。

1．打开文件

打开 2.6.3 案例操作中保存的"屋顶.rvt"文件，在项目浏览器中双击 1F 的楼层平面，打开首层平面视图。

2．设置幕墙参数

单击"建筑"选项卡→"构建"面板→"建筑：墙"按钮，在"属性"框中选幕墙"C2"类型，再单击"编辑类型"按钮，在弹出的"类型属性"对话框中设置垂直网格和水平网格的布局为"固定数量"，垂直竖梃和水平竖梃类型全部选择"矩形竖梃：50×100mm"，如图 2-216 所示，单击"确定"按钮。

3．放置幕墙

在"属性"框中设置相应参数，如图 2-217 所示。在 7 轴与 B 轴和 D 轴相交处绘制一段宽度为 1500mm 的幕墙，调整位置，使幕墙间距 B 轴线距离为 900mm。单击双向箭头，调整幕墙的外方向。

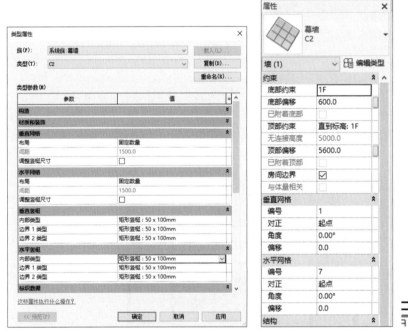

图 2-216

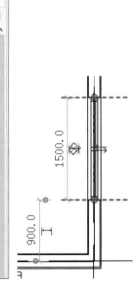

图 2-217

【提示】幕墙"属性"框中的垂直网格与水平网格中的"编号"分别表示幕墙垂直网格线和水平网格线的数目（不包含外边界）。

4．编辑幕墙

切换到三维视图，上述步骤完成后的幕墙如图 2-218 所示。将光标移动到幕墙

的竖梃上，循环按 Tab 键，至光标处出现高显亮的虚线时，单击选中网格线，单击"修改 | 幕墙网格"上下文选项卡→"幕墙网格"面板→"添加 / 删除线段"按钮，再选择需要删除的网格线，则网格线和相应的竖梃同时被删除。

【提示】

1）竖梃是在网格的基础上创建的，要修改竖梃的空间尺寸，需先按 Tab 键切换到网格，然后调整网格的临时尺寸，相应的竖梃尺寸也随之修改。

2）出现图 2-219（a）所示警告时，可直接忽略关闭窗口。最后完成的幕墙如 2-219（b）所示。

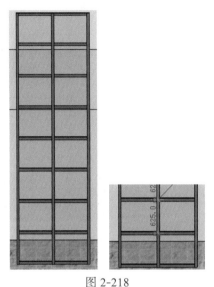

图 2-218

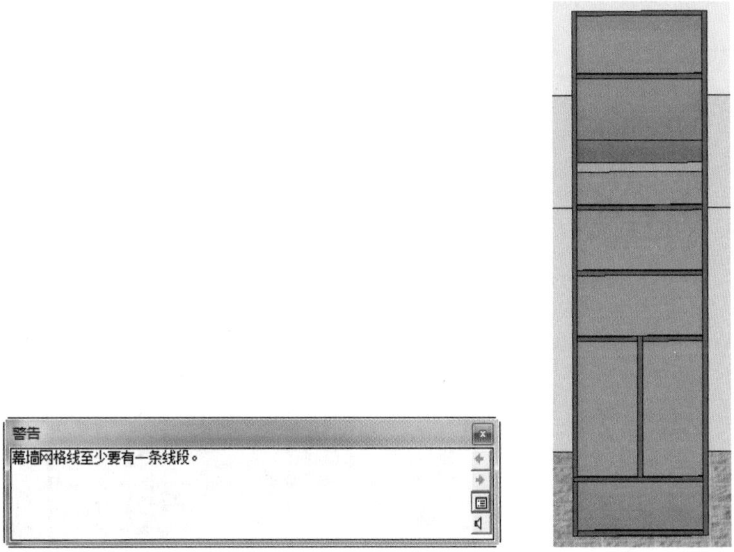

图 2-219

（a）　　　　　　　　　　　　　　　　　　　（b）

5. 复制幕墙

切换到 2F 楼层平面视图，选择上述绘制的幕墙，单击"修改"选项卡→"修改"面板→"复制"按钮，以幕墙的下端点为复制基点，垂直向上移动光标 2400mm 后单击放置幕墙。完成后，两块幕墙的三维效果如图 2-220 所示。

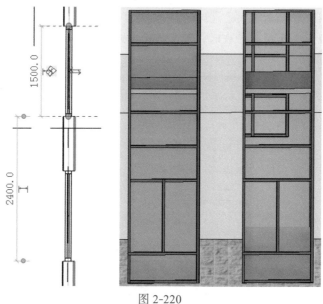

图 2-220

6. 放置西立面幕墙

选择幕墙类型"幕墙 C3"，在 1 轴与 C 轴和 D 轴相交处的墙上单击放置幕墙，并在"属性"框中调整位置，如图 2-221 所示。完成后的幕墙如图 2-222 所示，将文件保存为"幕墙 .rvt"。

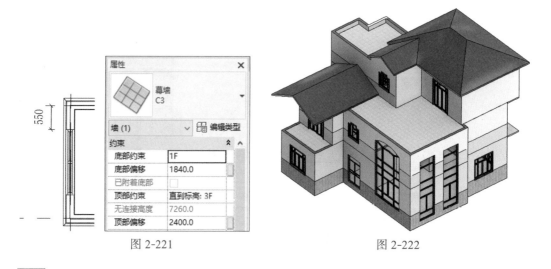

图 2-221   图 2-222

2.7.4 拓展练习

1. 幕墙模型创建

根据所给的幕墙尺寸，建立一个幕墙模型，中间门使用"幕墙嵌板 – 双开门"族，最终模型如图 2-223 所示。创建完成后，将幕墙放置在 10m×4m 的基本墙上。

建模思路：

本例通过运用幕墙网格线添加及删除、竖梃添加、幕墙嵌板替换等内容对幕墙进行设计。

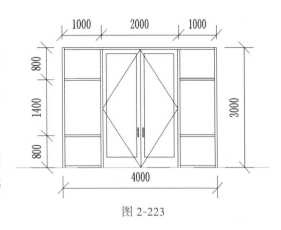

图 2-223

创建过程：

1）绘制 10m×4m 基本墙。基于建筑样板创建项目文件，打开楼层平面"标高 1"视图，单击"建筑"选项卡→"构建"面板→"墙"下拉列表中的"墙：建筑"按钮，在"属性"框设置"底部约束"为"标高 1"，"顶部约束"为"标高 2"，绘制一道长度为 10m、高度为 4m 的基本墙。

幕墙模型创建
（拓展练习）

2）绘制 4m×3m 幕墙。单击"墙：建筑"按钮，在"属性"框中选择"幕墙"类型，单击"编辑类型"按钮，在弹出的"类型属性"对话框中选中"自动嵌入"复选框，单击"确定"按钮完成设置，如图 2-224 所示；在"属性"框设置"底部约束"为"标高 1"，"顶部约束"为"未连接"，"无连接高度"为"3000"，在基本墙中绘制一道长度为 4m 的幕墙，如图 2-225 所示。

图 2-224

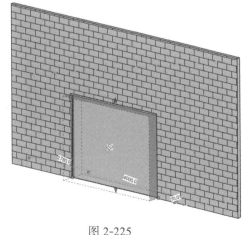

图 2-225

【提示】①此处确定具体尺寸时需要对临时尺寸进行修改；②幕墙可自动嵌入基本墙内，模型效果与墙上开窗一样，如删除主体墙体，嵌入在墙上的幕墙也会被删除。

3）添加幕墙网格。单击"建筑"选项卡→"构建"面板→"幕墙网格"按钮，按照题目所给尺寸建立网格，结果如图 2-226 所示。

4）删除幕墙网格。将光标放置于中间段网格线上，高亮显示时单击"修改 | 幕墙网格"上下文选项卡→"幕墙网格"面板→"添加 / 删除线段"按钮，删除选中的网格，完成后如图 2-227 所示。

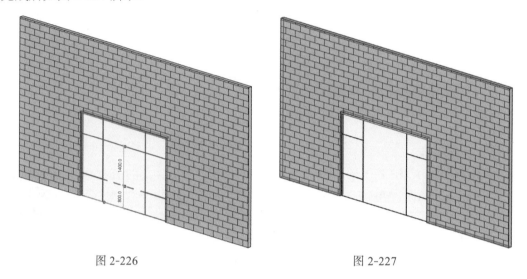

图 2-226   图 2-227

5）添加竖梃。单击"建筑"选项卡→"构建"面板→"竖梃"按钮，单击上述绘制的网格，即可成功添加竖梃，如图 2-228 所示。

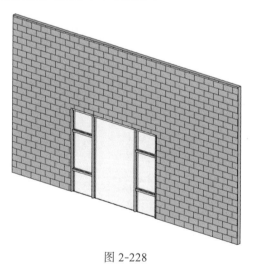

图 2-228

【提示】幕墙竖梃是在幕墙网格的基础上创建的，将竖梃添加到网格线上，竖梃将自动调整尺寸，以便与网格拟合。

6）替换幕墙嵌板。载入"幕墙嵌板 – 双开门"族文件，将光标移到要替换的幕墙嵌板上按 Tab 键，当左下角状态栏文字变为"幕墙嵌板：系统嵌板：玻璃"时，单击选中幕墙嵌板，在"实例属性"中选择"门嵌板_双扇地弹无框铝门"下的"无横档"；如图 2-229 所示。最终模型如图 2-230 所示。

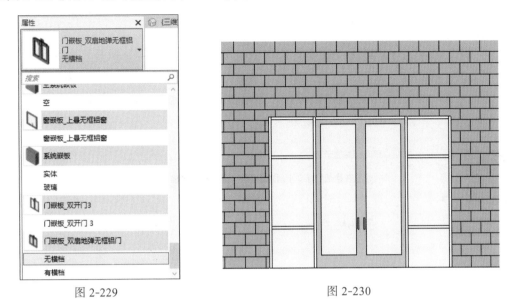

图 2-229　　　　　　　　　　　　图 2-230

【提示】将幕墙玻璃嵌板替换为门或窗，门窗必须使用幕墙嵌板门窗族来替换，与常规门窗不同。

2．地砖模型创建

建立地砖模型。利用玻璃斜窗创建图 2-231 所示的地砖（底部标高为 ±0.000）。地砖为 30mm 厚的瓷砖，灰缝宽度为 10mm，厚度与地砖同高，如图 2-232 所示。

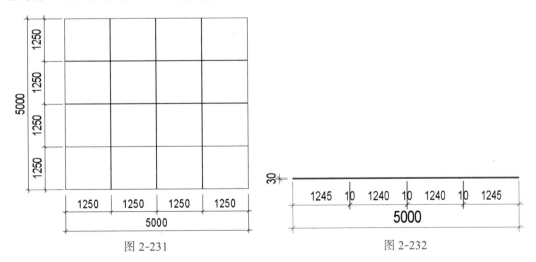

图 2-231　　　　　　　　　　　　图 2-232

建模思路：
玻璃斜窗是迹线屋顶的一种特殊类型，其既具有屋顶的功能，又具有幕墙的功能。

幕墙用于创建垂直方向的构件；而玻璃斜窗可通过定义坡度创建倾斜方向的构件。本题使用玻璃斜窗进行地砖的分割，其建模与玻璃幕墙绘制命令类似，使用与幕墙相同的方法添加幕墙网格和竖梃。

创建过程：

1）创建玻璃斜窗。单击"建筑"选项卡→"构建"面板→"屋顶：建筑"按钮，弹出图 2-233 所示提示，单击"否"按钮，在其下拉列表中选择"玻璃斜窗"类型，按题意绘制轮廓。绘制完成后选中边界，在选项栏中取消选中"定义坡度"复选框，如图 2-234 所示，单击 ✔ 按钮，完成编辑。

地砖模型创建
（拓展练习）

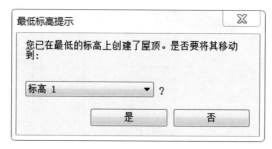

图 2-233

图 2-234

图 2-235

2）替换嵌板。按 Tab 键，选中玻璃嵌板，在"属性"框中单击"编辑类型"按钮，弹出"类型属性"对话框，新建地砖嵌板，将其复制并重命名为"地砖"。修改其材质为"瓷砖"，厚度为 30，如图 2-235 所示，单击"确定"按钮，替换成功。

3）放置幕墙网格。单击"建筑"选项卡→"构建"面板→"幕墙网格"按钮，按图 2-236 所示放置幕墙网格并修改尺寸。

4）创建竖梃。单击"建筑"选项卡→"构建"面板→"竖梃"按钮，选择矩形竖梃，在"属性"框中单击"编辑类型"按钮，弹出"类型属性"对话框，将其复制并重命名为"灰缝"。修改材质为"灰缝"，厚度为 30，边 1、边 2 的宽度均设置为 5mm，如图 2-236 所示，单击"确定"按钮，按题意将竖梃放置在网格线上。

5）修改地砖标高。打开立面视图，发现地砖底部标高未与 ±0.000 相平，修改"属性"框中的标高，如图 2-237 所示。打开三维视图，创建结果如图 2-238 所示。

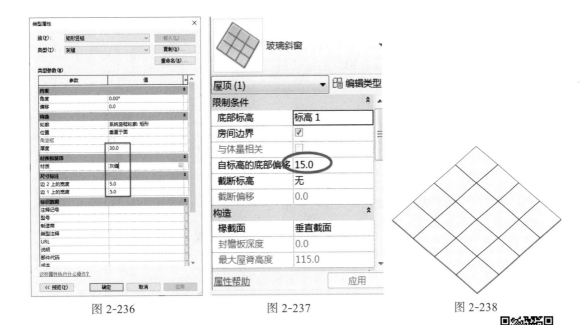

图 2-236　　　　　　　　　图 2-237　　　　　　　　图 2-238

2.7.5　课后习题

根据图 2-239 给定的北立面图和东立面图创建玻璃幕墙和水平竖梃模型，选择直径为 50mm 的圆形竖梃，采用合适的窗嵌板和门嵌板。

玻璃幕墙和水平
竖梃模型创建
（课后练习）

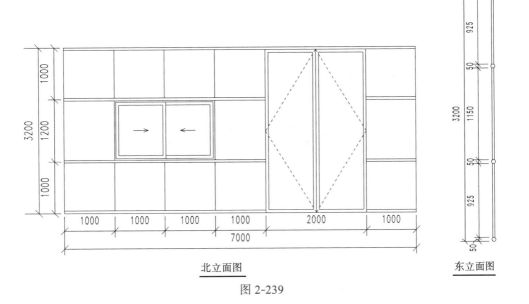

图 2-239

建模小提示：

1）创建一个空幕墙，该幕墙没有预先设置好分割和约束。空幕墙就是一个平板玻璃墙，利用"幕墙网格"命令对其进行手动分割和修改。

2）根据题目要求选择竖梃，并放置水平竖梃。

3）幕墙的玻璃嵌板通过载入相应的族文件进行替换。

2.8 楼　　梯

■**学习目标**

1. 掌握楼梯创建方法，理解其实例及类
　型属性设置。
2. 掌握梯段类型及平台类型的修改方法。

楼梯是建筑中的重要设计构件，是建筑垂直交通中的主要解决方式。高层建筑尽管采用电梯作为主要垂直交通工具，但仍然会保留楼梯供紧急时逃生之用。楼梯的种类和样式多样，按形状可分为标准楼梯和异形楼梯。楼梯一般由梯段（包括踏面及踢面）、平台和栏杆扶手组成，如图 2-240 所示。

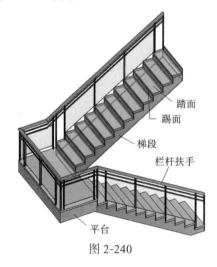

图 2-240

2.8.1　绘制楼梯

1. 执行楼梯命令

单击"建筑"选项卡→"楼梯坡道"面板→"楼梯"按钮，弹出"修改 | 创建楼梯"上下文选项卡，如图 2-241 所示。再单击"构件"面板→"梯段"按钮，即可开始绘制楼梯。

图 2-241

2．设置梯段宽度

在选项栏中可对楼梯宽度、楼梯绘制定位线及其偏移距离进行设置，如图 2-242 所示。

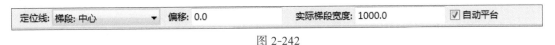

图 2-242

3．设置实例属性

楼梯的"属性"框中提供了 3 种预设类型，即现场浇注楼梯、组合楼梯和预浇注楼梯。这里重点讲解最常用类型——现场浇筑楼梯，并以图 2-243 所示的双跑楼梯为例进行讲解。

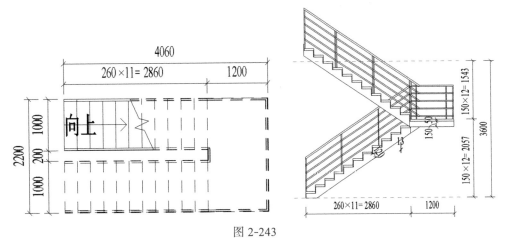

图 2-243

1）在"属性"框中选择楼梯样式为"整体浇筑楼梯"，如图 2-244 所示。

2）通过设置"约束"中的标高、底部偏移和顶部偏移来设置楼梯高度，如图 2-245 所示。

3）通过设置"尺寸标注"中的所需踏面数及实际踏板深度来设置踏面数及踏板深度。注意，软件中显示的实际踏面高度是根据所设置参数自动计算的，操作时无法修改。

4）在"属性"框中设置顶部标高为"无"，设置所需的楼梯高度为 3600，设置所需踏面数为 24，设置实际踏板深度为 260，如图 2-246 所示。

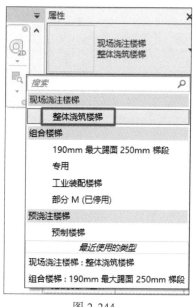
图 2-244

图 2-245

图 2-246

【提示】"属性"框中的"所需的楼梯高度"默认无法修改，需根据所设置标高自动计算。若需手动输入，可设置顶部标高为"无"。

4．绘制楼梯

进入平面视图中，单击"修改 | 创建楼梯"上下文选项卡→"构件"面板→"梯段"按钮，在选项栏中选择定位线为"梯段：中心"，捕捉平面上的一点作为楼梯起点，拖动光标，梯段下方会提示"创建了12个踢面，剩余12个"，单击确认梯段终点。用相同的方法，通过延伸1700mm，确定第二段梯段起点及终点，完成楼梯绘制，如图 2-247 所示。

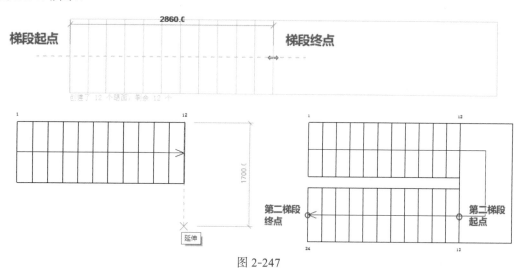
图 2-247

【提示】楼梯平台只能自动生成规则的平台，若遇到不规则平台，可通过"创建草图"方式绘制平台边界，如图 2-248 所示。

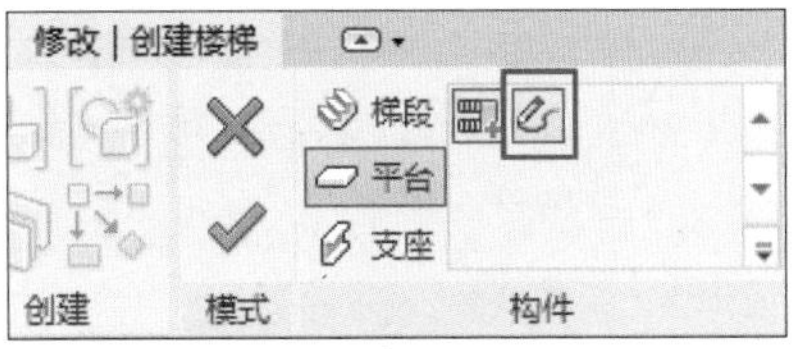

图 2-248

5．完成楼梯创建

单击✔按钮，完成楼梯创建，可到三维视图查看楼梯形状，如图 2-249 所示。楼梯创建中，软件中会默认自动生成栏杆扶手，若自动生成的栏杆扶手不满足要求，也可以对栏杆扶手的样式进行修改，详细操作见 2.10 节。

6．编辑楼梯

若需对楼梯进行编辑，可在选中楼梯后，单击"修改|楼梯"上下文选项卡→"编辑"面板→"编辑楼梯"按钮，重新进入绘制楼梯界面，对楼梯的位置和宽度等信息进行编辑修改，如图 2-250 所示。

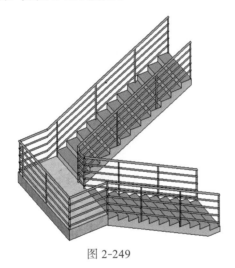

图 2-249

图 2-250

2.8.2　楼梯类型属性

本小节主要对楼梯类型参数进行介绍。选中楼梯，在"属性"框中单击"编辑类型"按钮，弹出楼梯"类型属性"对话框，如图 2-251 所示。在该对话框中可对类型进行复制和修改操作，建立两种或多种不同参数、不同类型的楼梯。

1．修改楼梯梯段

单击"构造→梯段类型→整体梯段"后▦按钮，弹出整体梯段"类型属性"对话框，如图 2-252 所示。

1）构造设置：可对梯段下侧表面形状及梯段结构深度大小进行设置。

2）材质和装饰设置：单击"整体式材质"右侧的▦按钮，可对梯段赋予材质属性。

图 2-251

图 2-252

3）踏板、踢面设置：选中"踏板"及"踢面"复选框，可激活梯段的踏板及踢面，对其厚度及轮廓参数进行修改。

图 2-253

2．平台修改

单击"构造→梯段类型→300mm 厚度"后 按钮，弹出整体平台"类型属性"对话框，如图 2-253 所示。

1）构造设置：可对平台整体厚度进行修改。

2）材质和装饰设置：单击"整体式材质"右侧的 按钮，可对平台赋予材质属性。

【提示】若需设置不同整体梯段及整体平台的类型属性，可对其进行复制操作，建立两种或多种不同参数、不同类型的属性样式。

3．操作练习

打开 2.8.1 节中绘制的楼梯，由图 2-243 可知，梯段厚度为 120mm，平台厚度为 150mm，踏板厚度为 50mm，踢面厚度为 13mm。

1）在"属性"框中（图 2-251）单击"梯段类型"后的 按钮，弹出"类型属性"对话框，单击"复制"按钮，创建一个名为"120mm 结构深度"的梯段类型。设置其结构深度为 120，选中"踏板"及"踢面"复选框，分别设置踏板厚度为 50，踢面厚度为 13，如图 2-254 所示。单击"确定"按钮，完成梯段类型设置。

2）在"属性"框中（图 2-251）单击"平台类型"后的 按钮，弹出"类型属性"

对话框,单击"复制"按钮,创建一个名为"150mm 厚度"的平台类型。设置其整体厚度为 150,如图 2-255 所示。单击"确定"按钮,完成平台类型设置。

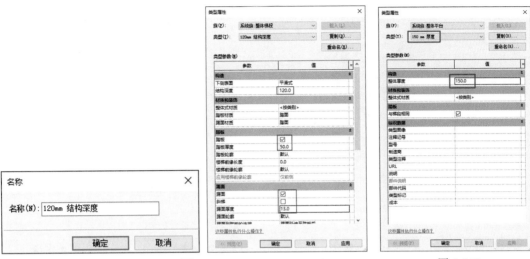

图 2-254　　　　　　　　　　　　　　图 2-255

2.8.3　案例操作

小别墅的楼梯分为 1 ～ 2F 楼梯与 2 ～ 3F 楼梯,楼梯类型选择"现场浇筑楼梯",绘制前需先设置楼梯的 3 个关键属性参数,即踢面数、踏板深度和梯段宽度,绘制时由下向上绘制。以下为创建楼梯的详细步骤。

1. 创建 1 ～ 2F 楼梯

1)打开 2.6.3 案例操作中保存的"屋顶 .rvt"文件。接 2.7 节练习,打开 2.7.3 案例操作中保存的"幕墙设计 .rvt"文件,在项目浏览器中双击"楼层平面"中的 1F,进入首层平面视图。单击"建筑"选项卡→"楼梯坡道"面板→"楼梯"按钮,进入绘制模式。

【提示】此时需要用到参照平面作为梯段的定位线。

2)楼梯参照平面:在 2—3 与 C—D 轴网之间绘制。单击"建筑"选项卡→"工作平面"面板→"参照平面"按钮或按快捷键 RP,在一层楼梯间绘制 3 条参照平面,如图 2-256 所示,并用临时尺寸精确定位参照平面与墙边线的距离。其中,上下两条水平参照平面到墙边线的距离为 590mm,其为楼梯梯段宽度的一半。

3)设置楼梯实例参数。在"属性"框中选择楼梯类型为"整体式楼梯",设置楼梯的底部标高为 1F,顶部标高为 2F,所需踢面数为 20,实际踏板深度为 260,如图 2-257 所示。在选项栏中设置定位线为"梯段:中心",实际梯段宽度为 1180,如图 2-258 所示。

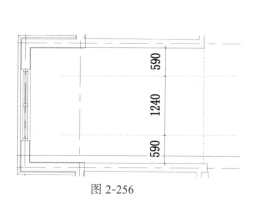

图 2-256   图 2-257

定位线： 梯段：中心   ▼   偏移量： 0.0   实际梯段宽度： 1180.0   ☑ 自动平台

图 2-258

4）设置楼梯类型参数。在"属性"框中单击"编辑类型"按钮，弹出"类型属性"对话框，在"构造"的"梯段类型"中单击"整体梯段"后的 按钮，如图 2-259 所示，选中"踢面"复选框，如图 2-260 所示。单击两次"确定"按钮，完成楼梯类型属性的设置。

图 2-259   图 2-260

5）单击"修改|创建楼梯"上下文选项卡→"构件"面板→"梯段"按钮，在选项栏中选择"直梯"绘图模式，以下方水平参照平面与垂直参照平面交点为起点，绘制长

2340mm 的梯段，梯段下方出现灰色显示的"创建了 10 个踢面，剩余 10 个"的提示字样和灰色临时尺寸，如图 2-261 所示。

　　6）垂直向上移动光标至下方水平参照平面线，此时会自动捕捉与第一跑终点平齐的点，单击捕捉作为第二跑梯段起点位置，水平向右移动 2340mm，系统会自动创建平台和第二跑梯段，如图 2-262 所示。

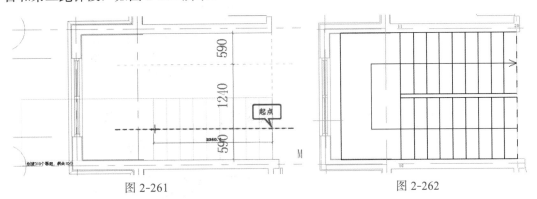

图 2-261　　　　　　　　　　　　　　　　　图 2-262

　　7）单击选择楼梯平台板，用鼠标拖拽其左侧拉伸柄与左边的墙体内边界重合。单击 ✔ 按钮，完成 1 ～ 2F 楼梯的绘制，如图 2-263 所示。

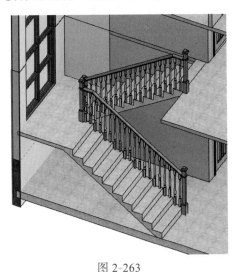

图 2-263

2. 创建 2 ～ 3F 楼梯

　　在项目浏览器中双击"楼层平面"中的 2F，打开二层平面视图。类似于首层楼梯的创建，单击"修改 | 创建楼梯"上下文选项卡→"构件"面板→"梯段"按钮，在选项栏中选择"整体式楼梯"类型，修改定位线、底部标高、顶部标高和所需踢面数等参数，如图 2-264 所示。在与首层楼梯相同的平面位置，采用相同方法绘制 2 ～ 3F 楼层的楼梯。

3. 删除多余栏杆扶手

在创建楼梯时，Revit 会自动为楼梯创建栏杆扶手，选择 1 ～ 2F、2 ～ 3F 楼梯靠近墙体内边界的栏杆扶手，按 Delete 键删除。完成后的楼梯整体样式如图 2-265 所示，保存文件为"楼梯 .rvt"。

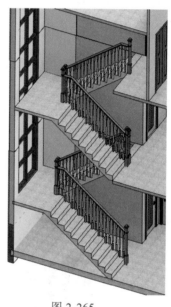

图 2-264　　　　　　　　　　图 2-265

2.8.4　拓展练习

根据图 2-266 给出的楼梯平、立面图创建楼梯模型，楼梯整体材质为钢筋混凝土，结果以"异形楼梯 .rvt"为文件名保存。

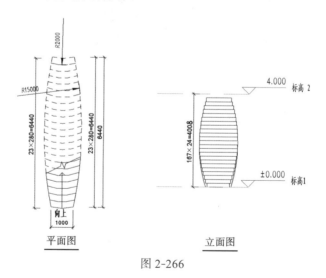

平面图　　　　　　　　　立面图

图 2-266

建模思路：

根据题意，本题要求绘制一个最小梯段宽度为 1000mm，踏板深度为 280mm，踢面数为 24，弧形踢面半径为 2000mm，弧形边界半径为 15000mm，总高度为 4000mm 的异形楼梯。其难点在于该异形楼梯不能使用楼梯（按构件）绘制模式创建梯段，而需使用其内置的绘制草图功能创建梯段。

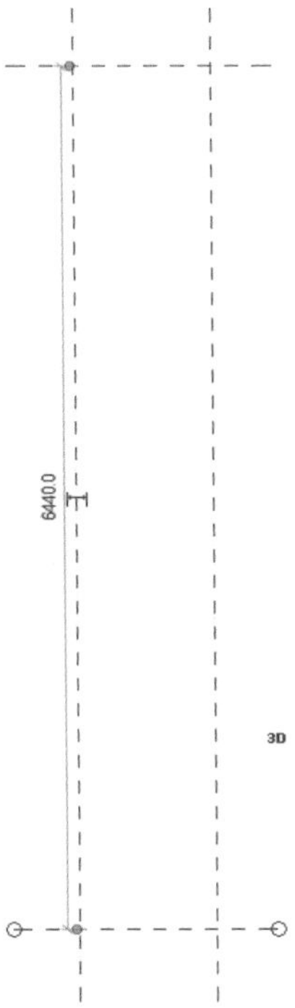

楼梯模型创建（拓展练习）

建模过程：

1. 设置楼梯基本参数

在项目浏览器中双击"楼层平面"中的"标高 1"，进入标高 1 平面视图。

1) 绘制参照平面定位。在楼层平面先绘制两条相距 1000mm 的竖向参照平面，定位最小梯段宽度；再绘制两条相距 6440mm 的横向参照平面，定位绘制梯面的起点和终点，如图 2-267 所示。

2) 绘制楼梯。单击"建筑"选项卡→"楼梯坡道"面板→"楼梯"按钮，进入绘制模式。

3) 设置楼梯实例参数。在"属性"框中选择楼梯类型为"整体浇筑楼梯"，设置楼梯的底部标高为标高 1，顶部标高为"无"，顶部偏移为 4000，所需踢面数为 24，实际踏板深度为 280。

图 2-267

2. 绘制楼梯草图

1) 绘制草图。单击"修改 / 创建楼梯"选项卡→"构件"面板→"创建草图"按钮，进入绘制梯段模式，如图 2-268 所示。

2) 绘制梯段边界。单击"绘制"面板→"边界"按钮，选择"起点－终点－半径弧" ，如图 2-269 所示；单击捕捉楼梯左侧边界起始点，再捕捉楼梯左侧边界末端点，光标移至参照平面左侧，输入 15000，完成楼梯左侧边界的创建。类似地，创建楼梯右侧的边界，完成后如图 2-270 所示。

图 2-268

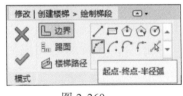

图 2-269

3) 绘制踢面。与绘制梯段边界同理，单击"起点－终点－半径弧"按钮绘制踢面。先绘制最小梯段宽度的第一级踢面，如图 2-271 所示。

选择上述绘制的圆弧踢面，单击"修改"面板→"复制"按钮，在选项栏中选中"约束"和"多个"复选框。选择圆弧踢面的端点作为复制的基点，水平向上移动鼠标指针，输入 280，完成第二级踢面的复制。用同样的方法，依次进行剩余踢面的复制。踢面复制完成后，单击"修改"面板→"修剪/延伸多个图元"按钮，选择任意一侧的绿色梯段边界线作为修剪/延伸边界。依次单击所有踢面线，将踢面线延伸至梯段边界。另一侧同理，完成后如图 2-272 所示。

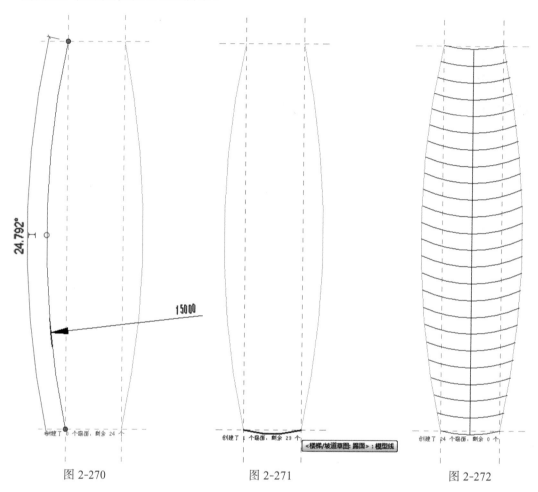

图 2-270　　　　　　　　图 2-271　　　　　　　　图 2-272

4）绘制楼梯路径。单击"修改 | 创建楼梯 > 绘制梯段"上下文选项卡→"楼梯路径"按钮，默认选择"直线"命令，将第一段踢面的弧面中点与最后一段踢面的弧面中点相连，如图 2-273 所示。完成后单击两次 ✓ 按钮，完成楼梯的绘制，如图 2-274 所示。

【提示】若绘制出的楼梯方向与题意不符，可有以下两种解决方法可供选择：

1）选中楼梯，单击楼梯最下方的小箭头，如图 2-275 所示，即可在不改变楼梯布局的情况下翻转楼梯方向。

2）选中楼梯，选择"修改 | 创建楼梯"上下文选项卡→"编辑"面板→"编辑楼梯"按钮，再单击"修改 | 创建楼梯"上下文选项卡→"工具"面板→"翻转"按钮，如图 2-276 所示，即可与第一种方法达到相同的效果。

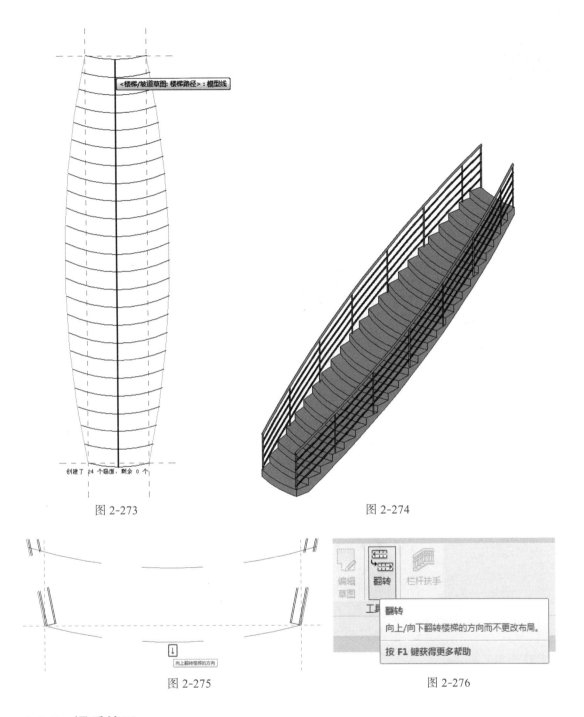

图 2-273

图 2-274

图 2-275

图 2-276

2.8.5　课后练习

根据图 2-277 中给定的数值创建楼梯与栏杆扶手，未标明尺寸不作要求，楼梯整体材质为混凝土。

楼梯与栏杆
扶手的创建
（课后练习）

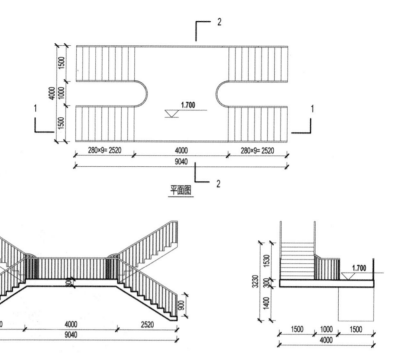

图 2-277

2.9 零星构件

■学习目标

1. 掌握坡道创建方法，理解其类型属性
   中坡度的设置。
2. 掌握坡道梯段类型的修改方法。
3. 掌握创建和编辑建筑柱和结构柱的
   方法。
4. 了解建筑柱和结构柱的应用方法及
   区别。
5. 掌握楼板边、屋檐、墙饰条的放置
   方式。
6. 掌握楼板边、屋檐、墙饰条轮廓的选
   择及类型属性设置。

　　零星构件包含坡道、柱、墙饰条、楼板边、屋檐等，是在建筑室外常用的各种元素。本节将讲述绘制坡道、柱、墙饰条、楼板边、屋檐等零星构件的方法。

2.9.1　绘制坡道

1．坡道的绘制

Revit 中坡道的绘制与楼梯绘制步骤接近，具体如下。

1）单击"建筑"选项卡→"楼梯坡道"面板→"坡道"按钮，弹出"修改|创建坡道草图"上下文选项卡，如图 2-278 所示。可通过"梯段""边界""踢面"3 种方式来创建坡道。单击"修改|创建坡道草图"上下文选项卡→"绘制"面板→"梯段"按钮，即可开始绘制坡道。

2）设置属性。在"属性"框中可设置坡道的底部/顶部标高与偏移及坡道的宽度，如图 2-279 所示。

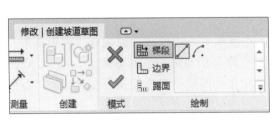

图 2-278　　　　　　　　　　　图 2-279

【提示】顶部标高和顶部偏移属性的默认设置可能会使坡道太长，因此建议将顶部标高和基准标高都设置为当前标高，并将顶部偏移设置为较低的值。

3）设置坡道的类型属性。在"属性"框中单击"编辑类型"按钮，在弹出的"类型属性"对话框中可对坡道的类型参数进行修改，如图 2-280 所示，可在"尺寸标注"选项中设置坡道的长度及坡度。

① 最大斜坡长度：在平面视图中能绘制坡道的最大长度，指定要求平台前坡道中连续踢面高度的最大数量。

② 坡道最大坡度（1/x）：设置梯段 x 的值，以定义坡道的最大坡度。

4）绘制坡道。完成坡道的参数设置后，可直接在平面视图中开始绘制。捕捉平面上的一点作为坡道起点，拖动光标后，梯段下方会提示"0 创建的倾斜坡道，××× 剩余"，再单击确认坡道终点，完成坡道绘制。

5）完成坡道创建。单击✔按钮，完成坡道绘制。可到三维视图查看绘制完成的坡道形状，如图 2-281 所示。软件中会默认自动生成栏杆扶手。

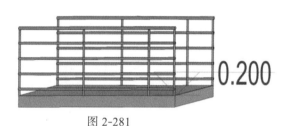

图 2-280　　　　　　　　　　　　　　　　　图 2-281

2．编辑坡道

选中楼梯，单击"修改|坡道"上下文选项卡→"模式"面板→"编辑草图"按钮，重新进入绘制坡道界面，对楼梯的位置和宽度等信息进行编辑修改，如图 2-282 所示。

进入坡道编辑界面，在"属性"框中单击"编辑类型"按钮，在弹出的"类型属性"对话框中可对坡道的类型参数进行修改。

【提示】在实际项目操作中，对构件类型进行复制操作，可建立两种或多种不同参数、不同类型的坡道。

1）修改坡道梯段。在"类型属性"对话框中单击"构造"→"造型"→"结构板"后的下拉按钮，如图 2-283 所示，在其下拉列表中可选择"结构板"或"实体"。"厚度"只有在"造型"为"结构板"时才会亮显设置，表示坡道板的厚度；如果"造型"为"实体"，则"厚度"灰显。

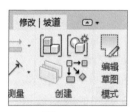

图 2-282　　　　　　　　　　　　　　　　图 2-283

【提示】在选择坡道的梯段造型时，"实体"多用于室外坡道，如图 2-284 所示；"结构板"则为一块斜楼板。

2）材质和装饰设置。通过单击"材质"属性后的█按钮，可对梯段的材质属性进行修改。

【提示】在编辑坡道草图时，与按草图绘制楼梯类似，可对坡道的边界与踢面进行编辑，以达到对坡道整体造型的更改。

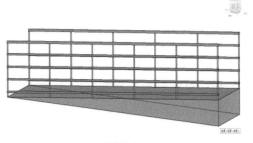

图 2-284

2.9.2　柱

1. 创建柱

Revit 中柱分为建筑柱与结构柱，创建柱的具体步骤如下。

（1）进入柱的放置模式

在"建筑"选项卡→"构建"面板→"柱"下拉列表中选择"建筑柱"/"结构柱"（图 2-285），或者单击"结构"选项卡→"结构"面板→"柱"按钮（图 2-286），或者按 CL 快捷键，均可快速进入柱的放置模式。

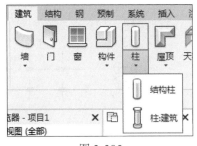

图 2-285

图 2-286

（2）设置柱限制条件

在选项栏中可设置柱限制条件，如图 2-287 所示。需注意的是，创建柱时的"属性"框中没有限制条件参数设置。

图 2-287

1）标高：设置柱的基准标高。

2）高度/深度：设置延伸方向，高度表示向上延伸，深度表示向下延伸。

3）未连接：设置另一端的标高，当选择为"未连接"时后面数字激活，可自定义设置柱的实际高度／深度值。

4）放置后旋转：选中此复选框，则柱子放置后可直接旋转。

（3）设置柱的类型属性

在"属性"框中选择合适尺寸规格的柱子类型，若无合适柱类型，可通过执行"编辑类型→复制命令"，创建新的柱类型，并在"类型属性"对话框中修改柱的尺寸参数。如果没有柱族，则需通过载入族功能载入新的柱族。

（4）柱的放置

1）"建筑柱"的放置：属性设置完成后，在平面视图或三维视图中单击即可放置单个柱。

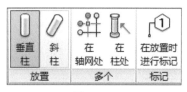

图 2-288

2）"结构柱"的放置："修改|放置 结构柱"上下文选项卡比"修改|放置建筑柱"多出了"放置""多个""标记"面板，如图 2-288 所示。

① "垂直柱"的放置：与建筑柱的放置方式相同。

② "斜柱"的放置：绘制斜柱时，需要双击，确定上下两点的位置。

③ 在轴网处放置结构柱：在轴网的交点处及在建筑柱中可以创建结构柱。进入结构柱绘制界面后，如选择"垂直柱"放置，单击"修改|放置 结构柱"上下文选项卡→"多个"面板→"在轴网处"按钮，在"属性"框中选择需放置的柱类型，从右下向左上框选或交叉框选轴网，如图 2-289 所示，则框选中的轴网交点自动放置结构柱。单击"完成"按钮，则在轴网中放置多个同类型的结构柱，如图 2-290 所示。

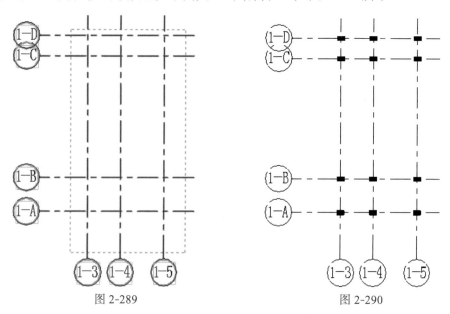

图 2-289   图 2-290

④ "在柱处"放置结构柱：可在建筑柱中放置结构柱。单击"修改|放置 结构柱"上下文选项卡→"多个"面板→"在柱处"按钮，在"属性"框中选择需放置的柱类型，

按住 Ctrl 键选中多根建筑柱，单击"完成"按钮，则可在多根建筑柱中放置结构柱。

2.9.3 楼板边、屋檐、墙饰条 / 墙分隔条

楼板边、屋檐、墙饰条 / 墙分隔条分别位于"建筑"选项卡→"构建"面板→"楼板""屋顶""墙"命令中，但其模型创建的方法思路如出一辙，均通过设置轮廓、拾取边线来创建。

1. 楼板边

楼板边是通过选择楼板的某条边基于轮廓创建的图形，可用于绘制边缘台阶等造型。

（1）楼板边的创建

1）在"建筑"选项卡→"构建"面板→"楼板"下拉列表中选择"楼板边"命令。

2）设置楼板边的属性。建筑样板中自带了简单的楼板边缘，这里以小别墅样板中以台阶为轮廓的楼板边为例进行讲解，在"属性"框中单击"编辑类型"按钮，在弹出的"类型属性"对话框中即可对楼板边的类型参数进行修改；也可通过载入族的方式载入所需的楼板边缘族。

3）修改楼板边轮廓。单击"构造"→"轮廓"后的下拉按钮，如图 2-291 所示，在打开的下拉列表中可选择多种楼板边的轮廓类型；也可通过载入族的方式载入所需的轮廓族。

图 2-291

4）设置材质和装饰。通过单击"材质和装饰"后的 按钮，可对楼板边进行材质属性赋予，设置完成后单击"确定"按钮退出"类型属性"对话框。

5）放置楼板边缘。本节以小别墅样板中以台阶为轮廓的楼板边为例进行放置。在"属性"框中选择"地下一层台阶"，单击楼层边或楼板边缘即可添加楼板边，直接拾取绘制好的板边界即可生成台阶，如图 2-292 所示。

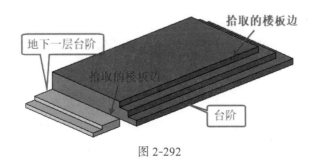

图 2-292

【提示】光标放在楼板的任意一条边界后，按 Tab 键即可快速选中整块楼板的边界。

（2）楼板边的编辑

1）添加／删减楼板边。选中楼板边后，单击"修改|楼板边缘"上下文选项卡→"轮廓"面板→"添加／删除线段"按钮，重新进入放置楼板边界面，继续放置楼板边；单击已经生成楼板边的楼板边界，即可删除原有楼板边。

2）编辑楼板边。选中楼板边，拖拽楼板边界的线段蓝色端点，调整楼板边的长度。单击楼板边旁边的 ⇕ 按钮，可在竖直方向上下翻转楼板边；单击另一个翻转箭头，可在水平方向内外翻转楼板边。

2．屋檐

在创建屋顶四周的围挡及排水檐沟时经常会用到"屋顶檐槽"／"屋顶封檐板"命令，创建屋檐的方式与楼板边类似，这里讲述用"屋顶檐槽"／"屋顶封檐板"命令创建屋檐的方法。

（1）创建屋檐

1）在"建筑"选项卡→"构建"面板→"屋顶"下拉列表中选择"屋顶檐槽"／"屋顶封檐板"命令。

2）设置屋檐属性。屋檐的属性设置与楼板边类似，可在"类型属性"对话框中选择檐沟或封檐板的轮廓。

3）放置屋檐。这里以小别墅样板中的屋檐轮廓为例进行放置。单击屋顶边、檐底板或封檐板，即可添加屋顶檐槽／封檐板，如图 2-293 所示。

图 2-293

（2）屋檐的编辑

屋檐的编辑操作也与楼板边类似，读者可参考楼板边的编辑方式对屋檐造型进行修改。

3．墙饰条／墙分隔条

在创建外墙上的造型时经常会用到"墙饰条"／"墙分隔条"命令，创建墙饰条／墙分隔条的方式与楼板边类似，这里讲述用"墙饰条"／"墙分隔条"命令创建墙饰条的方法。

（1）创建墙饰条 / 墙分隔条

1）在"建筑"选项卡→"构建"面板→"墙"下拉列表中选择"墙饰条"/"墙分隔条"命令。

2）设置墙饰条属性。墙饰条的属性设置与楼板边类似，可在"类型属性"对话框中选择墙饰条的轮廓。

3）选择墙饰条的放置方式。在"修改 | 放置 墙饰条"上下文选项卡中可选择墙饰条的放置方式。如选择水平放置，即可在墙体模型上放置水平墙饰条。

4）放置墙饰条。这里以小别墅样板中的墙饰条轮廓为例进行放置。在"属性"框中可选择"单排" / "双排"类型的墙饰条。在三维 / 立面视图中捕捉墙体即可添加墙饰条 / 墙分隔条，如图 2-294 所示；在墙体上单击后，按 Enter 键即可观察到墙饰条模型，如图 2-295 所示。

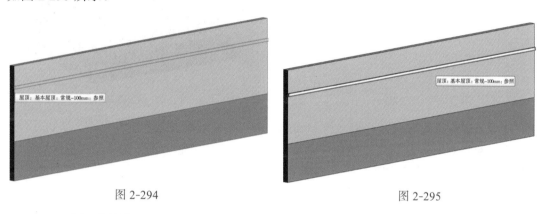

图 2-294   图 2-295

（2）编辑墙饰条

墙饰条的编辑操作也与楼板边类似，读者可参考楼板边处的编辑方式对墙饰条的造型进行修改。

2.9.4 案例操作

本节绘制小别墅零星构件，包括台阶、坡道、柱、阳台栏杆和入口顶棚。利用"楼板边"命令绘制楼梯台阶；利用"坡道"命令绘制坡道；利用"柱：建筑柱"命令绘制柱；利用"栏杆扶手"中的"绘制路径"命令绘制阳台栏杆；利用"墙"命令绘制入口顶棚。

1. 绘制台阶坡道

1）绘制南面主入口处室外楼板。打开 2.8.3 案例操作中所保存的"楼梯 .rvt"文件，打开"楼层平面：0F"平面视图。单击"建筑"选项卡→"构建"面板→"楼板"按钮，选择楼板类型为"常规 –450mm"，设置自标高的高度偏移为 450。用"直线"命令绘制如图 2-296 所示的楼板轮廓，楼板左边界与墙外边界平齐，右边界与 4 号轴线平齐，宽度为 1000mm。单击"完成编辑"按钮，完成室外楼板的绘制。

2）添加台阶。在"建筑"选项卡→"构建"面板→"楼板"下拉列表中选择"楼板：楼板边"命令，从"属性"框中选择"楼板边缘－台阶"类型。切换至三维视图，移动光标到上述所绘制楼板的水平上边缘处，边线高亮显示时单击，即可放置台阶，如图 2-297 所示。

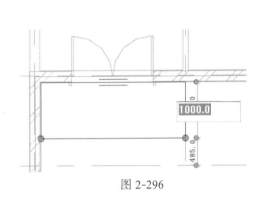

图 2-296　　　　　　　　　　　图 2-297

【提示】如果楼板边的线段在角部相遇，则它们会相互拼接。

3）绘制北面入口处室外楼板及台阶。同上述操作，先绘制楼板，楼板的长宽边界参照与之紧密相邻的墙的外边界，如图 2-298 所示。完成绘制后，采用同样的命令，即"楼板：楼板边"放置台阶，结果如图 2-299 所示。

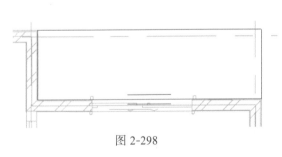

图 2-298　　　　　　　　　　　图 2-299

4）设置坡道相关参数。打开"楼层平面：0F"平面视图，单击"建筑"选项卡→"楼梯坡道"面板→"坡道"按钮，进入绘制坡道模式。在"属性"框中修改参数，各参数设置如图 2-300 所示。单击"编辑类型"按钮，弹出"类型属性"对话框，设置最大斜坡长度为 6000，坡道最大坡度（1/x）为 10，造型为"实体"，如图 2-301 所示。

设置完成后单击"确定"按钮，关闭对话框。单击"修改 | 创建坡道草图"上下文选项卡→"工具"面板→"栏杆扶手"按钮，弹出图 2-302 所示的"栏杆扶手"对话框，在下拉列表中选择"1100mm"，单击"确定"按钮。

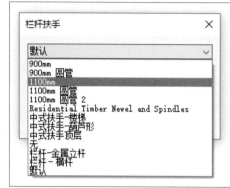

图 2-300　　　　　　　　图 2-301　　　　　　　　图 2-302

5）绘制坡道。单击"修改 | 创建坡道草图"上下文选项卡→"绘制"面板→"梯段"按钮，在选项栏中选择"直线"工具，移动光标到绘图区域中，从右向左拖曳光标绘制坡道梯段，如图 2-303 所示（框选所有草图线，将其移动到图示位置）。单击"完成坡道"按钮，创建的坡道如图 2-304 所示。

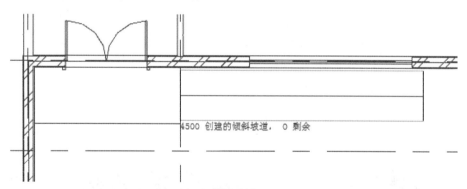

图 2-303

图 2-304

2．建筑柱

1）打开"楼层平面：0F"平面视图，在"建筑"选项卡→"构建"面板→"柱"下拉列表中选择"建筑柱"命令，在"属性"框中选择柱类型"矩形柱 – 顶部扩宽 350×350"，如图 2-305 所示，在 A 轴与 2、3 号轴的交点处单击放置柱，放置后按住 Ctrl 键，单击选中两个柱，按照图 2-306 所示修改参数值。

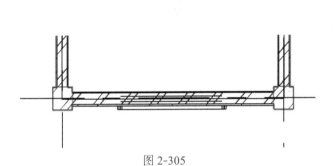
图 2-305

图 2-306

2）用同样方法，选择"矩形柱 250×250"类型，在上述位置处再依次单击放置两根建筑柱，在选项栏中调整底部标高、底部偏移、顶部标高分别为 2F、1300、3F，结果如图 2-307 所示。

3）按住 Ctrl 键，选择上述刚绘制的两根建筑柱"矩形柱 250×250"，在"修改｜结构柱"上下文选项卡中选择"附着顶部 / 底部"命令，在选项栏中设置附着柱为"顶"，附着对正为"最大相交"，最后效果如图 2-308 所示。

图 2-307

图 2-308

4）添加正面入口台阶处的建筑柱。在"建筑"选项卡→"构建"面板→"柱"下拉列表中选择"建筑柱"命令，仍然选择"矩形柱－顶部扩宽 350×350"类型，在入口台阶的两边单击放置柱，使柱的角点和台阶的角点重合，如图 2-309 所示。在"属性"框中修改柱的各个参数值，如图 2-310 所示。

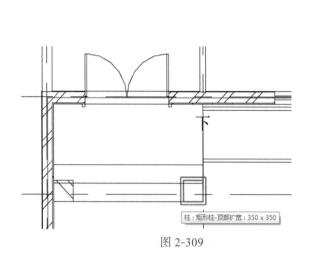

图 2-309

图 2-310

5）进入 1F 平面视图，选择建筑柱类型为"矩形柱 250×250mm"，在上述绘制的两根建筑柱中心分别单击进行放置（光标移到附近时会有相应提示）。在"属性"框中统一修改柱的参数，具体参数设置如图 2-311 所示。结果如图 2-312 所示。

图 2-311

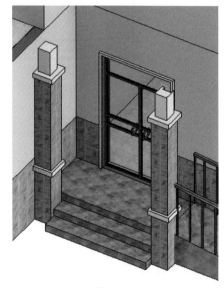

图 2-312

6）切换到 2F 楼层平面视图，选择"矩形柱 250×250mm"，设置"属性"框中的参数，如图 2-313 所示。将光标移到 C7 左边附近，直至出现如图 2-314 所示的横向和

纵向虚线，即"延伸和最近点"提示时，单击放置柱。同理，在 C7 的右边，即图 2-315
所示位置放置柱。选择绘制的建筑柱，单击"修改"选项卡→"修改"面板→"对齐"
按钮，使柱的上边界和墙的内边界对齐，如图 2-316 所示。

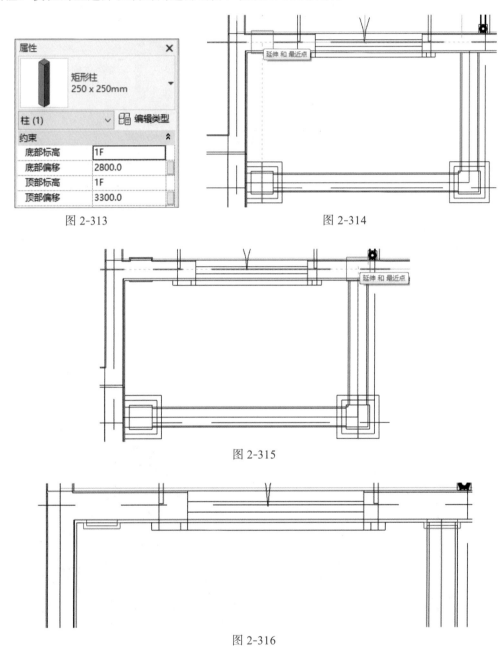

图 2-313

图 2-314

图 2-315

图 2-316

7）切换到 3F 楼层平面，同样选择建筑柱类型为"矩形柱 250×250mm"，"属性"
框中的参数设置如图 2-317 所示。分别在 3 轴与 C 轴的交点、4 轴与 C 轴的交点处单击
放置柱，并如图 2-318 所示调整对齐位置。

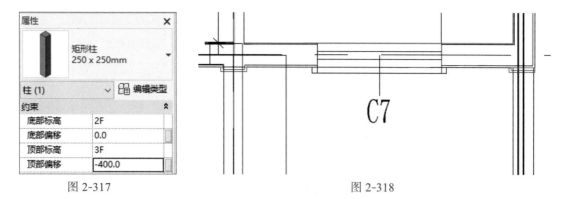

图 2-317　　　　　　　　　　　　　　　　　　　图 2-318

8）添加正面三层阳台的建筑柱。从项目浏览器中双击 3F，进入三层平面视图，选择"矩形柱 – 顶部扩宽 500×500"类型，先在 7 轴与 B 轴的交点附近单击放置柱，再使用"修改"面板→"移动"命令调整柱的位置，使柱的右下角点同 7 轴与 B 轴的交点重合，如图 2-319 所示。其"属性"框中的参数设置如图 2-320 所示，注意取消选中"中部扩展可见性"复选框。

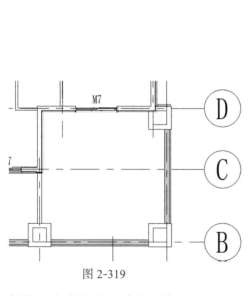

图 2-319　　　　　　　　　　　　　　　　　　　图 2-320

选择放置完成的柱，单击"修改"面板→"复制"按钮，单击柱的中心点，作为复制基点，向上移动光标，输入值 5000，单击放置柱；再重新选择原来的柱，同样以柱的中心为复制基点，水平向左移动光标，输入值 5300，单击放置柱。

9）添加北面入口处的建筑柱。进入 0F 平面视图，选择"矩形柱 – 顶部扩宽 350×350"类型，在入口台阶处单击放置柱。调整柱的位置，使柱的角点与台阶的角点重合，如图 2-321 所示。按照图 2-322，在"属性"框中修改柱的各个参数值。

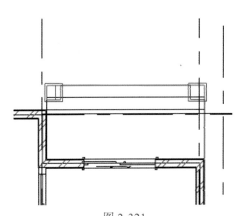

图 2-321

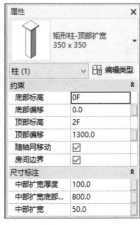

图 2-322

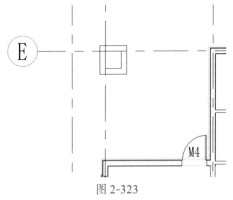

图 2-323

10）添加北面三层阳台的建筑柱。进入 3F 平面视图，选择"矩形柱 – 顶部扩宽 500×500"类型，在 2 轴和 E 轴的交点处单击放置柱。调整柱的位置，使柱的左上角点同墙的外边界交点重合，如图 2-323 所示。参照正面三层阳台建筑柱的参数（图 2-320），在"属性"框中设置此柱的参数，同样注意取消选中"中部扩展可见性"复选框。

3．入口顶棚

1）打开"楼层平面：2F"平面视图。

2）单击"建筑"选项卡→"构建"面板→"墙"按钮，选择"基本墙：外墙 – 奶白色石漆饰面 150"，并参照图 2-324 在"属性"框中修改参数。以正面入口处"矩形柱 250×250mm"建筑柱的左边线中点为起点，绘制墙体，如图 2-325 所示。

图 2-324

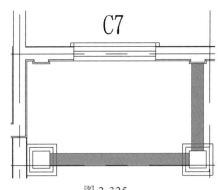

图 2-325

【提示】选择绘制的墙，单击墙附近出现的双向箭头，可修改墙的方向。

3）选择"基本墙：外墙－米黄色石漆饰面"，并参照图 2-326 在"属性"框中修改各参数。以入口处左面墙的外边界（光标置于附近时拾取中点）为起点绘制墙体，如图 2-327 所示。绘制完成后，结果如图 2-328 所示。

4）添加顶棚的楼板。执行"建筑"选项卡→"构建"面板→"楼板：建筑"命令，选择"楼板：常规－100mm"，绘制图 2-329 所示的顶棚楼板轮廓，单击"完成"按钮。

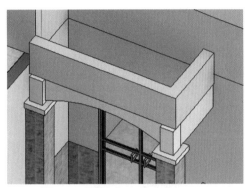

图 2-326

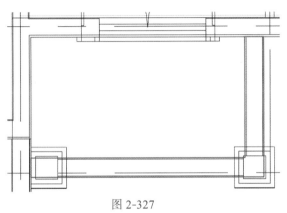

图 2-327

图 2-328

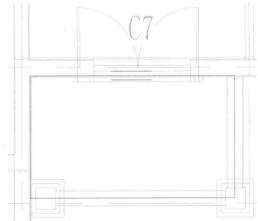

图 2-329

【案例操作补充】

编辑正面二层阳台。这里进行的是正面二层阳台的编辑工作，主要是巩固墙体的编辑知识，这些工作也可以在前面建模工作中进行。

① 分离墙体与屋顶。进入三维视图，选中图 2-330 所示的墙体，单击"修改 | 墙"上下文选项卡→"修改墙"面板→"分离顶部 / 底部"按钮，再单击其上方的屋顶，使墙体和屋顶分离。切换到 2F 楼层平面视图，拖动上述所选墙的下端点，直至与 A 轴线相交。

【提示】若没有分离墙体与屋顶，那么接下来的墙体轮廓将无法编辑。

② 编辑墙轮廓。单击"修改 | 墙"上下文选项卡→"模式"面板→"编辑轮廓"按钮，转到西立面视图，如图 2-331 所示，单击"修改 | 墙"上下文选项卡→"绘制"面板→"直线"按钮，绘制图 2-332 所示的轮廓，单击"完成"按钮。

③ 附着墙体至屋顶。切换到三维视图，选择上述新编辑的墙体，单击"修改 | 墙"上下文选项卡→"修改墙"面板→"附着顶部 / 底部"，再单击屋顶，将墙体重新附着到屋顶。采用类似的方法，编辑右侧墙体，结果如图 2-333 所示。

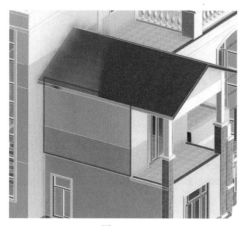

图 2-330

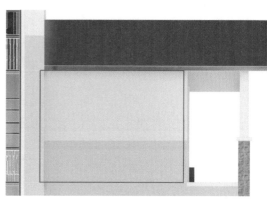

图 2-331

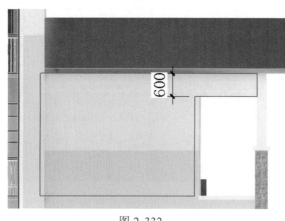

图 2-332

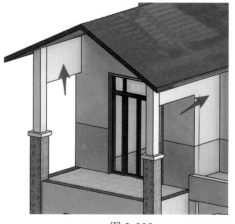

图 2-333

④ 绘制一层阳台正面墙体。切换到 3F 楼层平面视图，单击"建筑"选项卡→"构建"面板→"墙"按钮，选择"基本墙：外墙 – 米黄色石漆饰面"，在"属性"框中设置参

数，如图 2-334 所示。捕捉 A 轴线和 2 轴线的交点为起点，水平向右拖动至 A 轴线与 3
轴线的交点作为终点，选中新绘制的墙体，将其附着到屋顶，结果如图 2-335 所示。

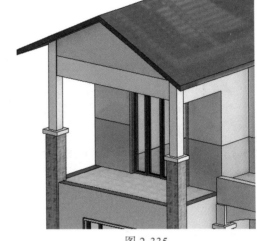

图 2-334　　　　　　　　　　　　　　　　图 2-335

⑤ 添加墙饰条。切换到三维视图，在"建筑"选项卡→"构建"面板→"墙"下
拉列表中选择"墙：饰条"命令，再选择"墙饰条 – 单排"墙饰条类型，在别墅正面
的玻璃推拉窗下墙体上单击放置第一段墙饰条，在"属性"框中设置参数，如图 2-336
所示。在与上述绘制墙饰条墙面相邻的墙面上单击放置墙饰条，围绕别墅墙面一周依次
单击放置，结果如图 2-337 所示。

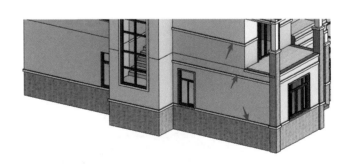

图 2-336　　　　　　　　　　　　　　　　图 2-337

⑥ 选择"墙饰条 – 双排间距 300"墙饰条类型，如图 2-338 所示，围绕正面一层阳
台三层墙体添加墙饰条（具体标高为相对 0F 偏移 3450mm），再为入口顶棚上的墙体添
加墙饰条（具体标高为相对 1F 偏移 3300mm）。

⑦ 同上述操作，选择"墙饰条 – 双排间距 300""墙饰条 – 单排"墙饰条类型，在
合适的标高为其他墙面添加墙饰条，其中最高处的墙饰条为"墙饰条 – 双排间距 560"
（具体标高为相对 3F 偏移 2400mm）。完成后的模型如图 2-339 所示。将模型保存为文
件"零星构件 .rvt"。

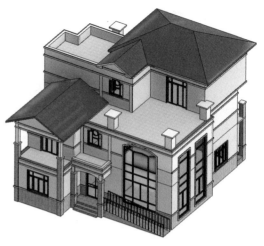

图 2-338   图 2-339

2.9.5　拓展练习

　　某酒店大厅入口尺寸如图 2-340 所示，试绘制图中构件，台阶用"楼板：楼板边"命令绘制，栏杆使用"1100mm 圆管"，楼板厚为 450mm。结果以"弧形坡道 .rvt"为文件名保存。

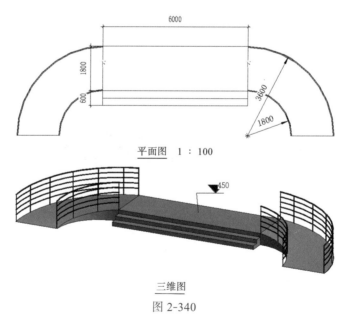

平面图　1：100

三维图

图 2-340

　　建模思路：

　　本题可分为 3 个部分绘制，即楼板、坡道和台阶。其中，坡道是双侧对称的，可绘制一侧，另一侧使用"镜像"命令绘制；台阶使用"建筑"选项卡→"构建"面板→"楼板：楼板边"命令绘制。

创建过程：

1）绘制楼板。使用小别墅样板新建项目。进入 1F 楼层平面，选择"楼板 常规 –450mm"，按照图示尺寸绘制一块矩形楼板，"属性"框中的参数设置如图 2-341 所示。

2）绘制弧形坡道。单击"建筑"选项卡→"构建"面板→"坡道"按钮，进入绘制坡道模式。绘制 3 条参照平面，上下两条参照平面距离 3600mm，如图 2-342 所示。单击"建筑"选项卡→"楼梯坡道"面板，选择"边界"→"圆心 – 端点弧"工具，捕捉下方参照平面的交点作为圆心，角度为 90°，半径分别为 3600mm、1800mm，绘制两段圆弧，单击"踢面"→"直线"，在圆弧两端绘制踢面线，如图 2-343 所示。在"属性"框中设置参数，如图 2-344 所示。单击 ✔ 按钮，绘制完成。选中坡道，单击图 2-345 所示的箭头，翻转楼梯方向。选中栏杆，将栏杆类型替换成"1100mm 圆管"。

图 2-341

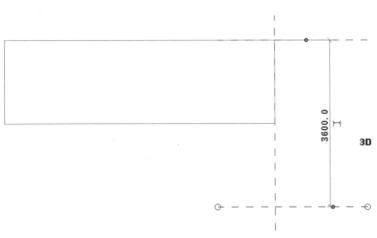

图 2-342

弧形坡道绘制
（拓展练习）

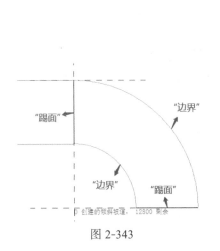

图 2-343

图 2-344

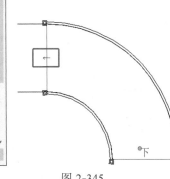

图 2-345

3）镜像坡道。在楼板中间绘制一个参照平面，选中绘制的坡道，选择"镜像 – 拾取轴"命令，单击参照平面，即可绘制另外一侧坡道。

4）绘制台阶。切换至三维视图，在"建筑"选项卡→"构建"面板→"楼板"下拉列表中选择"楼板边"命令，选择"楼板边缘 台阶"类型，单击楼板上边缘，完成台阶的绘制。保存文件为"弧形坡道 .rvt"。

2.9.6　课后练习

在 2.4 节门窗的课后练习基础上，根据图 2-346 给出平面图创建一层零星构件模型，楼板厚度为 50mm，台阶踏面宽度均为 300mm，洗衣房标高为"–0.600"，图中未注明尺寸可自定。

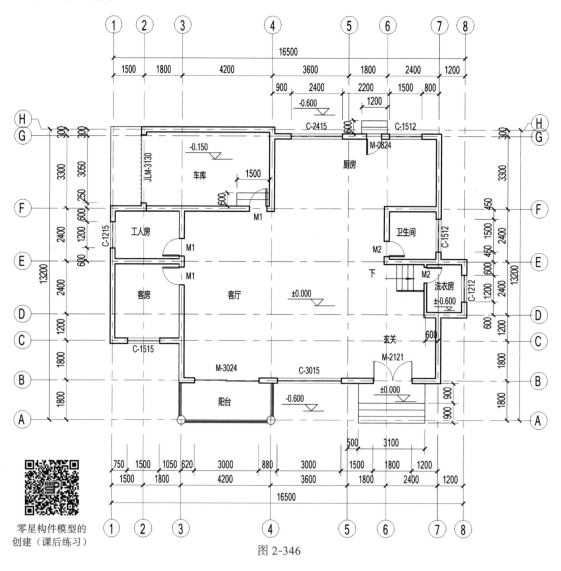

零星构件模型的创建（课后练习）

图 2-346

2.10　栏杆扶手

■**学习目标**

1. 掌握栏杆扶手的创建方式。
2. 掌握栏杆扶手的类型参数设置，包括顶部扶栏、扶栏结构、栏杆位置及扶手类型的设置。

栏杆扶手是建筑设计中常用的构件，用于其他建筑构件上，如楼梯、坡道等。Revit 中提供了两种栏杆扶手建模工具：绘制路径、放置在楼梯 / 坡道上。其中，绘制路径用于自定义栏杆扶手路径时使用，放置在楼梯 / 坡道上用于在楼梯 / 坡道上快捷放置栏杆扶手时使用。本节栏杆扶手主要包括横向扶栏设置和竖向栏杆设置两部分内容。其中，横向扶栏由顶部扶栏、扶栏结构和扶手 3 种类型组成，竖向栏杆由常规栏杆和支柱组成。

2.10.1　创建栏杆扶手

首先绘制栏杆扶手的路径，然后设置栏杆扶手的底部标高与偏移，最后通过选择栏杆扶手类型生成栏杆扶手三维模型。

1）进入平面视图，在"建筑"选项卡→"楼梯坡道"面板→"栏杆扶手"下拉列表中选择"绘制路径"命令，在弹出的"修改 | 创建栏杆扶手路径"上下文选项卡中可选择栏杆扶手的绘制工具，如图 2-347 所示。

图 2-347

2）设置栏杆扶手实例属性。在"属性"框中可对栏杆扶手的"底部标高"、"底部偏移"以及"从路径偏移"进行设置。"从路径偏移"设置与绘制墙体时的偏移设置类似，实际生成栏杆扶手的位置与平面上的路径有水平偏移，如图 2-348 所示。

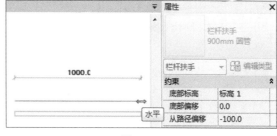

图 2-348

3）绘制栏杆扶手路径。栏杆扶手路径的绘制与其他构件类似，绘制一条单一且连接的草图，单击 ✔ 按钮完成栏杆扶手模型的创建。路径可以使用多种绘制命令进行绘制，同时可选中"修改 | 创建栏杆扶手路径"上下文选项卡→"选项"面板→"预览"复选框，在绘制栏杆扶手路径的同时，可在三维视图中观察栏杆扶手的样式，如图 2-349 所示。

【知识拓展】读者可自行尝试执行"栏杆扶手"下拉列表中的"放置在楼梯 / 坡道上"命令，该命令基于已绘制完成的楼或坡度构件自动生成栏杆扶手，但需注意，若楼梯或坡道上已存在栏杆扶手，则无法再次生成。

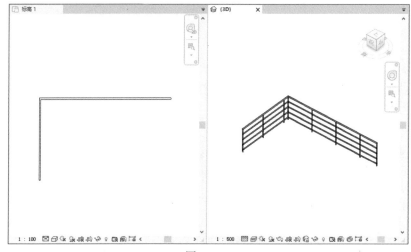

图 2-349

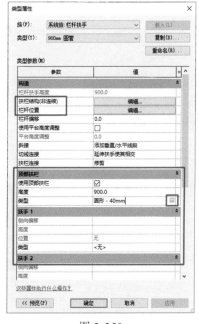

图 2-350

2.10.2 栏杆扶手类型属性

栏杆与扶手的参数均在"类型属性"对话框中设置，本节以建筑样板中默认的栏杆扶手类型"900mm 圆管"为例，详述栏杆扶手属性参数的设置方法。

随意创建一段"900mm 圆管"栏杆扶手，单击"属性"框中的"编辑类型"按钮，弹出"类型属性"对话框，如图 2-350 所示。下面重点讲解顶部扶栏、扶栏结构、栏杆位置及扶手等参数设置。

【提示】在修改栏杆扶手参数的过程中，可单击"类型属性"对话框左下角的"预览"按钮，弹出可供选择的栏杆扶手视图框，在调整参数并进行应用之后，即可在预览视图中观察到该栏杆扶手相应的变化。

1．顶部扶栏

顶部扶栏是栏杆扶手中最上层的横向扶栏，首先选中"使用顶部扶栏"复选框，则栏杆扶手的整体高度由该参数控制；然后对高度与类型进行设置，其中高度为栏杆的整体高度，类型为顶部扶栏的截面形状，单击右边的⋯按钮，如图 2-350 所示，在弹出的对话框中可对顶部扶栏的截面轮廓类型进行选择和编辑。

2．扶栏结构

扶栏是顶部扶栏之下的横向扶栏，单击图 2-350 中"扶栏结构（非连续）"后的"编辑"按钮，弹出"编辑扶手（非连续）"对话框，选中其中一根扶栏，可在左边的三维预览图中看到选中的扶栏已经高亮显示，设置其高度、偏移等参数后单击"应用"按钮，可看到预览图中该扶手的位置变化，如图 2-351 所示。其中，高度为扶栏的竖向高度，偏移为扶栏在两侧方向的内外水平偏移，轮廓为扶栏的截面形状。除此之外，还可使用插入、删除等功能添加、删除扶栏数量。

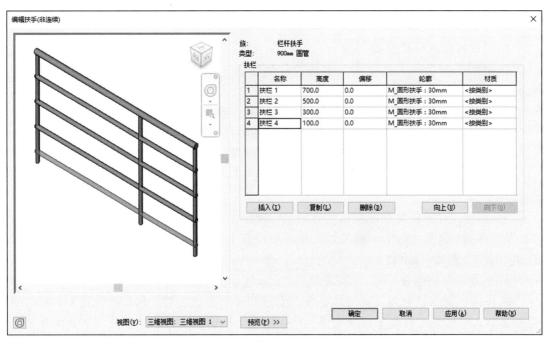

图 2-351

3．栏杆位置

栏杆是栏杆扶手中的竖向支撑部分，分为起点终点两侧的支柱与中间的常规栏杆两种类型。单击"栏杆位置"后的"编辑"按钮，弹出"编辑栏杆位置"对话框，类似地，选中任意常规栏杆或支柱，同时在预览图中也会高亮显示，如图 2-352 所示。

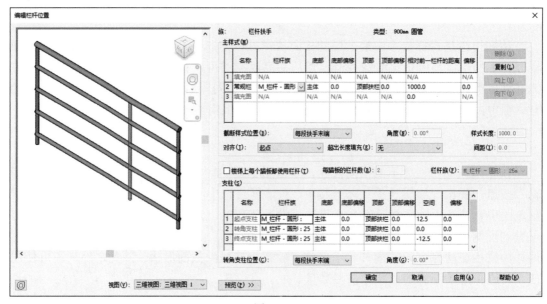

图 2-352

（1）设置常规栏杆参数

选中图 2-352 中"主样式"中的"常规栏杆"复选框，可对栏杆造型进行多样化编辑。

1）栏杆族：可选择不同的栏杆族，设置栏杆的样式造型。

2）底部 / 顶部：设置栏杆的底端、顶端标高。

3）底部偏移 / 顶部偏移：设置栏杆以底端标高为参照进行竖向偏移的数值。

4）相对前一栏杆的距离：设置该栏杆与前一根常规栏杆或起点支柱之间的距离。

5）偏移：设置栏杆在两侧水平方向上的偏移量。

6）复制 / 删除：选中一根常规栏杆，单击右上方的"复制"/"删除"按钮，可在样式中添加 / 删除一根栏杆。

（2）设置支柱参数

栏杆扶手的支柱分为起点支柱、终点支柱和转角支柱 3 类，其参数设置方式与常规栏杆类似。将转角支柱位置设置为每段扶手末端，则转角支柱在栏杆扶手的转角处才会出现。

【提示】考虑栏杆扶手的美观性和合理性，"支柱"列表框中的"空间"参数默认为 12.5，指其起点 / 终点处的栏杆中心线以绘制的路径为基准向内偏移 12.5mm，如图 2-353 所示。

"编辑栏杆位置"对话框中的其他参数，如"截断样式位置"等功能读者可自行尝试调整。

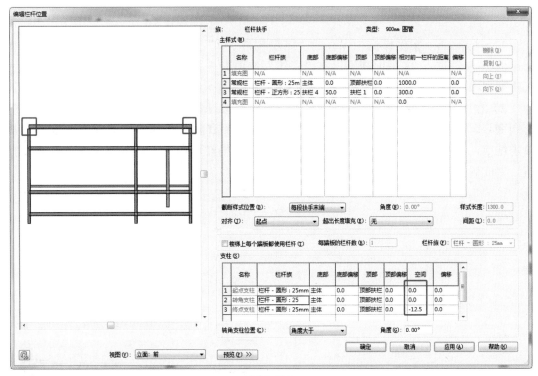

图 2-353

4．扶手

在图 2-350 所示的"类型属性"对话框中，"扶手 1"与"扶手 2"用于设置栏杆扶手两侧的手扶构件。单击"类型"后的 按钮，弹出"类型属性"对话框，如图 2-354 所示，单击"复制"按钮，创建一个新的"扶手类型 2"，并设置其支座等类型属性，单击"确定"按钮，完成扶手类型的选择和编辑。在"扶手 1"选项卡中单击"位置"后的下拉列表中选择"左侧"或"右侧"，完成扶手 1 的创建。扶手 2 可同理设置。

2.10.3 案例操作

小别墅的栏杆扶手分布于二层中庭、三层楼梯末端的转角处及室外阳台。可先在平面视图上定位到需要绘制栏杆扶手的位置，再选择栏杆扶手样式进行绘制。

图 2-354

1. 创建室内栏杆扶手

1）打开2.8.4案例操作中保存的"零星构件.rvt"文件，从项目浏览器中双击"楼层平面2F"，进入2F平面视图，在"建筑"选项卡→"楼梯坡道"面板→"栏杆扶手"下拉列表中选择"绘制路径"命令。

2）在"属性"框中选择"栏杆扶手：楼层"，设置底部标高为2F。选择"直线"绘制命令，以4轴和D轴上墙段的交点为起点，垂直向下移动光标至B轴上墙面边界单击结束，在如图2-355所示位置绘制直线（图中粉红色线段），绘制完成后单击 ✓ 按钮。完成后的三维视图如图2-356所示。

图2-355   图2-356

3）切换到3F楼层平面视图，再次选择栏杆扶手的"绘制路径"命令，从"属性"框中选择"栏杆扶手：中式扶手顶层"，设置底部标高为3F，在如图2-357所示位置绘制直线（图中粉红色线段）。绘制完成后单击 ✓ 按钮完成后的三维图如图2-358所示。

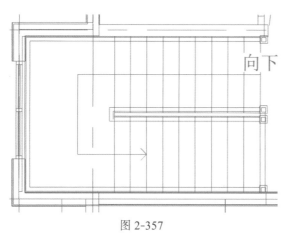

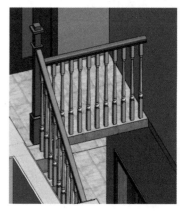

图2-357   图2-358

【提示】若要修改栏杆扶手类型，可选择上述创建生成的栏杆扶手，从"属性"框中选择需要的扶手类型（若没有合适的类型，则可以单击"编辑类型"按钮，在弹出的"类型属性"对话框中新建符合要求的类型）。

2. 创建阳台葫芦形扶手栏杆

1）添加二层正面阳台的栏杆扶手。打开 2F 平面视图，单击"建筑"选项卡→"楼梯坡道"面板→"栏杆扶手"按钮，进入绘制草图模式。在"属性"框中选择"栏杆扶手中式扶手 – 葫芦形"，设置底部标高为 2F，单击"绘制"面板→"直线"按钮，绘制如图 2-359 所示的路径，单击"完成"按钮，栏杆扶手变为蓝色双线显示，如图 2-360 所示。单击双向箭头，可以翻转栏杆扶手方向。采用同样操作，依次绘制另外两处的栏杆扶手，平面视图和三维视图如图 2-361 所示。

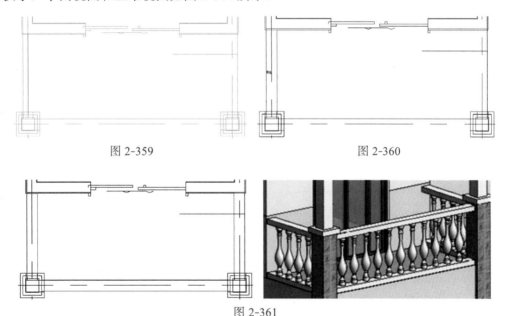

图 2-359　　　　　　　　　　　　　　　图 2-360

图 2-361

2）添加二层背面阳台的栏杆扶手。操作同上，进入栏杆扶手绘制模式后，依次绘制 3 条栏杆路径，并分别单击"完成"按钮，再单击"修改"面板→"对齐"按钮，分别调整栏杆位置，使栏杆边界和楼板外边界对齐，如图 2-362 所示。最后效果如图 2-363 所示。

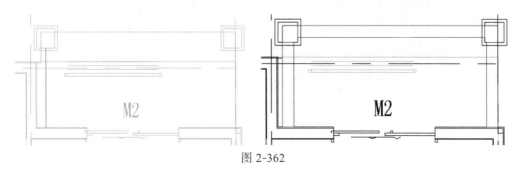

图 2-362

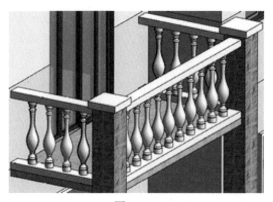

图 2-363

3）创建三层阳台的扶手栏杆。进入 3F 平面视图，在"属性"框中选择"栏杆扶手中式扶手 – 葫芦形"，先绘制一条栏杆路径（图 2-364），再绘制另外两条栏杆路径（图 2-365）。最后效果如图 2-366 所示。

700	700
图 2-364	图 2-365

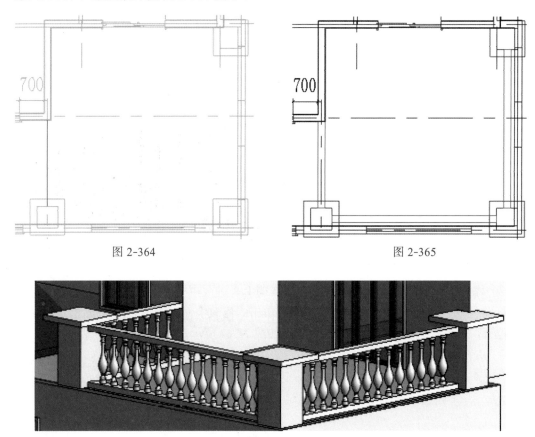

图 2-366

4）采用同样的方法，完成三层背面阳台的栏杆扶手的绘制，最后效果如图 2-367 所示。将文件保存为"栏杆扶手 .rvt"。

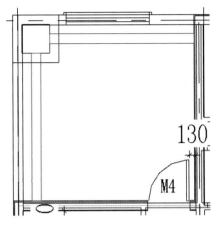
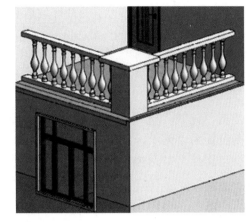

图 2-367

2.10.4　拓展练习

根据图 2-368 给出的栏杆扶手主视图和左视图，创建栏杆扶手模型，并将栏杆扶手放置在图中所示的坡道上，其他建模尺寸自定。

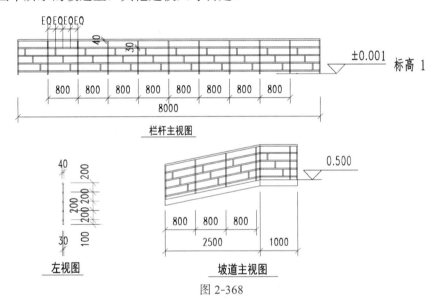

图 2-368

建模思路：

本题要求绘制一个特殊样式的栏杆扶手模型，栏杆扶手高 900mm，圆形栏杆直径为 25mm，栏杆间距为 800mm，中部架空小栏杆间距为 200mm，顶部扶栏为直径 40mm 的圆形扶手，中部扶栏为直径 30mm 的圆形扶手。其难点在于依据题中样式类型设置栏杆属性中"构造"面板中的扶栏结构参数与栏杆位置参数。

将上述绘制的栏杆扶手放置在坡道和平台板上，坡道长 2500mm，高差为 500mm，坡道结构深度及平台板厚度为 150mm，坡度为 1/5。其难点在于将一段连续的栏杆扶手绘制在坡道及平台板上，为了处理好坡道和平台板连接处的栏杆扶手，应将连接处的路径打断并拾取坡道主体。

建模过程：

1. 创建坡道

单击"建筑"选项卡→"楼梯坡道"面板→"坡道"按钮，将"属性"框中的顶部标高设置为"无"，顶部偏移设置为 500；单击"属性"框中"编辑类型"按钮，弹出"类型属性"对话框，设置"尺寸标注"中的最大斜坡长度为 2500，坡道最大坡度

栏杆扶手模型创建
（拓展练习）

（1/x）为 5，如图 2-369 所示。单击"确定"按钮，在"标高 1"平面视图中使用默认的"梯段"命令绘制一段 2500mm 的坡道，单击 ✔ 按钮，选中坡道两侧自动生成的栏杆扶手，按 Delete 键删除。依据题意，继续绘制一块与坡道同宽度的矩形楼板，将楼板的标高设置为"标高 1"，"自标高的高度偏移"为 500mm，完成后如图 2-370 所示。

图 2-369

图 2-370

2. 创建栏杆扶手类型

1）在项目浏览器中双击"楼层平面"中的"标高 1"，进入标高 1 平面视图。在"建筑"选项卡→"楼梯坡道"面板→"栏杆扶手"下拉列表中选择"绘制路径"命令。

2）设置栏杆扶手基本属性参数。在"属性"框中选择栏杆扶手类型为"900mm 圆管"，单击"编辑类型"按钮，弹出"类型属性"对话框，单击"复制"按钮，重新定义一个"栏杆扶手 -900mm"。

3）修改扶栏结构。设置"顶部扶栏"中的高度为 900mm，类型为"圆形 -40mm"。

单击"建筑"选项卡→"构造"面板→"扶栏结构（非连续）"后的"编辑"按钮，弹出"编辑扶手（非连续）"对话框，依据左视图中的参数，由上到下依次设置扶栏的

高度和轮廓。完成后效果如图 2-371 所示，确认无误后单击"确定"按钮。

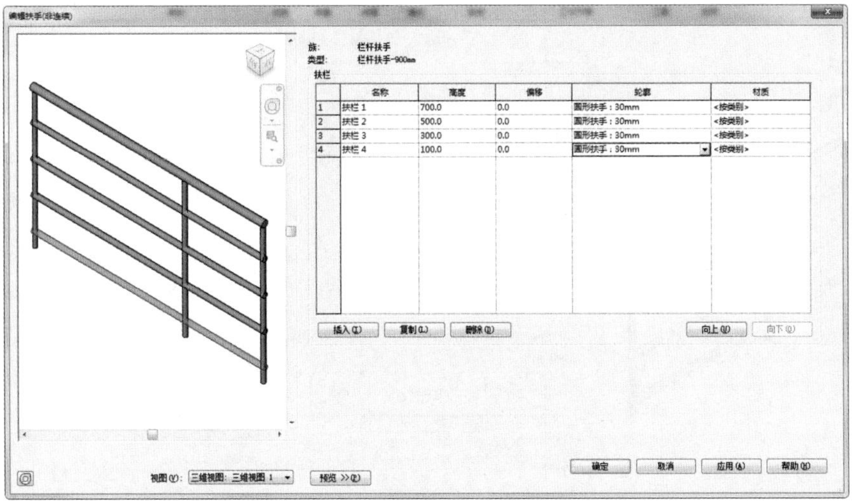

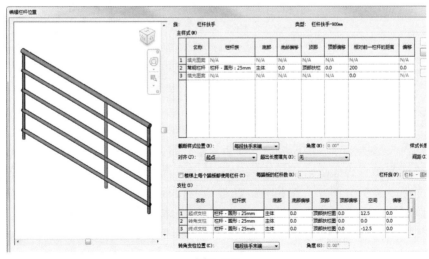

图 2-371

【提示】此时可单击"类型属性"对话框左下角的"预览"按钮，便于观察修改之后的扶栏结构。修改任意参数后单击"应用"按钮，可在左侧三维视图中观察到扶栏结构随之发生的相应变化。

4）修改栏杆位置。单击"建筑"选项卡→"构造"面板→"栏杆位置"后的"编辑"按钮，弹出"编辑栏杆位置"对话框，选中主样式中的"常规栏杆"，将栏杆族修改为"栏杆-圆形：25mm"，默认底部为"主体"，顶部为"顶部扶栏"，将"相对前一栏杆的距离"修改为200mm，如图 2-372 所示。单击"复制"按钮，复制出 3 根栏杆，依据题意中主视图的栏杆扶手样式，基于扶栏结构调整主样式中的底部与顶部参数，完成后单击右下角的"应用"按钮，如图 2-373 所示。单击两次"确定"按钮，完成栏杆扶手的属性编辑。

图 2-372

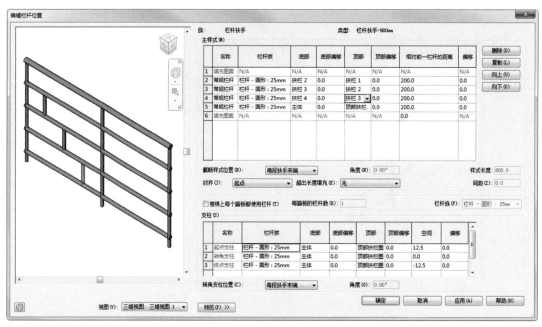

图 2-373

绘制一段 8000mm 的栏杆扶手路径，单击 ✔ 按钮。完成后的三维视图如图 2-374 所示。

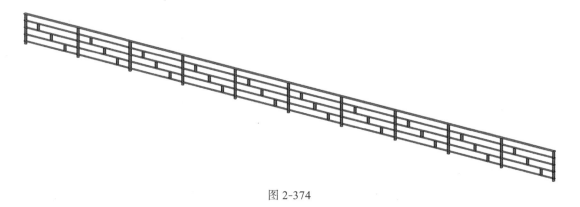

图 2-374

3．将栏杆扶手绘制在主体上

在"建筑"选项卡→"楼梯坡道"面板→"栏杆扶手"下拉列表中选择"绘制路径"命令，以坡道起始点为起点，楼板末端为终点，沿着边缘绘制一条栏杆扶手路径。单击"修改"面板→"拆分图元"按钮 ⊕，在坡道与楼板的交界处拆分路径，如图 2-375 所示。拆分路径后，单击"工具"面板→"拾取新主体"按钮，单击坡道轮廓，拾取栏杆扶手的主体，单击 ✔ 按钮。类似地，绘制坡道另一侧栏杆扶手。完成后效果如图 2-376 所示。

图 2-375

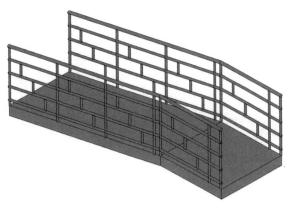

图 2-376

【提示】若没有进行"拾取新主体"操作，直接单击 ✅ 按钮完成绘制，则创建的栏杆扶手将水平放置，不能附着在坡道上，如图 2-377 所示。

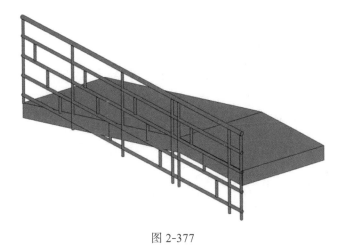

图 2-377

2.10.5 课后练习

根据图 2-378 给出的栏杆扶手主视图、左视图、三维视图，创建含有玻璃嵌板的栏杆扶手模型，图中未注明尺寸可自定。

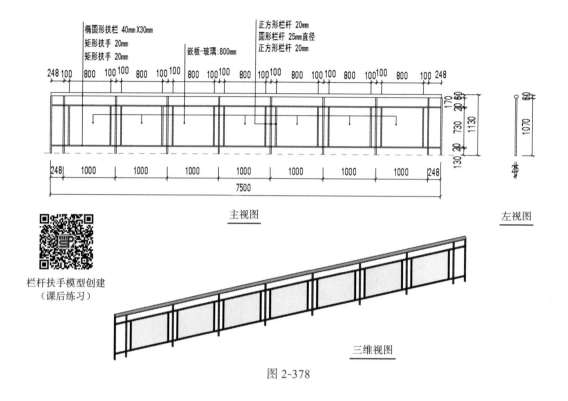

图 2-378

2.11 场　　地

■**学习目标**

1. 掌握场地的创建方法。
2. 掌握地形表面、子面域与建筑地坪创建方式。
3. 掌握场地构件添加方式。

　　场地作为房屋的地下基础，要通过模型表达出建筑与实际地坪间的关系，以及建筑的周边道路情况。本节将介绍场地的相关设置与地形表面、场地构件的创建与编辑的基本方法和相关应用技巧。

2.11.1　设置场地

　　单击"体量和场地"选项卡→"场地建模"面板右侧的 ◢ 按钮，如图 2-379 所示，在弹出的"场地设置"对话框中可设置等高线间隔值、经过高程、自定义等高线、剖面填充样式、基础土层高程、角度显示等项目。

图 2-379

2.11.2　创建地形表面、子面域与建筑地坪

1. 创建地形表面

地形表面是建筑场地地形或地块地形的图形表示。默认情况下，楼层平面视图不显示地形表面，可以在三维视图或在楼层平面视图中的"场地"视图中创建。

打开"场地"平面视图，单击"体量和场地"选项卡→"场地建模"面板→"地形表面"按钮，进入地形表面的绘制模式。

单击"修改 | 编辑表面"上下文选项卡→"工具"面板→"放置点"按钮，在选项栏中输入高程值，在视图中单击放置点，修改高程值，放置其他点。连续放置点，则生成等高线。

在地形的"属性"框中设置材质，完成地形表面的设置。

2. 创建子面域与建筑地坪

使用"子面域"工具，在现有地形表面中绘制的区域不会剪切现有的地形表面，而是在地形表面上圈定范围定义不同属性集（如材质）的表面区域，可以用于在地形表面绘制道路或绘制停车场区域。"建筑地坪"工具会对地形进行剪切，创建指定标高的水平表面，如图 2-380 所示。

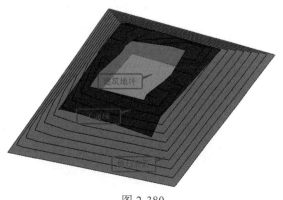

图 2-380

1）子面域。单击"体量和场地"选项卡→"修改场地"面板→"子面域"按钮，进入绘制模式。用"线"绘制工具绘制子面域的边界轮廓线。在子面域的"属性"框中设置子面域材质，完成子面域的绘制。

2）建筑地坪。单击"体量与场地"选项卡→"场地建模"面板→"建筑地坪"按钮，进入绘制模式。用"线"绘制工具绘制建筑地坪边界轮廓线。

在建筑地坪的"属性"框中设置该地坪的标高及偏移值，在"类型属性"对话框中设置建筑地坪的材质。

2.11.3 编辑地形表面并修改场地

1．编辑地形表面

选中绘制好的地形表面，单击"修改 | 地形"上下文选项卡→"表面"面板→"编辑表面"按钮，弹出"修改 | 编辑表面"上下文选项卡→"工具"面板，如图 2-381 所示，可通过"放置点"、"通过导入创建"及"简化表面"3 种方式修改地形表面高程点。

图 2-381

1）放置点：增加高程点的放置。

2）通过导入创建：分为"选择导入实例"和"指定点文件"两种方式。其中，"选择导入实例"可以根据以 DWG、DXF 或 DGN 格式导入的三维等高线数据创建地形表面，"指定点文件"可以根据来自土木工程软件应用程序的点文件来创建地形表面。

3）简化表面：减少地形表面中的点数。

2．修改场地

打开"场地"平面视图或三维视图，在"体量和场地"选项卡→"修改场地"面板中包含多个对场地修改的命令。

1）拆分表面。单击"体量和场地"选项卡→"修改场地"面板→"拆分表面"按钮，选择要拆分的地形表面，进入绘制模式。用"线"绘制工具绘制表面边界轮廓线，在表面的"属性"框中设置新表面材质，完成绘制。

2）合并表面。单击"体量和场地"选项卡→"修改场地"面板→"合并表面"按钮，在选项栏中选中"删除公共边上的点"复选框。首先选择一个表面为主表面，再选择一个次表面，两个表面合二为一。

【提示】合并后的表面材质为主表面的材质，次表面材质将同化成主表面材质，如图 2-382 所示。

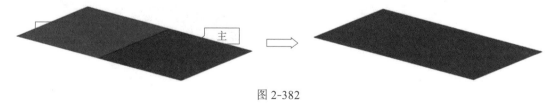

图 2-382

3）建筑红线：创建建筑红线有两种方法，如图 2-383 所示。

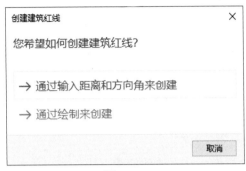

图 2-383

方法 1：在"体量和场地"选项卡→"修改场地"面板→"建筑红线"下拉列表中选择"通过绘制来创建"命令，进入绘制模式。用"线"绘制工具绘制封闭的建筑红线轮廓线。

【提示】要将绘制的建筑红线转换为基于表格的建筑红线，应选择绘制的建筑红线并单击"修改 | 建筑红线"，"建筑红线"面板中"编辑表格"按钮。

方法 2：在"体量和场地"选项卡→"修改场地"面板→"建筑红线"下拉列表中选择"通过输入距离和方向角来创建"命令，弹出"建筑红线"对话框，如图 2-384 所示。

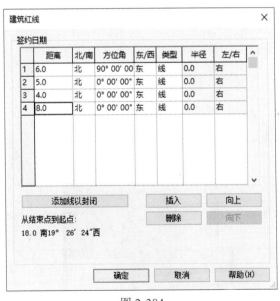

图 2-384

单击"插入"按钮，添加测量数据，并设置直线、弧线边界的距离、方向、半径等参数。调整顺序，如果边界没有闭合，则单击"添加线以封闭"按钮。单击"确定"按钮，选择红线并移动到所需位置。

【提示】可以利用"明细表 / 数量"命令创建建筑红线和建筑红线线段明细表。

2.11.4 放置场地构件

进入"场地"平面视图，在"体量和场地"选项卡→"场地建模"面板→"场地构建"下拉列表中选择所需的构件，如树木、RPC 人物等，单击放置构件。

打开"场地"平面，在"体量和场地"选项卡→"场地建模"面板→"停车场构件"下拉列表中选择所需不同类型的停车场构件，单击放置构件。可以使用"复制""阵列"命令放置多个停车场构件。选择所有停车场构件，单击"修改 | 停车场"上下文选项卡→"主体"面板下的"设置主体"按钮，选择地形表面，停车场构件将附着到表面上。

如列表中没有需要的构件，则需从外部载入构件族。

2.11.5 案例操作

打开"场地"视图，使用"体量和场地"选项卡→"场地建模"和"修改场地"面板中的命令创建小别墅场地。

1．创建场地模型

1）打开 2.3.10 案例操作中所保存的"栏杆扶手 .rvt"文件，在项目浏览器中打开"楼层平面"项，双击"场地"视图，进入场地平面视图。

2）创建挡土墙。单击"建筑"选项卡→"构建"面板→墙按钮，在"属性"框中选择"基本墙：挡土墙"类型，设置底部限制条件为 0F，顶部约束为"无连接"，设置"无连接高度"为"4000"，绘制如图 2-385 所示的挡土墙。

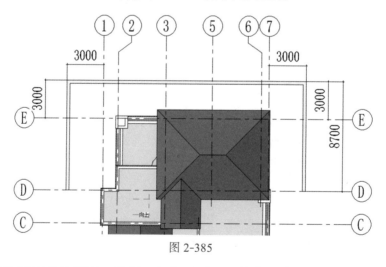

图 2-385

3）根据绘制地形的需要，绘制 4 条参照平面。单击"建筑"选项卡→"工作平面"面板→"参照平面"按钮，移动光标到横向轴线左侧单击，沿垂直方向向下移动单击，绘制一条垂直参照平面。再绘制另外 3 条参照平面，大致位置可参照图 2-386，使参照平面包围整个模型。

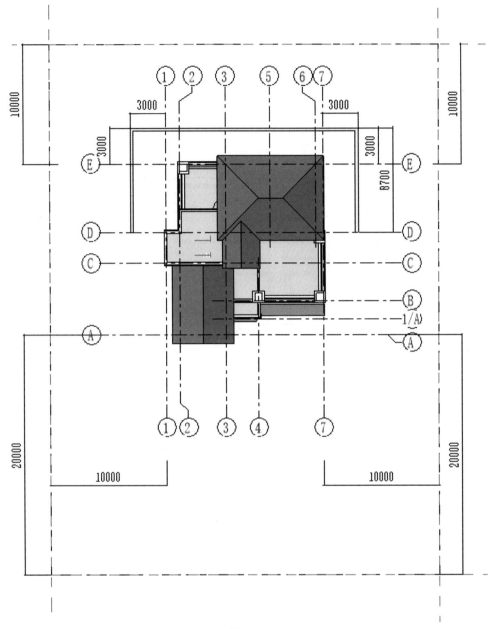

图 2-386

4）单击"体量和场地"选项卡→"场地建模"面板→"地形表面"按钮，进入编辑地形表面模式。

5）单击"放置点"按钮，在选项栏中设置高程为"2800"，在参照平面上单击放置 4 个高程点，如图 2-387 所示的上方 4 个黑色方形点。

6）将选项栏中的高程改为 0，在参照平面上单击放置 2 个高程点，如图 2-387 所示的中部两个黑色方形点。

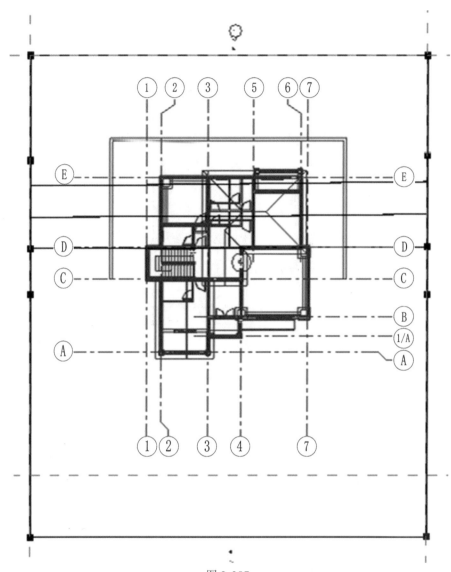

图 2-387

图 2-388

7）将选项栏中的高程改为"-450"，在参照平面上单击放置 4 个高程点，如图 2-387 所示的下方 4 个黑色方形点。单击 ✅ 按钮，完成场地创建，切换到三维视图，如图 2-388 所示。

2．创建建筑地坪

1）在项目浏览器中打开"楼层平面"项，双击视图名称 0F，进入 0F 平面视图。

2）单击"体量和场地"选项卡→"场地建模"面板→"建筑地坪"按钮，进入建筑地坪的草图绘制模式。

3）在"属性"框中设置标高为 0F。单击"绘制"面板→"边界线"下的"矩形"按钮，沿挡土墙外边界绘制建筑地坪轮廓，如图 2-389 所示，保证轮廓线闭合。

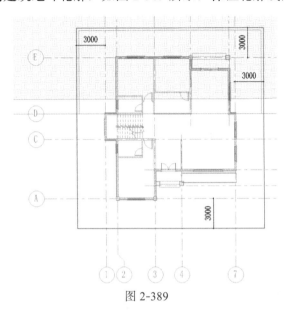

图 2-389

4）单击"编辑类型"→"类型属性"对话框→"结构"后的"编辑"按钮，弹出"编辑部件"对话框，再单击"结构"参数后的"编辑材质"按钮，弹出"材质浏览器"对话框，选择"大理石抛光"，多次单击"确定"按钮，退出对话框。单击"完成编辑"按钮，创建建筑地坪。

5）绘制挡土墙。双击项目浏览器中的 0F，打开首层平面视图，单击"墙"按钮，在"属性"框中选择"基本墙：挡土墙"类型，设置"无连接高度"为"4000"，如图 2-390 所示，所绘制的挡土墙如图 2-391 所示。

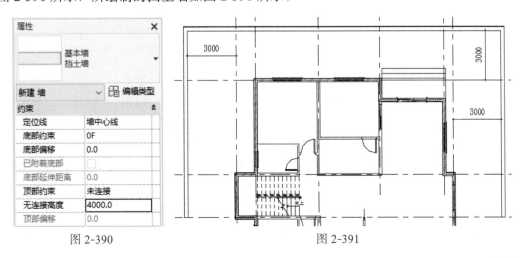

图 2-390　　　　　　　　　　　　　　图 2-391

3．创建地形道路

1）从项目浏览器中双击楼层平面视图"场地"，进入"场地"平面视图。

2）单击"体量和场地"选项卡→"修改场地"面板→"子面域"按钮，进入草图绘制模式。

3）利用"绘制"面板"边界线"下的"直线""圆形"工具和"修改"面板的"修剪"工具，绘制如图 2-392 所示的子面域轮廓，其中圆弧半径为 4500mm。

4）在"属性"框中单击"材质"后的矩形图标，弹出"材质"对话框，在左侧材质中选择"大理石抛光"，单击"确定"按钮。单击"完成编辑"按钮，完成子面域道路的绘制。

5）在项目浏览器中双击 OF 视图，进入场地平面视图。

6）单击"体量和场地"选项卡→"场地建模"面板→"场地构件"按钮，在"属性"框中选择"喷泉"构件，在上述绘制的子面域圆形区域的中心选择放置，如图 2-393 所示。

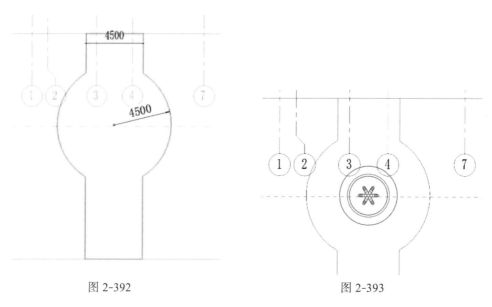

图 2-392   图 2-393

4．放置场地构件

1）单击"体量和场地"选项卡→"场地建模"面板→"场地构件"按钮，在"属性"框中选择需要的构件。单击"插入"选项卡→"模式"面板→"载入族"按钮，弹出"载入族"对话框。

2）在"植物"→"3D"→"乔木"文件夹中选择"白杨 3D.rfa"，单击"打开"按钮，载入项目中。

3）在场地平面视图中可以根据自己的需要在道路及别墅周围添加各种类型的场地构件。图 2-394 为最后的模型效果展示图。完成后，将文件保存为"场地 .rvt"。

图 2-394

2.11.6 拓展练习

根据图 2-395 给出的场地平面图、立面图、三维视图，创建基坑场地模型。外场地材质为回填土，基坑和边坡的材质均为现浇混凝土。

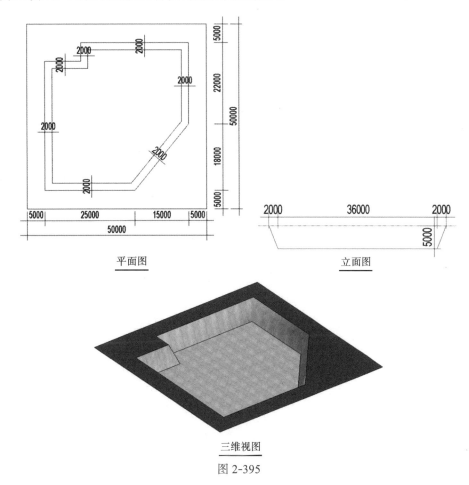

平面图

立面图

三维视图

图 2-395

建模思路：

本题要求绘制一个基坑场地模型，基坑场地为 50m×50m，基坑边坡为 20m，基坑深度为 30m。难点在于依据题中基坑边界和深度编辑基坑表面，在"修改｜编辑表面"上下文选项卡的界面下，设置"属性"窗口中点的"立面"参数。

将上述创建的基坑模型赋予材质，基坑场地的材质为"回填土"，基坑边坡和基坑均为现浇混凝土。难点在于材质浏览器中设置材质属性，并对基坑和场地设置不同材质。

建模过程：

1）创建场地边界。基于小别墅样板创建项目文件，打开"场地"视图，单击"建筑"选项卡→"工作平面"面板→"参照平面"按钮，绘制如图 2-396 所示的参照平面。

基坑场地模型创建
（拓展练习）

2）创建场地。单击"体量和场地"选项卡→"场地建模"面板→"地形表面"按钮，自动进入"修改｜编辑表面"上下文选项卡，再单击"工具"面板→"放置点"按钮，选择场地的四个角点，如图 2-397 所示，然后单击 ✔ 按钮，完成场地创建。

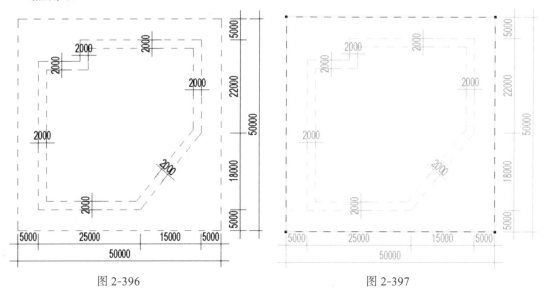

图 2-396　　　　　　　　　　　　　　图 2-397

3）拆分场地。单击"体量和场地"选项卡→"修改场地"面板→"拆分表面"按钮，再选择步骤 2）中创建的场地，自动进入"修改｜拆分表面"上下文选项卡，单击"绘制"面板→"直线"按钮。这时可沿场地内的参照平面，绘制如图 2-398 所示的拆分边界。最后，单击 ✔ 按钮。同上操作，在内侧场地中绘制如图 2-399 所示的拆分边界，完成拆分场地，至此，原场地已拆分成三个场地。

4）修改"边界点"参数。选择如图 2-400 所示的场地，单击的"修改｜地形"上下文选项卡→"表面"面板→"编辑表面"按钮；长按 Ctrl 键选中该场地所有内边界线上的点，如图 2-401 所示。

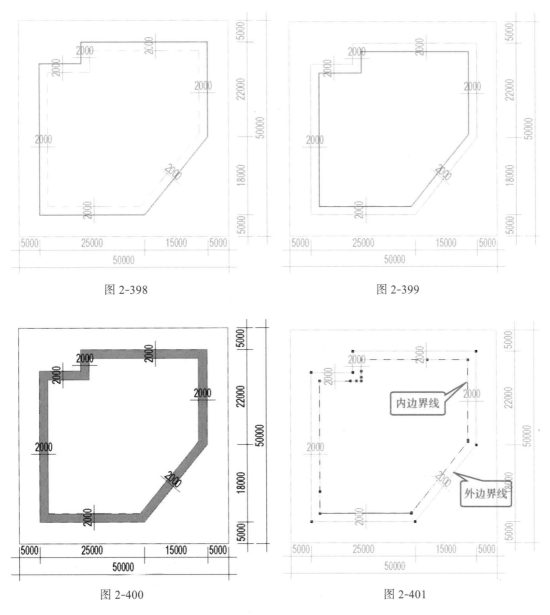

图 2-398

图 2-399

图 2-400

图 2-401

在"属性"框中修改"立面"数值为"-5000",如图 2-402 所示,单击 ✔ 按钮完成修改。

同样选择如图 2-403 所示的场地,单击"修改 | 地形"上下文选项卡→"表面"面板→"编辑表面"按钮,然后框选该场地边界线上所有的点,如图 2-404 所示。

在"属性"框中修改"立面"数值为"-5000",单击 ✔ 按钮完成修改,三维视图如图 2-405 所示。

图 2-402

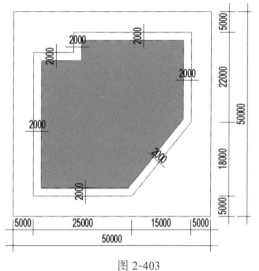

图 2-403

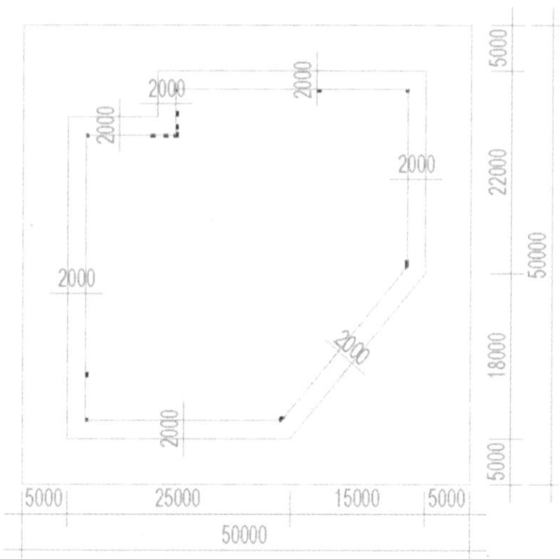

图 2-404

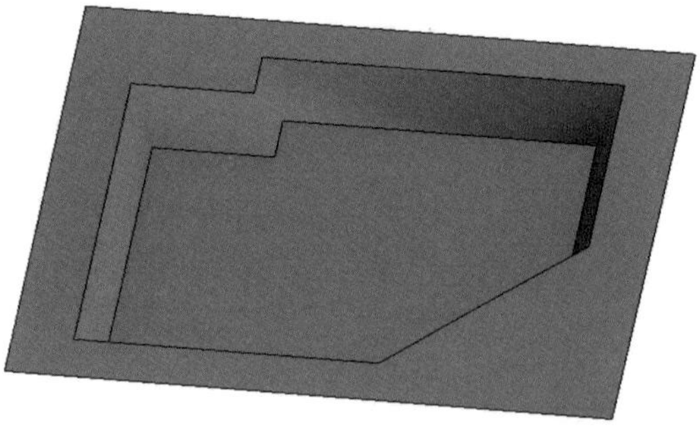

图 2-405

5）设置场地材质。选中场地最外层，单击"属性"框→"材质"右侧的"＜按类别＞ ⋯"按钮，如图 2-406 所示。在弹出的"材质浏览器"对话框中选择"回填土"材质，单击"确定"按钮，完成材质赋予，如图 2-407 所示。

图 2-406

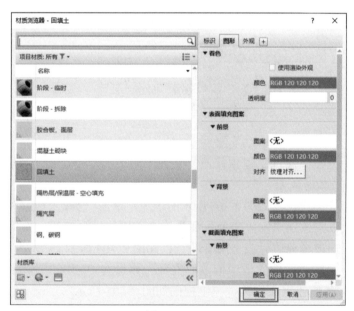

图 2-407

选中基坑和边坡，单击"属性"框→"材质"右侧的"＜按类别＞ ▦ "按钮，在弹出的"材质浏览器"对话框中选择"现浇混凝土"材质，单击"确定"按钮完成材质赋予。三维效果如图 2-408 所示。

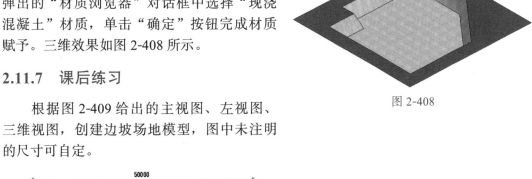

图 2-408

2.11.7　课后练习

根据图 2-409 给出的主视图、左视图、三维视图，创建边坡场地模型，图中未注明的尺寸可自定。

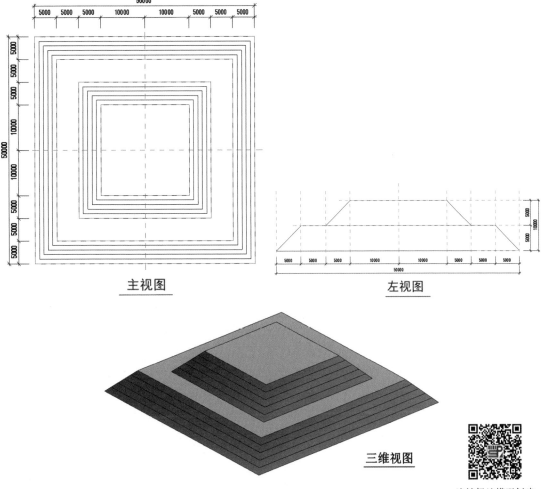

图 2-409

边坡场地模型创建
（课后练习）

2.12　渲染与漫游

■**学习目标**

1．掌握材质的设置方法。
2．掌握相机及渲染的设置方法。
3．掌握漫游的创建方法。

在 Revit 中，可使用不同的效果和内容（如照明、植物、贴花和人物）来渲染三维模型，通过视图展现模型真实的材质和纹理，还可以创建效果图和漫游动画，全方位展示建筑师的创意和设计成果。如此，在一个软件环境中，即可完成从施工图设计到可视化设计的所有工作，改善以往在几个软件中操作带来的重复劳动、数据流失等现象，提高设计效率。

在 Revit 中可生成三维视图，也可导出模型到专业效果软件进行渲染。本节将重点讲解设计表现内容，包括材质设置、创建室内外相机视图、室内外渲染场景设置及渲染，以及项目漫游的创建与编辑方法。

2.12.1　材质设置

在渲染之前，需要先给构件设置材质。材质用于定义建筑模型中图元的外观。Revit 软件提供了许多可以直接使用的材质，用户也可以自己创建材质。

1．新建材质

打开 2.11.15 案例操作中保存的"场地 .rvt"文件，单击"管理"选项卡→"设置"面板→"材质"按钮，弹出"材质浏览器"对话框，如图 2-410 所示。

1）新建材质。采用基于既有材质复制编辑的方式创建材质，在"材质浏览器"对话框中选择材质"5"，右击，在弹出的快捷菜单中选择"复制"命令，并重命名为"外部叠层墙"。

2）替换资源。单击"材质编辑器"对话框→"打开 / 关闭资源浏览器"按钮，弹出"资源浏览器"对话框，搜索"挡土墙"，双击"挡土墙 – 顺砌"后，单击"在编辑器中使用此资源替换当前资源"按钮，如图 2-411 所示，为新建的材质添加"挡土墙 – 顺砌"的材质参数。在"材质浏览器"对话框中单击"确定"按钮，完成材质"外部叠层墙"的创建，保存文件。

【提示】材质新建操作也可跳过"替换资源"进行下一步编辑，但需单击"材质浏览器"对话框中的"打开/关闭材质编辑器"按钮，在弹出的"材质编辑器"对话框的"外观"选项卡中单击"复制此资源"按钮，否则材质"5"与"外部叠层墙"共用一套材质资源，修改任意一个，两个材质都会同时修改。

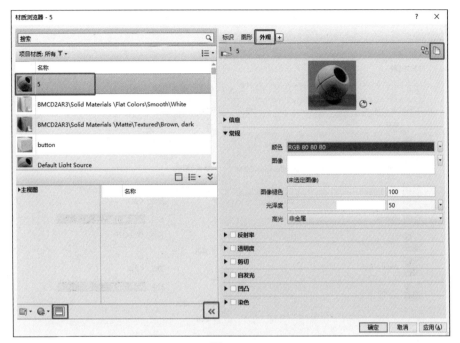

图 2-410

图 2-411

3）编辑材质。在"材质编辑器"对话框中单击"图形"选项卡"着色"中的"颜色"按钮，取消选中"使用渲染外观"复选框，弹出"颜色"对话框，如图 2-412 所示；

选择着色状态下的构件颜色，单击选择倒数第 3 个浅灰色矩形，如图 2-413 所示，单击"确定"按钮。

图 2-412

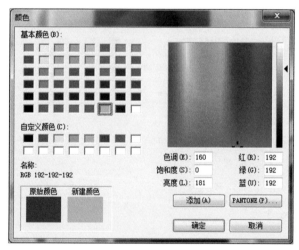

图 2-413

【提示】取消选中"使用渲染外观"复选框时，下方设置的 RGB 表示该颜色与渲染后的颜色无关，只表现在着色状态下构件的颜色；选中"使用渲染外观"复选框时，该材质在着色状态下的颜色即为渲染后的颜色。

在"材质编辑器"对话框中单击"图形"选项卡，选择"表面填充图案"中的"前景→图案"按钮，弹出"填充样式"对话框，如图 2-414 所示。在"填充图案类型"中选中"模型"单选按钮，在填充图案样式列表框中选择"砌块225×450"，单击"确定"按钮，返回"材质编辑器"对话框。

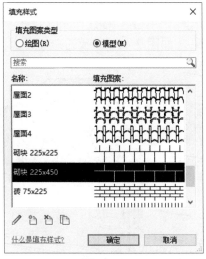

图 2-414

【知识点解析】表面填充图案指在 Revit 绘图空间中模型的表面填充样式，其在三维视图和各立面都可以显示，但与渲染无关。

单击"截面填充图案"中的"前景→图案"按钮，弹出"填充样式"对话框，选择"无填充图案"选项，单击"确定"按钮。

【知识点解析】截面填充图案指构件在剖面图中被剖切到时显示的截面填充图案。构件在平面视图中被视图范围的剖切面切到时，同样会显示截面填充图案。

2．应用材质

在项目浏览器中进入 3F 平面视图，选择 6 与 D、E 轴线处的一面"外墙 – 米黄色石漆饰面"外墙，并复制为"外部叠层墙"，如图 2-415 所示。

在"属性"框中单击"编辑类型"按钮，弹出"类型属性"对话框。单击"结构"参数后的"编辑"按钮，弹出"编辑部件"对话框。

单击选择"面层 1[4]"的材质"墙体 – 普通砖"，再单击"浏览"按钮，弹出"材质浏览器 – 外部叠层墙"对话框，如图 2-416 所示。在材质下拉列表中找到前面创建的材质"外部叠层墙"。因

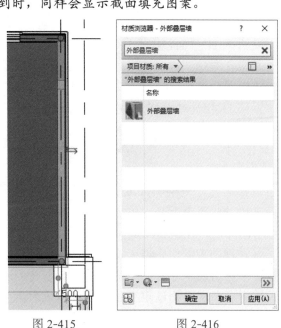

图 2-415　　　　　　　　　图 2-416

材质下拉列表中的材质很多，无法快速找到所需材质，故可在"输入搜索词"文本框中输入关键字"外墙"进行快速查找。

单击"确定"按钮，关闭所有对话框，完成材质的设置。此时即给 3F 的外墙的外层设置了"外墙饰面砖"的材质。单击"视图"选项卡→"创建"面板→"三维视图"按钮，打开三维视图查看效果，如图 2-417 所示。

图 2-417

2.12.2 创建相机视图

在完成对构件赋予材质之后，渲染之前，一般需先创建相机透视图，生成渲染场景。

1．创建水平相机视图

进入 1F 平面视图，在"视图"选项卡→"创建"面板→"三维视图"下拉列表中选择"相机"命令，选中选项栏中的"透视图"复选框（如果取消选中该复选框，则创建的相机视图为没有透视的正交三维视图），偏移量为 1750，表示创建的相机视图是从相机位置从 1F 层高处偏移 1750mm 拍摄的，如图 2-418 所示。

图 2-418

移动光标至绘图区域 1F 视图中，在 1F 外部喷泉上方单击放置相机。向上移动光标，超过建筑最上端，单击放置相机视点，如图 2-419 所示。此时一张新创建的三维视图自动弹出，在项目浏览器的"三维视图"中增加相机视图"三维视图 1"。

在视图控制栏中将"视觉样式"替换显示为"真实"，选中三维视图的视口，视口各边中点出现 4 个蓝色控制点，向上拖曳上边控制点，直至超过屋顶。向外拖曳左右两边控制点，直至超过建筑后，视口被放大，如图 2-420 所示，至此就创建了一个正面相机透视图。

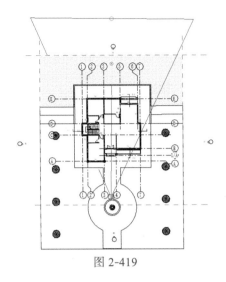

图 2-419　　　　　　　　　　　　图 2-420

2．创建鸟瞰图

进入 1F 平面视图，在"视图"选项卡→"创建"面板→"三维视图"下拉列表中选择"相机"命令，移动光标至绘图区域，在 1F 视图中右下角单击放置相机；向左上角移动光标，超过建筑最上端后单击放置视点。创建的视线从右下到左上，如图 2-421 所示。此时一张新创建的"三维视图 2"自动弹出，在视图控制栏中将"视觉样式"替换显示为"着色"，选中三维视图的视口，向外拖曳各边控制点，直至使视口足够显示整个建筑模型，如图 2-422 所示。

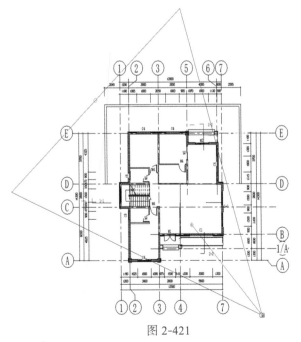

图 2-421　　　　　　　　　　　　图 2-422

单击"视图"选项卡→"窗口"面板→"关闭隐藏对象"按钮，关闭不需要的视图，当前只需"三维视图2"处于打开状态。双击项目浏览器"立面（建筑立面）"中的"南"，进入南立面视图。

单击"视图"选项卡→"窗口"面板→"平铺视图"按钮（快捷键WT），此时绘图区域同时打开三维视图2和南立面视图，双击鼠标滚轮，使两个视图放大到合适视口的大小。选择三维视图2的矩形视口，观察南立面视图中出现的相机、视线和视点。

【提示】在平面视图或立面视图中的"相机、视线和视点"按钮消失，需在相机创建的视图中，选择矩形视口外边框，消失的"相机、视线和视点"按钮才会出现。

移动光标至南立面视图中的相机，按住鼠标左键向上拖拽，观察三维视图2，随着相机的升高，三维视图2变为俯视图，如图2-423所示。至此创建了一个别墅的鸟瞰透视图，保存文件。

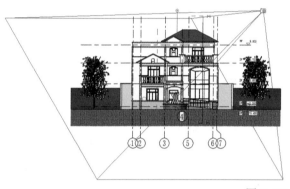

图 2-423

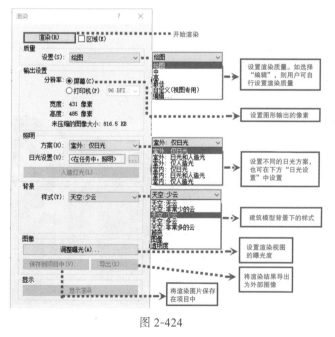

图 2-424

2.12.3 渲染

Revit中"渲染"命令位于"视图"选项卡，只有在三维视图模式下"渲染"才会激活。Revit中渲染的设置较为简单，只需设置渲染区域、质量、照明、背景等即可，如图2-424所示。

按照"渲染"对话框设置渲染样式，单击"渲染"按钮，开始渲染并弹出"渲染进度"工具条，显示渲染进度，如图2-425所示。

【提示】渲染过程中，可单击"停止"按钮或按Esc键取消渲染。

图 2-425

打开三维视图或相机视图，完成渲染后的图形如图 2-426 所示。单击"导出"按钮，将渲染保存为图片格式。关闭"渲染"对话框，图形恢复到未渲染状态，如图 2-427 所示。

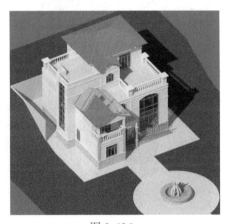 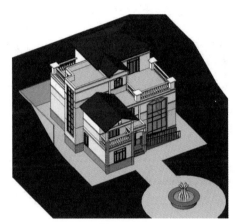

图 2-426　　　　　　　　　　　　　　　　　图 2-427

2.12.4　漫游

漫游是通过设置多个相机路径创建漫游动画，动态查看与展示项目设计。

1. 创建漫游

进入 1F 平面视图，在"视图"选项卡→"创建"面板→"三维视图"下拉列表中选择"漫游"命令，选项栏中相机的默认偏移量为 1750，也可自行修改，如图 2-428 所示。

图 2-428

将光标移至绘图区域，在平面视图中单击开始绘制路径，即漫游所要经过的路线。每单击一个点，即创建一个关键帧。沿别墅外围逐个单击放置关键帧，路径围绕别墅一周后，单击"完成"按钮或按 Esc 组合键完成漫游路径的绘制，如图 2-429 所示。

路径绘制完成后，项目浏览器中出现"漫游"项，可以看到刚刚创建的漫游名称是"漫游 1"。双击"漫游 1"，打开漫游视图，单击"视图"选项卡→"窗口"面板→

"关闭隐藏对象"按钮，双击项目浏览器"楼层平面"中的1F，打开一层平面视图。单击"视图"选项卡→"窗口"面板→"平铺视图"按钮，此时绘图区域同时显示平面视图和漫游视图。

在视图控制栏中将"视觉样式"替换显示为"着色"，选择渲染视口边界，向外拖曳视口四边上的控制点，放大视口，如图2-430所示。

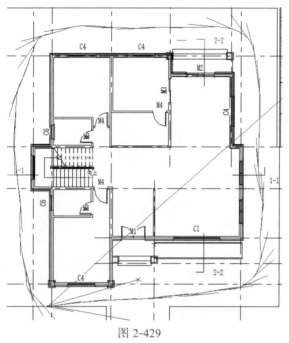 

图 2-429 　　　　　　　　　　　　　图 2-430

2．编辑漫游

完成漫游路径的绘制后，可在"漫游1"视图中选择矩形视口外边框，从而选中绘制的漫游路径，单击"修改 | 相机"上下文选项卡→"漫游"面板→"编辑漫游"按钮。

切换到1F楼层平面视图，在选项栏的"控制"下拉列表中可选择"活动相机""路径""添加关键帧""删除关键帧"4个选项，如图2-431所示。

图 2-431

1）如选择"活动相机"，则平面视图中出现由多个关键帧围成的红色相机路径，相机位置位于关键帧上，可调节相机的方向和可视范围。完成第一个相机所在关键帧位置的设置后，单击"编辑漫游"上下文选项卡→"漫游"面板→"下一关键帧"按钮（图2-432），可对下一个关键帧相机视角进行调整，通过调整各关键帧的相机视角合适位置，可得到较多的漫游效果，如图2-433所示。

2）如选择"路径"，则平面视图中出现由多个蓝点组成的漫游路径，拖动各个蓝点可调节路径，如图 2-434 所示。

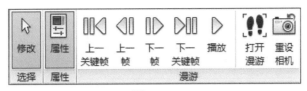

图 2-432

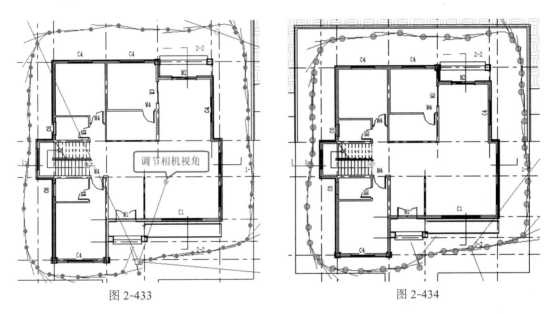

图 2-433　　　　　　　　　　　　　　　　　图 2-434

3）如选择"添加关键帧"和"删除关键帧"，则可添加/删除路径上的关键帧。

【提示】为使漫游更顺畅，Revit 在两个关键帧之间创建了很多非关键帧。与调整关键帧方法类似，同样可以对非关键帧进行调整。

4）编辑完成后，单击"编辑漫游"上下文选项卡→"漫游"面板→"打开漫游"按钮，打开漫游视图，单击"播放"按钮，可预览刚刚完成的漫游。

5）漫游创建完成后，选择"文件"→"导出"→"图像和动画"→"漫游"命令，弹出"长度/格式"对话框，如图 2-435 所示。

其中，"帧/秒"项设置导出后漫游的速度为每秒多少帧，默认为 15 帧。单击"确定"按钮，弹出"导出漫游"对话框，输入文件名，选择文件类型与路径，单击"保存"按钮，弹出"视频压缩"对话框，如默认为"全帧（非压缩的）"，则导出视频文件会非常大，故将其修改为"Microsoft

图 2-435

Video 1"，单击"确定"按钮，将漫游文件导出为外部 .avi 文件。

至此完成漫游的创建和导出，保存模型文件为"渲染与漫游 .rvt"。

2.13 明 细 表

■**学习目标**

1. 掌握构件明细表的创建方法。
2. 掌握明细表的编辑方法。
3. 掌握材质提取明细表的应用方法。

2.13.1 创建明细表

1）打开 2.12 节所保存的"渲染与漫游 .rvt"文件，在"视图"选项卡→"创建"面板→"明细表"下拉列表中选择"明细表 / 数量"命令，弹出"新建明细表"对话框，如图 2-436 所示。在"类别"列表框中选择"门"对象类型，即本明细表将统计项目中门对象类别的图元信息，默认的明细表名称为"门明细表"，选中"建筑构件明细表"单选按钮，其他参数默认，单击"确定"按钮，弹出"明细表属性"对话框，如图 2-437所示。

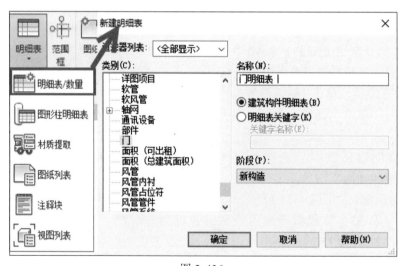

图 2-436

图 2-437

【提示】"过滤器列表"下拉列表中有"建筑""结构""机械""电气""管道"5
种不同的过滤器，选择所需的类别，可快速选择不同类别下的构件，如"建筑"类别下
的"门"。

2）在"明细表属性"对话框的"字段"选项卡中，"可用的字段"列表框中包
括门在明细表中统计的实例参数和类型参数，选择"门明细表"所需的字段，单击
"添加"按钮，添加到"明细表字段（按顺序排列）"中，如类型、宽度、高度、
注释、合计和框架类型。如需调整字段顺序，则选中所需调整的字段，单击"上移"
或"下移"按钮即可。明细表字段从上至下的顺序对应于明细表从左至右各列的显
示顺序。

【提示】并非所有的图元实例参数和类型参数都可作为可用字段，在创建族时，仅
共享参数才能在明细表中显示。

3）完成明细表字段的添加后，选择"排序 / 成组"选项卡，设置"排序方式"为"类
型"，排序顺序为"升序"；取消选中"逐项列举每个实例"复选框，否则生成的明细
表中的各图元会按照类型逐个列举出来，如图 2-438 所示。单击"确定"按钮，门明细
表将按"类型"参数值汇总所选字段。

4）选择"格式"选项卡，可设置生成明细表的标题方向和样式。单击"条件格式"
按钮，弹出"条件格式"对话框，可根据不同条件选择不同字段，对符合字段要求的可
修改其背景颜色，如图 2-439 所示。

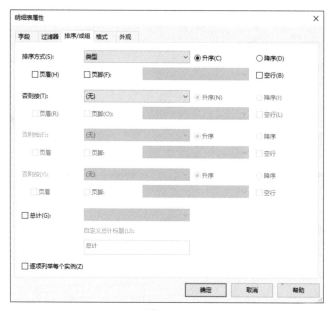

图 2-438

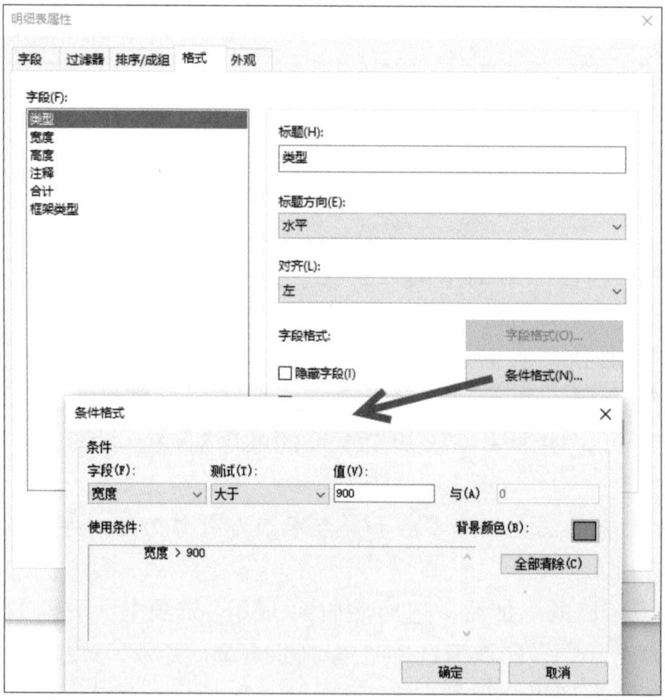

图 2-439

5）选择"外观"选项卡，选中"网格线"复选框，设置网格线为"细线"；选中"轮廓"复选框，设置轮廓样式为"中粗线"；取消选中"数据前的空行"复选框；其他选项参照图 2-440 设置，单击"确定"按钮，完成明细表属性的设置。

〈门明细表 〉					
A	B	C	D	E	F
类型	宽度	高度	注释	合计	框架类型
M1	1500	2500		1	
M2	1800	2700		3	
M3	1500	2100		1	
M4	900	2100		7	
M5	800	2100		6	
M6	1200	2100		1	
M7	1800	2400		1	

图 2-440

6）Revit 会自动跳转至门明细表视图，同时弹出"修改明细表 | 数量"上下文选项卡，并自动在项目浏览器的"明细表 / 数量"中生成"门明细表"。

7）选择"过滤器"选项卡，设置过滤条件，对不需要的信息进行过滤。如图 2-441 所示，设置宽度大于 1000，高度大于 2100，单击"确定"按钮，返回明细表视图，则完成过滤。

图 2-441

2.13.2　编辑明细表

1）生成明细表后，如果要修改明细表各参数的顺序或表格的样式，还可继续编辑明细表。双击项目浏览器中的"门明细表"视图，在"属性"框的"其他"中，单击所需修改的明细表属性，可继续修改定义的属性，如图2-442所示。

2）通过"修改明细表|数量"上下文选项卡，可进一步编辑明细表外观样式。按住Shift键并拖动光标，选择"宽度"和"高度"列页眉，单击"修改明细表|数量"上下文选项卡→"标题和页眉"面板→"成组"按钮，如图2-443所示，合并生成新的表头单元格。

图 2-442

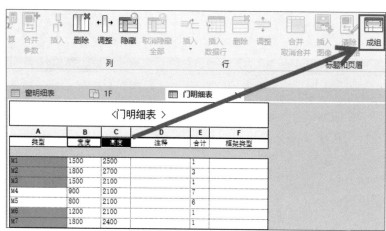

图 2-443

3）进入文字输入状态，输入"尺寸"，作为新页眉行名称，如图2-444所示。

A	尺寸		D	E	F
类型	宽度	高度	注释	合计	框架类型
M1	1500	2500		1	
M2	1800	2700		3	
M3	1500	2100		1	
M4	900	2100		7	
M5	800	2100		6	
M6	1200	2100		1	
M7	1800	2400		1	

〈门明细表 〉

图 2-444

【提示】明细表的表头各单元格名称均可修改，修改后并不会影响图元参数名称。

4）在"门明细表"视图中选择M1，单击"修改明细表|数量"上下文选项卡→"图元"面板→"在模型中高亮显示"按钮，如未打开视图，则会弹出"Revit"对话框，如图2-445所示，单击"确定"按钮，弹出"显示视图中的图元"对话框，如图2-446

所示，单击"显示"按钮，可以在包含该图元的不同视图中切换。切换到某一视图后，单击"关闭"按钮，即完成项目中对 M1 的选择。

5）切换至"门明细表"视图中，将 M1 的"注释"单元格内容修改为"单扇平开"，如图 2-447 所示。修改后，对应的 M1 实例参数中的"注释"也对应修改，即明细表和对象参数是关联的。

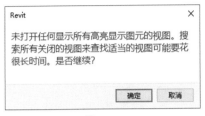

图 2-445

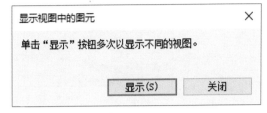

图 2-446

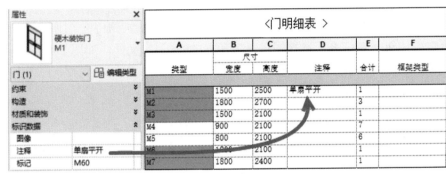

图 2-447

6）新增明细表计算字段。参考前述操作，在弹出"明细表属性"对话框中选择"字段"选项卡，单击"添加计算参数"按钮，弹出"计算值"对话框，如图 2-448 所示，输入名称为"洞口面积"，设置类型为"面积"。单击"公式"后的" ... "按钮，弹出"字段"对话框，选择"宽度"及"高度"字段，修改为"宽度*高度"公式，单击"确定"按钮，返回明细表视图。

图 2-448

7）如图 2-449 所示，根据当前明细表中的门宽度和高度值计算洞口面积，并按项目设置的面积单位显示洞口面积。

〈门明细表〉					
A	B	C	D	E	F
	合计				
类型	宽度	高度	注释	合计	框架类型
M1	1500	2500	双扇木门	1	
M2	1800	2700		3	
M3	1500	2100		1	
M4	900	2100		8	
M5	800	2100		7	
M6	1200	2100		1	
M7	1800	2400		1	

图 2-449

8）选择"文件"→"另存为"→"库"→"视图"命令，可将任何视图保存为单独的".rvt"文件，用于与其他项目共享视图设置，在弹出的"保存视图"对话框中，将视图修改为"显示所有视图和图纸"，选中"楼层平面 2F"和"明细表：门明细表"复选框，单击"确定"按钮，即可将所选视图另存为独立的".rvt"文件，如图 2-450 所示。

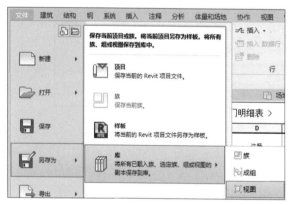
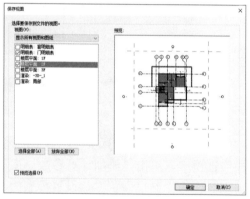

图 2-450

至此完成小别墅明细表的创建，保存模型文件为"明细表 .rvt"。

2.14 布图与打印

■**学习目标**

1. 掌握图纸的创建及编辑方法。
2. 掌握图纸的打印及导出 CAD 方法。

在 Revit 软件中，可以快速将不同的视图、明细表、渲染图等插入同一张图纸中，并添加注释，形成完整的施工设计图。除此以外，Revit 形成的施工图能够导出 CAD 格式的文件，并与其他软件实现信息交换。本节主要讲解在 Revit 项目内创建施工图图纸、图纸修订及版本控制、布置视图及视图设置，以及将 Revit 视图导出为 DWG 文件等。

2.14.1　视图管理

1．创建视图

打开 2.13 节所保存的"明细表 .rvt"文件，在"视图"选项卡→"创建"面板→"平面视图"下拉列表中选择常用的"楼层平面"命令，如图 2-451 所示，弹出"新建楼层平面"对话框，选中"不复制现有视图"复选框，则在"类型"下拉列表中可选择的视图类型为项目浏览器中"楼层平面"视图下未出现的视图，如图 2-452 所示。单击"确定"按钮，即在项目浏览器中"楼层平面"视图下出现 4F 平面视图。

若在"类型"下拉列表中选择的是"结构平面"或其他平面，则可在项目浏览器中相应的结构平面下添加视图。

图 2-451

图 2-452

【提示】若该楼层标高是通过复制等"修改"选项卡中的命令创建的，则该标高对应的视图不会在项目浏览器中显示。

2．视图的分类

在 Revit 软件的项目浏览器界面中有平面、三维、立面、剖面等视图。

1）平面视图：包括楼层平面、结构平面及天花板视图。

2）三维视图：包括从各个角度观察模型三维成像的视图。

3）立面视图：包括从东南西北各个侧面观察模型的视图。

4）剖面视图：通过在平面视图中绘制剖切线剖切模型后得到的断面图。

5）明细表视图：包括该模型创建的所有明细表。

2.14.2 创建图纸

在完成模型的创建后，需要利用模型生成所需的图纸。此时需要新建施工图图纸，指定图纸使用的标题栏族，以及将所需的视图布置在相应标题栏的图纸中，最终生成项目的施工图纸。

1．新建图纸

单击"视图"选项卡→"图纸组合"面板→"图纸"按钮，弹出"新建图纸"对话框。如果此时项目中没有标题栏可供使用，则单击"载入"按钮，在弹出的"载入族"对话框中查找系统族库，进入族库中的"标题栏"文件夹，如图2-453所示，选择所需的标题栏（图纸类型），单击"打开"按钮，载入项目中，如图2-454所示。

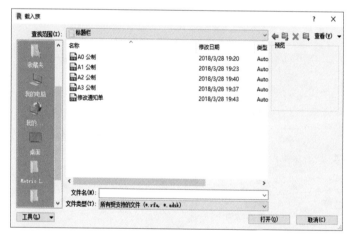

图 2-453

图 2-454

【提示】在进行新建图纸这一步操作时，可以在项目浏览器中右击"图纸（全部）"，在弹出的快捷菜单中选择"新建图纸"命令，即可弹出"新建图纸"对话框。

选择"A1 公制"，单击"确定"按钮，此时绘图区域打开一张新创建的 A1 图纸，如图 2-455 所示，完成图纸创建后，在项目浏览器"图纸"项下将自动添加图纸"A101-未命名"。

2．在图纸中添加视图

单击"视图"选项卡→"图纸组合"面板→"视图"按钮，弹出"视图"对话框，在视图列表框中列出了当前项目中所有可用的视图。选择"楼层平面：1F"，单击"在图纸中添加视图"按钮，如图 2-456 所示。设置选项栏"在图纸上旋转"为"无"，当显示视图范围完全位于标题范围内时，放置该视图。

图 2-455

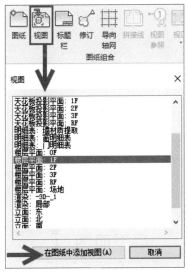

图 2-456

【提示】在图纸中添加视图时，可选中项目浏览器中需要添加的视图，按住鼠标左键，将该视图拖拽到"图纸"视图的标题框中，可更加方便快捷地完成在图纸中放置视图操作。

3．编辑视口

在图纸中放置的视图称为视口，Revit 自动在视图底部添加视口标题，默认将以该视图的视图名称来命名该视口，如图 2-457 所示。

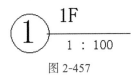

图 2-457

【提示】若放置视图后想调整视口的尺寸大小，可在对应该视口的视图中调整视图比例。

2.14.3　编辑图纸

新建图纸后，图纸上的很多标签、图号、图名等信息及图纸样式均需要人工修改，施工图纸需要二次修订等，所以需要对图纸进行编辑。对于一家企业而言，可事先制定好本单位的图纸，方便后期快速添加使用，提高工作效率。

1. 设置属性

添加完图纸后，如果发现图纸尺寸不符合要求，可通过选择该图纸的图框，在"属性"框的下拉列表中选择其他标题栏，如 A1 可替换为 A2。

在"属性"框中修改图纸名称为"一层平面图"，则图纸中的"图纸名称"一栏中自动添加"一层平面图"，同时项目浏览器中该图纸名称也会更改为"A101 - 一层平面图"。其他参数，如审核者、设计者与审图员等，修改参数后均会自动在图纸中修改。

选中放置于图纸中的模型视图，在"属性"框中选择"视口：有线条的标题"类型。修改图纸上的标题为"一层平面图"，则图纸视图中视口标题名称同时修改为"一层平面图"，如图 2-458 所示。

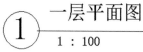

图 2-458

2. 图纸修订与版本控制

在项目设计阶段，难免会出现图纸修订的情况。通过 Revit 软件可记录和追踪各修订的位置、时间、修订执行者等信息，并将修订信息发布到图纸上。

（1）图纸修订设置

单击"视图"选项卡→"图纸组合"面板→"修订"按钮，弹出"图纸发布 / 修订"对话框，如图 2-459 所示。单击"添加"按钮，可以添加一个新的修订信息。选中"序号 1"复选框为已发布。

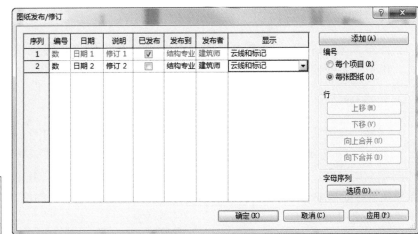

图 2-459

编号选择"数字",则在项目中添加的修订编号是唯一的。如选中"每张图纸"单选按钮,则编号会根据当前图纸上的修订顺序自动编号,完成后单击"确定"按钮。

（2）图纸修订应用

打开 1F 楼层平面视图,单击"注释"选项卡→"详图"面板→"云线"按钮,软件自动切换到"修改 | 创建云线批注草图"上下文选项卡,单击"绘制"面板→"直线"按钮,使用"绘制线"工具,按图 2-460 所示绘制云线批注框选范围,完成后勾选"完成编辑"。

选中绘制的云线批注,在图 2-461 所示的"修订"下拉列表只能选择"序列 2- 修订 2",因为"序列 1- 修订 1"已发布,Revit 软件不允许用户向已发布的修订中添加或删除云线标注。在"属性"框中可以查看到"修订编号"为 2。

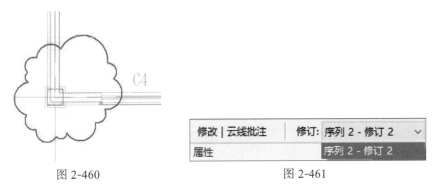

图 2-460　　　　　　　　　　图 2-461

在项目浏览器中打开图纸"A101- 一层平面图",则在一层平面图中绘制的云线标注同样添加在"A101- 一层平面图"图纸上。

再次单击"视图"选项卡→"图纸组合"面板→"修订"按钮,弹出"图纸发布 / 修订"对话框,通过调整"显示"属性可以指定各阶段修订是否显示云线或者标记等修订痕迹。

在"显示"属性中选择"云线和标记",则绘制了云线后会在平面图显示。

2.14.4 图纸导出与打印

图纸布置完成后,可直接打印视图图纸,或将制定的视图或图纸导出成 CAD 格式,用于成果交换。

1. 打印

选择"文件"→"打印"命令,弹出"打印"对话框,如图 2-462 所示。

在"打印范围"栏中可以设置要打印的视口或图纸,如果希望一次性打印多个视图和图纸,则选中"所选视图/图纸"单选按钮,单击"选择"按钮,在弹出的"视图/图纸集"对话框中选中所需打印的图纸或视图的复选框即可,如图 2-463 所示。单击"确定"按钮返回"打印"对话框。

在"选项"栏中进行打印设置后,可单击"预览"按钮查看打印效果,确认无误后,即可单击"确定"按钮开始打印。

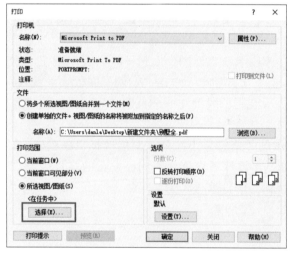

图 2-462

图 2-463

2. 导出 CAD 格式

Revit 软件中所有的平、立、剖面、三维图和图纸视图等都可导出成 DWG、DXF/DGN 等 CAD 格式的图形,方便为使用 CAD 等工具的人员提供数据。虽然 Revit 软件不支持图层的概念,但在导出时,软件支持对各构件的图层、线型、颜色进行设置。

选择"文件"→"导出"→"CAD 格式"→"DWG"命令,弹出"DWG 导出"对话框,如图 2-464 所示。

单击"选择导出设置"右侧的"…"按钮,弹出"修改 DWG/DXF 导出设置"对话框,如图 2-465 所示。在该对话框中可对导出 CAD 时的图层、线型、填充图案、文字和字

体、颜色、CAD 版本等进行设置。例如，在"常规"选项卡中可指定默认导出的 CAD
文件版本及格式；在"层"选项卡中可指定各类对象类别及其子类别的投影、截面图形
在 CAD 中显示的图层、颜色 ID，可在"根据标准加载图层"下拉列表中加载图层映射
标准文件，Revit 软件提供了 4 种国际图层映射标准。

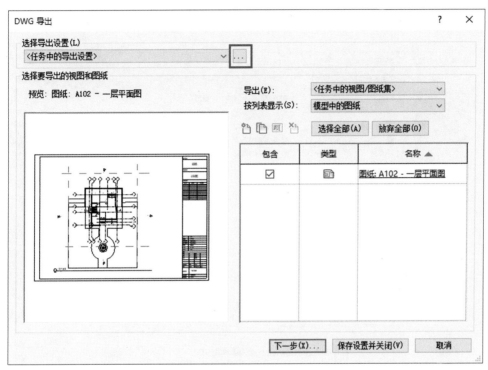

图 2-464

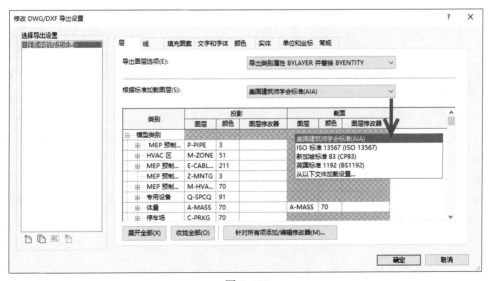

图 2-465

设置完成除"层"外的其他选项卡后，单击"确定"按钮，返回"DWG 导出"对话框。单击"下一步"按钮，弹出"导出 CAD 格式 – 保存到目标文件夹"对话框，如图 2-466 所示。指定文件保存位置、文件格式和命名，单击"确定"按钮，即可将所选择的图纸导出成 DWG 数据格式。如果希望导出的文件采用 AUTOCAD 外部参照模式，则选中"将图纸上的视图和链接作为外部参照导出"复选框即可，此处不选中该复选框。

图 2-466

外部参照模式中，除了可将每个图纸视图导出为独立的与图纸视图同名的 DWG 文件外，还可单独导出与图纸视图中各个视口对应的视图为 DWG 文件，并以外部参照文件的方式链接至图纸视图同名的 DWG 文件中。

【提示】导出 CAD 的过程中，除了 DWG 格式文件外，还会同步生成与视图同名的 .pcp 文件，用于记录 DWG 图纸的状态和图层转换情况，可用记事本打开该文件。

除导出为 CAD 格式外，还可以将视图和模型分别导出为 2D 和 3D 的 DWF（Drawing Web Format，绘图 Web 格式）文件格式。DWF 是由 Autodesk 开发的一种开放文件格式，可以将丰富的设计数据高效地分给需要查看、评审或打印这些数据的任何人，相对较为安全、高效。其另外一个优点是 DWF 文件高度压缩，文件小，传递方便，不需安装 AutoCAD 或 Revit 软件，只需安装免费的 Design Review 即可查看 2D 或 3D 的 DWF 文件。

至此，小别墅从建模到生成施工图纸的所有内容已全部完成，保存模型文件为"小别墅图纸完整版 .rvt"。

族的创建及应用

族（文件扩展名为 .rfa）与第 2 章所讲的项目（文件扩展名为 .rvt）不同，项目是包含建筑的所有设计信息的数据库模型，可以通过构建模型、项目视图、图纸关联等运用于项目的管理；而族是组成 Revit 项目的基本元素，用于组成建筑模型构件。族是 Revit 的核心组成部分，是在 Revit 设计中所有建筑构件的基础。完成 Autodesk Revit 2021 软件安装后，软件会自带丰富的族库，供用户在创建项目时使用。在创建项目过程中，用户常常需要自定义各种类型的族，以满足要求。Revit 2021 允许用户在族编辑器中创建和修改各种族。本章将介绍族的基本知识和如何使用族编辑器自定义创建族形状。

3.1　族　概　述

■**学习目标**

1. 熟悉族的概念及分类。
2. 掌握族编辑器中功能面板的含义。
3. 掌握载入族和族样板的使用方法。

3.1.1　族的概念

Revit 族是具有相同类型属性的集合，是构成 Revit 项目的基本元素，用于组成建筑模型构件，如墙、柱、门窗、注释、标题栏等都是通过族实现的。同时，族是参数信息的载体，每个族图元能够定义多种类型，每种类型可以具有不同的尺寸、形状、材质设置或其他参数变量。例如，"桌子"作为一个族可以有不同的材质和尺寸。

3.1.2　族的分类

Revit 中，族根据其存在和使用形式不同分为 3 种类别：系统族、内建族和可载入族。

1）系统族：在项目和项目样板中预定义基本图元、项目信息和系统设置，只能在项目中进行复制和修改类型，而不能作为外部文件载入或者创建。

2）内建族：可以是模型构件，也可以是注释构件，只能在项目文件里创建，也只能存储在当前的项目文件里。创建该类族时可以选择对象的类别。

3）可载入族：可以是模型构件、注释构件、详图及体量，可在族编辑器中创建，独立保存为扩展名为 .rfa 的文件，用户可以根据需要自行定义保存到族库或载入项目中使用。可载入族灵活度高，是用户在使用 Revit 进行设计时最常创建和使用的族类型，创建这类族应该使用 Revit 提供的特定族样板文件。Revit 自带族样板十分丰富，因此在选择合适样板时需要考虑其分类、功能、使用方式等属性。

标准构件族根据族的用途不同可以分为 3 类：注释类别族、构件类别族和体量族。

1）注释类别族：用于提取项目模型中构件的参数信息，如窗标记、门标记和立面标记、高程点标高等。

2）构件类别族：用于构成项目的模型，其中又分为独立个体族和基于主体的族，独立个体族是指能够独立放置的结构框架、家具等；基于主体的族是指必须依赖于主体放置的门、窗、天花板灯、门窗把手等，这些族必须附着于墙、天花板、楼板、面、线等主体之上，不能单独存在。

3）体量族：用于建筑形体的概念设计和作为创建建筑构件的工具，如在项目中通过体量创建各种复杂的概念模型，并可以将概念模型表面转化为屋顶、墙体等构件。

根据空间维度，标准构件族还可以分为二维族和三维族。其中，二维族创建的主要是线和面，可以单独使用，也可以作为嵌套族载入三维族中，主要用于辅助建模和标注图元等；三维族创建的主要是立体模型，需要使用拉伸、放样、融合等命令创建，可以单独载入项目使用，也可以嵌套载入其他三维族中。这两种族有各自的创建方法和创建样板，创建环境也有所不同。

3.1.3 族的层级

Revit 族分为族类别、族和族类型三个层级，其关系图如图 3-1 所示。

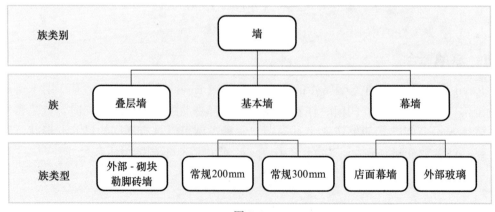

图 3-1

（1）族类别

指根据建筑构件的性质归类的一组图元，用于建筑设计过程的建模或记录，例如墙、窗、栏杆、家具等。

（2）族

指某一类别中具有共性属性或参数图元的类。族根据参数（属性）集的共用、使用上的相同和图形表示的相似来对图元进行分组，如墙类别分为叠层墙、基本墙和幕墙三种族。

（3）族类型

每一个族根据参数设置的不同，可以拥有多个类型。如基本墙体根据厚度尺寸不同分为"常规 200mm"与"常规 300mm"族类型。

3.1.4　族编辑器界面介绍

族编辑器中的显示菜单界面与项目环境的大体相同，不同之处在于"创建"选项卡。族编辑器中的"创建"选项卡会随着所选族样板不同有一定差异，下面以常用的 3 种不同的族样板界面为例进行介绍。

1. 公制常规模型

1）在 Revit 初始界面中，单击"新建"按钮，在弹出的"新族 - 选择样板文件"对话框中选择"公制常规模型"，单击"打开"按钮，创建新族，进入族编辑界面。

2）默认的"创建"选项卡中共有 7 个面板，如图 3-2 所示。

图 3-2

①"属性"面板：主要用于对族类别、参数及类型进行定义及修改。

②"形状"面板：包含 5 种实心形状和空心形状创建方法。

③"模型"面板：包含模型线、构件、模型文字等功能。洞口功能灰显表示不可使用，其只能在"基于墙的"族样板文件中方可使用。

④"控件"面板：可在视图中添加族翻转箭头，通过控件可修改项目中族的水平或垂直方向。

⑤"连接件"面板：用于区分机电各专业连接属性时使用。

⑥"基准"面板：包含参照线（可在三维平面中使用）及参照平面（仅在二维平面中使用），用于辅助族创建时定位及绑定参数。

⑦"工作平面"面板：可通过"设置"命令为当前视图或所选基于工作平面的图元指定工作平面。

2．公制家具

1）在 Revit 初始界面中，单击"新建"按钮，在弹出的"新族 – 选择样板文件"对话框中选择"公制家具"，单击"打开"按钮创建新族，进入族编辑界面。

2）与公制常规模型不同，公制家具的"创建"选项卡→"连接件"面板灰显，表示不可使用，其余功能相同，如图 3-3 所示。

图 3-3

3．公制轮廓

1）在 Revit 初始界面中，单击"新建"按钮，在弹出的"新族 – 选择样板文件"对话框中选择"公制轮廓"，单击"打开"按钮，创建新族，进入族编辑界面。

2）公制轮廓是一个二维族，其和三维族有本质区别，主要用于注释符号及二维轮廓线条表示等。"创建"选项卡中共有 6 个面板，如图 3-4 所示。

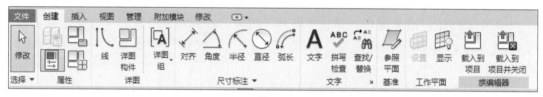

图 3-4

①"属性"面板：主要用于对族类别、参数及类型进行定义及修改。

②"详图"面板：替换了公制常规模型中的"形状"面板。单击"线"按钮，会自动切换至"修改 | 放置线"上下文选项卡中的"绘制"面板，其包括各种图形形状绘制工具。

③"尺寸标注"面板：主要用于测量及标注平面尺寸。

④"文字"面板：保留了二维文字，可用于文字注释。

⑤"基准"面板：保留了参照平面，可用于平面定位及绑定参数。

⑥"工作平面"面板：在二维族中使用较少，读者可忽略。

3.1.5 族的载入

1．族库介绍

Revit 2021 在联网状态下安装完成后，在 C/ProgramData/Autodesk/RVT2021 的文件夹中会默认自带软件的族库（.rfa）及族样板（.rft）。

Revit 自带的族库包含丰富的基础的常用族。需注意的是，若断网安装，则族库文件不会自动下载，此时可通过其他途径直接下载 Revit 2021 族库文件，而后复制至族库默认地址即可。

族库（.rfa）默认地址为 C:\ProgramData\Autodesk\RVT 2021\Libraries\Chinese，如图 3-5 所示。

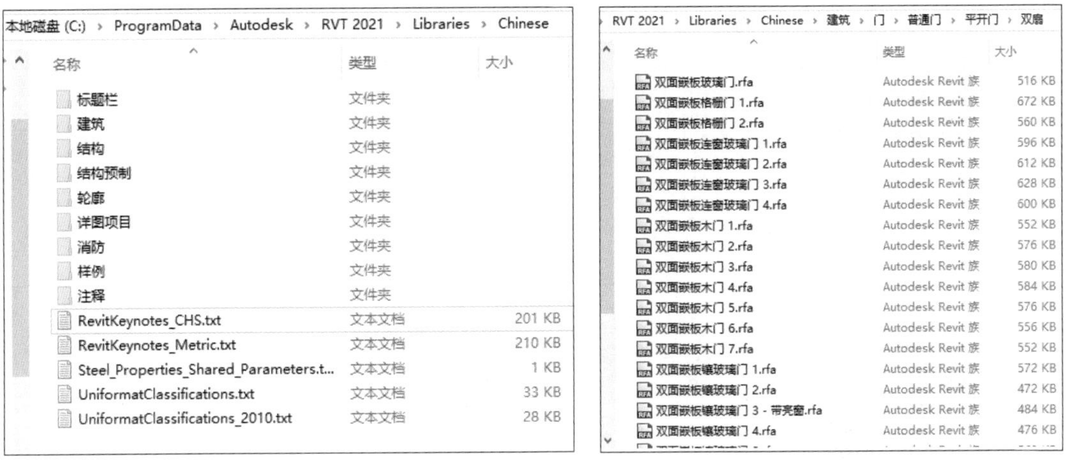

图 3-5

族样板（.rft）默认地址为 C:\ProgramData\Autodesk\RVT 2021\Family Templates\Chinese，如图 3-6 所示。

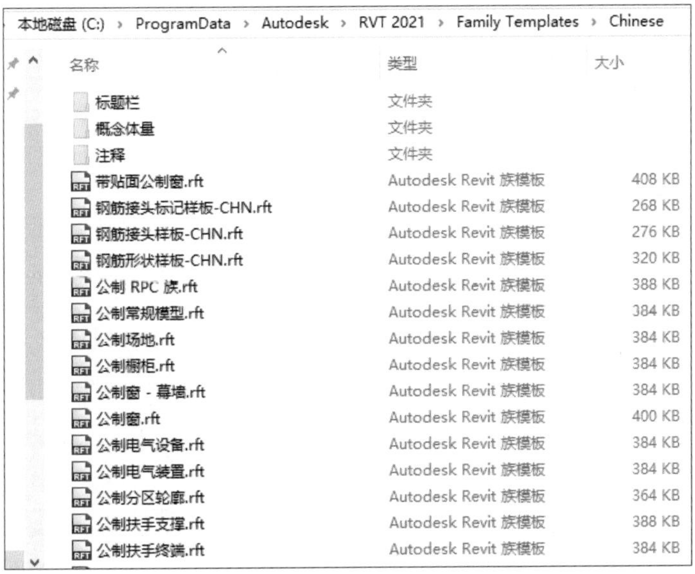

图 3-6

2. 载入单个族

载入单个族适用于族较少的情况，当一个族被载入时，此族所有的族类型将被载入。载入单个族有以下 3 种方式。

1）在一个项目文件（.rvt）中，单击"插入"选项卡→"从库中载入"面板→"载入族"按钮，如图 3-7 所示，弹出"载入族"对话框，从族文件夹中选择所需的族，单击"打开"按钮，则族被载入项目中，如图 3-8 所示。

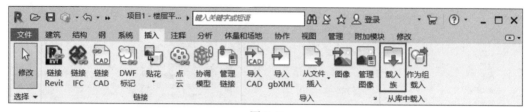

图 3-7

图 3-8

2）打开一个项目文件（.rvt），可将族文件直接拖入 Revit 绘图区域。

3）同时打开族文件（.rfa）和项目文件（.rvt），在族编辑器中单击"创建"选项卡→"族编辑器"面板→"载入到项目"按钮，如图 3-9 所示，在弹出的对话框中选择需要载入族的项目，单击"确定"按钮，即可完成族的载入。

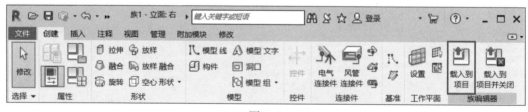

图 3-9

3．批量载入族

批量载入族适用于族较多的情况，且在载入族时可以选择需要的族类型。这种方法能够对族类型进行灵活的编辑与管理，从而达到精简项目文件的目的。下面以"双扇平开 – 带贴面"窗族为例介绍其具体操作方法。

1）在族安装目录下找到"双扇平开 – 带贴面 .rfa"，将其复制到 Windows 桌面上（本地硬盘中的任意目录下均可）。

2）打开 Windows 记事本，在记事本中输入"，宽度 ##length##millimeters, 高度 ##length##millimeters, 默认窗台高 ##length##millimeters, 窗嵌入 ##length##millimeters"（不包含双引号，以英文输入状态下的逗号开始）。

3）另起一行，输入如下数据，如图 3-10 所示。

A，900,900,600,30
B，900,1200,600,30
C，1200,1500,900,20
D，1200,1800,900,20

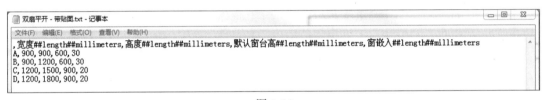

图 3-10

4）选择"文件"→"保存"命令，将文件保存为"双扇平开 – 带贴面 .rfa"。注意，此文件名须与族的名称完全相同并保存至桌面。

5）新建一个项目文件，载入桌面上的"双扇平开 – 带贴面 .rfa"族文件，弹出如图 3-11 所示的"指定类型"对话框，框选 A、B、C、D 所有类型与数据，单击"确定"按钮。在载入过程中，若输入参数在"双扇平开 – 带贴面 .rfa"中不存在，则参数将被忽略。

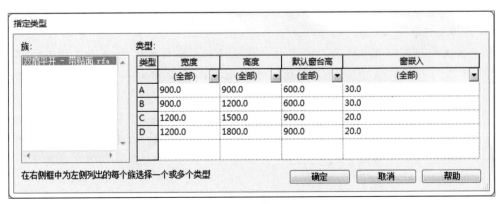

图 3-11

6）载入完成后，单击项目浏览器中"族"前面的⊞按钮，找到"窗"，单击"窗"前面的⊞按钮，找到"双扇平开－带贴面"，如图3-12所示。

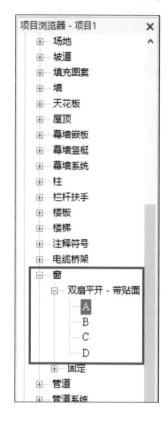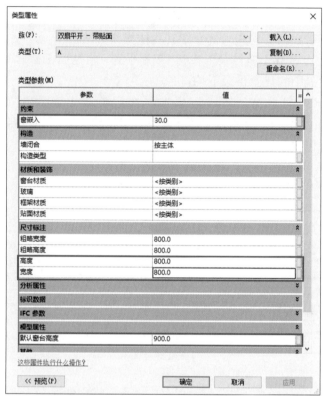

图 3-12

7）单击A，打开族类型编辑器，可以看出，与默认的"双扇平开－带贴面"族类型属性相比，窗嵌入、高度、宽度、默认窗台高度都依据记事本中A类型的数据进行了更改。

【提示】

1）在记事本中输入数据，保存为.txt格式；或者在Excel中输入参数，保存为.csv格式，再将文件扩展名改为.txt格式。

2）输入数据时以英文逗号"，"开始，依次输入"参数名称##参数类型##单位"，每个参数之间以英文逗号分隔，参数区分大小写，参数名称必须与族类型名称完全一致。

3）对于长度、面积等类型参数，必须输入单位，有效的单位类型包括length、area、volume、angle、force和linear force等，如"宽度##length##millimeters"。

4）当有些参数不知道如何申明时，可以定义参数类型为other，但应注意单位应为空，如"压力## other ##"。

3.2 族 的 创 建

■ **学习目标**

1. 掌握可载入族和内建模型的创建方法。
2. 掌握工作平面和基准参照的使用方法。
3. 掌握 5 种族形状的创建方法。
4. 掌握族模型形状的操作方法。

3.2.1 新建族

Revit 2021 提供了新建可载入族（外建族）和新建内建模型（内建族）两种创建族的方式。

1. 新建可载入族（外建族）

选择"文件"→"新建"命令，在弹出的"新族 – 选择样板文件"对话框中选择"公制常规模型"族样板，如图 3-13 所示，单击"打开"按钮，创建新族，进入族编辑界面，如图 3-14 所示。

图 3-13

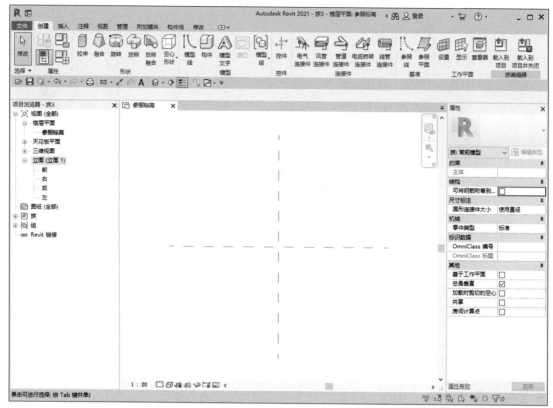

图 3-14

外部族的类别根据所选族样板确定，无法创建墙、楼板、屋顶等系统族的类别。

2．新建内建模型（内建族）

内建模型是在当前项目内部环境中创建的族文件模型。

（1）新建内建模型

在"建筑"选项卡→"构建"面板→"构件"下拉列表中选择"内建模型"命令，弹出"族类别和族参数"对话框，如图 3-15 所示，选择图元类别，单击"确定"按钮，软件会自动打开族编辑器。

【提示】选择某一族类别后，内建模型的族将在项目浏览器的该类别下显示，同时也会统计到该类别的明细表中，还可在该类别中控制该族的可见性。

族编辑器界面中，在"创建"选项卡→"属性"面板中可编辑族的"族类别和族参数" 🔲 与"族类型" 🔲。

【提示】由于在 Revit 中门与窗是基于主体的构件，只可添加到任何类型墙内，如果想在创建的内建模型上放置门或者窗，需要将内建模型类别设置为墙体类别，否则门或窗将无法放置在该内建模型上。

在族编辑器界面中，还可通过单击"创建"选项卡→"属性"面板→"族类别和族参数"按钮，在弹出的对话框中修改内建模型的族类别，如将"常规模型"修改为"屋顶"。选择不同的族类别，族参数也会不同。

（2）设置族参数

单击"创建"选项卡→"属性"面板→"族类型"按钮，弹出"族类型"对话框，如图 3-16 所示。可通过"添加"按钮添加该族所需的参数，如柱的高度、宽度等。

【提示】

内建族与外建族的不同之处在于，内建族不能保存为单独的族文件，所以其仅适用于创建项目所需的任何独特或单一用途的图元。

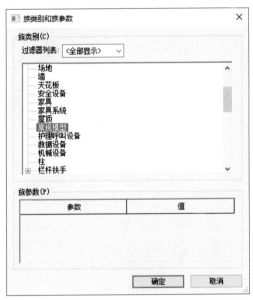

图 3-15

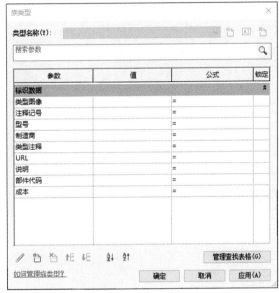

图 3-16

3.2.2　工作平面和基准参照

1.工作平面

三维族可以在平面视图、立面视图、三维视图和剖面视图中进行创建，每个视图都与工作平面相关联。在族编辑器中的大多数视图里，工作平面都是自动设置的，用户也可以自行设置。单击"创建"选项卡→"工作平面"面板→"设置"按钮，弹出"工作平面"对话框，如图 3-17 所示，可以通过选择参照平面的"名称""拾取一个平面""拾取线并使用绘制该线的工作平面"等方法设置工作平面。另外，还可以通过单击"创建"选项卡→"工作平面"面板→"显示"按钮，显示隐藏的当前工作平面，如图 3-18 所示。

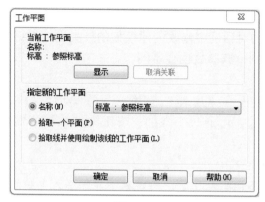

图 3-17

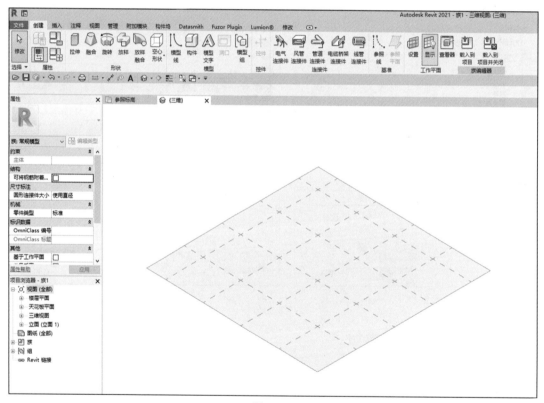

图 3-18

2.基准参照

基准参照分为参照平面和参照线，在创建族的过程中是绘图的辅助工具，贯穿整个建模过程。

1）参照平面：单击"创建"选项卡→"基准"面板→"参照平面"按钮，在任意视图绘制直线即为参照平面，在该平面视图中看到的仅是一根直线，但其实是一个平面，也可将参照平面设置成工作平面。通常在设置可变参数时，需要将实体尺寸边界锁定在参照面上，用于驱动实体。

2）参照线：主要用于控制角度参数变化。单击"创建"选项卡→"基准"面板→"参照线"按钮，即可在任意视图中绘制参照线。在三维视图中，将光标指针放在参照线上，可以看到参照线提供了 4 个可进行绘制的参照平面：一个平行于线本身的工作平面；另一个平面垂直于该平面，且两个平面都经过参照线；线的端点处有 2 个附加平面，如图 3-19 所示。另外，也可以绘制弯曲的参照线，但弯曲的参照线只有端点处定义的 2 个参照平面，如图 3-20 所示。

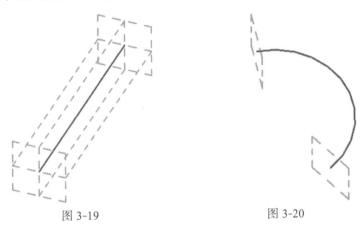

图 3-19　　　　　　　　　　　　　　图 3-20

3.2.3　族的形状命令

形状在建筑模型中是空间表达和传递信息的基础，无论是在项目文件中还是族文件中，都需要通过各种各样的形状来表达建筑设计的意图。本节重点以公制常规模型族样板为例，介绍族的 5 种形状（拉伸、融合、旋转、放样、放样融合）的基本创建方法及 2 种形状类型（实体形状和空心形状）的运用。

打开基于公制常规模型的族样板文件，在"创建"选项卡→"形状"面板中，Revit 提供了创建实心形状和创建空心形状两种创建方式，创建实心形状和创建空心形状又提供了拉伸、融合、旋转、放样和放样融合 5 种创建方式，具体内容如表 3-1 所示。

表 3-1　族形状的 5 种创建方式

创建方式	命令	说明	轮廓	实心形状	空心形状
拉伸	拉伸 空心拉伸	通过拉伸二维轮廓来创建三维形状，通过设置拉伸起点和拉伸终点设置拉伸高度	二维轮廓		

创建方式	命令	说明	轮廓	实心形状	空心形状
融合	融合 / 空心融合	通过融合两个轮廓来创建三维形状。指定模型不同的底部形状和顶部形状，该形状沿着指定的高度方向融合成三维形状	顶部轮廓 / 底部轮廓		
旋转	旋转 / 空心旋转	通过绕轴旋转放样二维轮廓创建三维形状。通过设置轮廓旋转的起始角度和结束角度，可以旋转任意角度	旋转轴 / 旋转轮廓		
放样	放样 / 空心放样	通过沿路径放样二维轮廓创建三维形状。指定放样的路径，路径的垂直面的封闭轮廓沿着路径放样	放样路径 / 放样轮廓		
放样融合	放样融合 / 空心放样融合	通过两个二维轮廓沿着定义的路径进行融合创建三维形状。指定模型不同的起始形状和结束形状，沿着指定的二维路径融合成三维形状	起始形状 / 放样融合路径 / 结束形状		

1. 拉伸

通过实心或空心拉伸创建的形状是日常操作中最基础也是最为简单的一种。通过在工作平面上绘制二维轮廓，在"属性"框中设置拉伸起点和拉伸终点高度，软件会自动按照垂直于工作平面方向，由拉伸起点开始到拉伸终点，根据二维轮廓生成三维形状。下面以创建六边形柱体为例讲解具体创建过程。

1）打开族样板。单击"新建"按钮，弹出"新族－选择样板文件"对话框，选择"公

制常规模型 .rft"族样板。

2）绘制轮廓。打开"参照标高"楼层平面视图，单击"创建"选项卡→"形状"面板→"拉伸"按钮，弹出"修改│创建拉伸"上下文选项卡，单击"绘制"面板→"内接多边形"按钮，绘制六边形柱体的二维轮廓，其三维视图如图 3-21 所示。

3）在"属性"框中输入拉伸起点和终点值，参照标高、拉伸起点和终点、顶部平面、底部平面关系，如图 3-22 所示。拉伸起点的输入值为参照标高的平面到模型底部平面的距离。

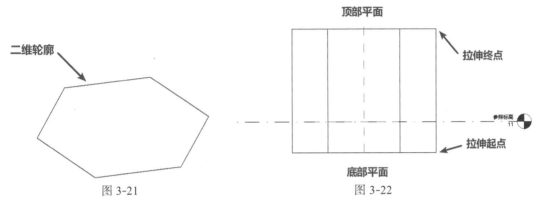

图 3-21　　　　　　　　　　　　　　　图 3-22

【提示】单击创建完成的拉伸模型，在模型的每个面将出现三角符号，拖曳即可修改模型拉伸长度。

4）生成模型。单击"确定"按钮，拉伸模型即创建完成，如图 3-23 所示。空心拉伸的创建过程与实心拉伸相同，创建的模型如图 3-24 所示。

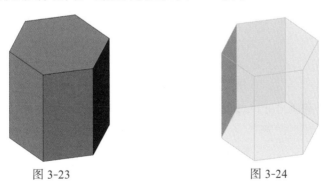

图 3-23　　　　　　　　　　　图 3-24

2．融合

拉伸是将轮廓沿着一个方向拉伸；融合是将两个不同轮廓按照设置的高度融合在一起，即通过指定不同的底部轮廓形状和顶部轮廓形状，沿着指定的高度融合成三维形状。下面将以创建六边形圆台为例讲解具体创建过程。

1）绘制底部轮廓。参考前述操作，打开"公制常规模型"族样板，打开"参照标高"楼层平面视图，单击"创建"选项卡→选择"形状"面板→"融合"按钮，弹出"修改│

创建融合"上下文选项卡，此时为底部轮廓编辑模式，单击"绘制"面板→"内接多边形"按钮，绘制六边形底部轮廓。

2）绘制顶部轮廓。单击"模式"面板→"编辑顶部"按钮，切换至顶部轮廓编辑模式，单击"绘制"面板→"圆形"按钮，绘制六边形的同心圆；单击"修改"面板→"拆分图元"按钮，或按 SL 快捷键，将圆形轮廓等距拆分成 6 段，如图 3-25 所示。

3）在"属性"框中输入第一端点和第二端点值，其功能与拉伸起点和端点相同。

4）生成模型。单击"确定"按钮，完成融合模型，如图 3-26 所示。空心融合的创建过程与实心融合相同，创建的模型如图 3-27 所示。

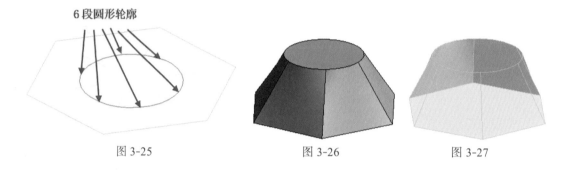

图 3-25   图 3-26   图 3-27

3．旋转

旋转是通过围绕一根轴线旋转二维闭合轮廓，从而生成一个环形的形状。其操作过程中可设置轮廓旋转的起始角度和结束角度，从而得到所需形状。下面以创建圆环为例讲解具体创建过程。

1）绘制旋转轮廓。打开"公制常规模型"族样板，单击项目浏览器中的"立面"按钮，切换至"前"立面视图。单击"创建"选项卡→"形状"面板→"旋转"按钮，弹出"修改｜创建旋转"上下文选项卡，单击"绘制"面板→"圆形"按钮，绘制圆形旋转轮廓。

2）绘制旋转轴。单击"绘制"面板→"轴线"按钮，切换至旋转轴线绘制界面，在"前"立面视图中绘制垂直参照标高的旋转轴，如图 3-28 所示。

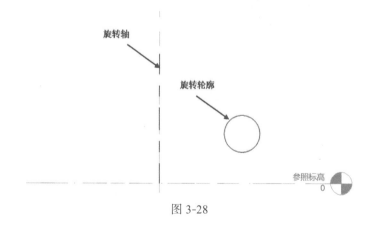

图 3-28

3）生成模型。单击"确定"按钮，完成旋转模型，如图 3-29 所示。空心旋转的创建过程与实心旋转相同，创建的模型如图 3-30 所示。

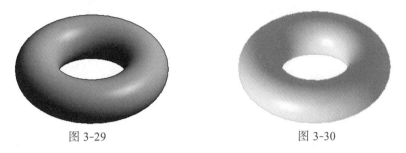

图 3-29   图 3-30

【提示】在"旋转"框中，可通过输入结束角度和起始角度值修改旋转角度范围。结束角度、起始角度与工作平面的关系如图 3-31 所示。

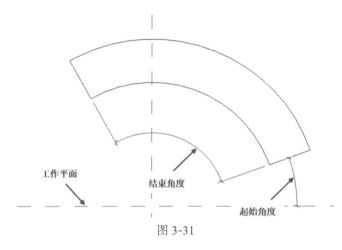

图 3-31

4．放样

放样是将封闭的轮廓（形状）沿着一条路径进行拉伸的命令。其创建思路为先绘制路径，再绘制轮廓，轮廓按照绘制的路径进行拉伸。最先绘制的路径会出现红"十"字，轮廓的绘制平面默认垂直于该线路径。下面以创建弧形圆管为例讲解具体创建过程。

1）绘制放样路径。打开"公制常规模型"族样板，在"参照标高"楼层平面视图中单击"创建"选项卡→"形状"面板→"放样"按钮，弹出"修改│创建放样"上下文选项卡，单击"放样"面板→"绘制路径"按钮，使用"绘制"面板中的工具绘制一段弧线，单击"确定"按钮。

2）绘制放样轮廓。完成绘制放样路径后，在"放样"面板中单击"编辑轮廓"按钮，切换至前立面视图，使用"绘制"面板中的工具，以放样路径的平面坐标为圆心，绘制圆形的放样轮廓，如图 3-32 所示。

3）生成模型。单击两次"确定"按钮，完成放样模型，

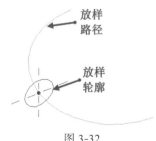

图 3-32

如图 3-33 所示。空心放样的创建过程与实心放样相同，创建的模型如图 3-34 所示。

图 3-33   图 3-34

5．放样融合

放样融合通过创建 2 个不同轮廓，然后沿路径对 2 个轮廓进行放样的融合体。放样融合的形状是由绘制或拾取的二维路径及指定模型不同的起始形状和结束形状确定的。与放样不同，放样融合是将两个轮廓进行融合，通过定义的路径，将两个二维轮廓沿着该路径融合成三维形状。下面以圆形为起始轮廓、矩形为结束轮廓为例讲解具体创建过程。

1）绘制放样路径。打开"公制常规模型"族样板，在"参照标高"楼层平面视图中单击"创建"选项卡→"形状"面板→"放样融合"按钮，弹出"修改 | 创建放样融合"上下文选项卡，单击"放样融合"面板→"绘制路径"按钮，使用"绘制"面板中的工具绘制一段弧线，单击"确定"按钮。

2）绘制轮廓 1。完成路径绘制后，单击"放样融合"面板→"选择轮廓 1"按钮，切换至前立面视图，使用"绘制"面板中的工具，以路径起始点处的平面坐标为原点绘制圆形轮廓，单击"确定"按钮。

3）绘制轮廓 2。完成路径绘制后，单击"放样融合"面板→"选择轮廓 2"按钮，切换至前立面视图，使用"绘制"面板中的工具，以路径结束点处的平面坐标为原点绘制矩形轮廓，如图 3-35 所示。

4）生成模型。单击两次"确定"按钮，完成放样模型，如图 3-36 所示。空心放样的创建过程与实心放样相同，创建的模型如图 3-37 所示。

图 3-35   图 3-36   图 3-37

3.2.4　族模型形状操作

族基本的形状命令在实际建模过程中通常是组合使用，需进行空心剪切、连接等操作。

1．转换空心形状

空心形状的创建方法与实心形状基本相同，实心形状和空心形状也可以相互转换。选中实体，在"属性"框的"实心 / 空心"下拉列表中选择"空心"，则实心形状转换为空心形状，如图 3-38 所示。

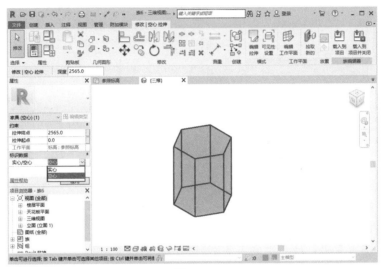

图 3-38

2．连接形状

实心形状和空心形状之间可以通过单击"修改"选项卡→"几何图形"面板→"连接几何图形"按钮实现连接，如图 3-39 所示；而"取消连接几何图形"按钮可以将连接的几何图形分离。

3．剪切形状

空心形状可以通过"修改"选项卡→"几何图形"面板→"剪切几何图形"按钮剪切实心形状，如图 3-40 所示。

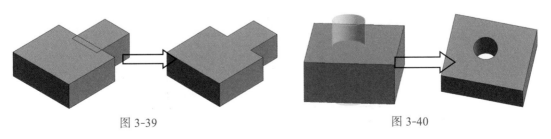

图 3-39　　　　　　　　　　　　　　　　　　图 3-40

3.3 案例操作

3.3.1 基础、杯子、壶嘴族的创建

【例3-1】运用"拉伸"及"融合"命令，根据图3-41给定的尺寸信息，创建基础族。

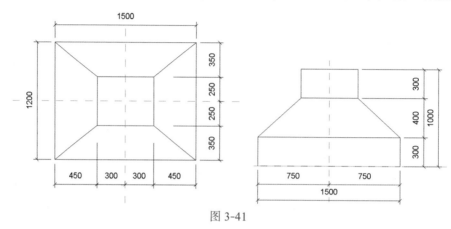

图 3-41

建模思路：

由所给视图可看出，该基础族由3部分组成，其中底部及顶部矩形形状可通过"拉伸"命令创建，而中间部分四棱台可通过"融合"命令创建。

创建过程：

1）在Revit初始界面中单击"新建"按钮，弹出"新族－选择样板文件"对话框，选择"公制常规模型"，单击"打开"按钮，进入族编辑器。

2）创建底部矩形形状。打开"楼层平面－参照标高"视图，单击"创建"选项卡→"形状"面板→"拉伸"按钮，创建图3-42所示轮廓，在"属性"中设置拉伸起点为0，拉伸终点为300，如图3-43所示，单击 ✓ 按钮，完成形状绘制。

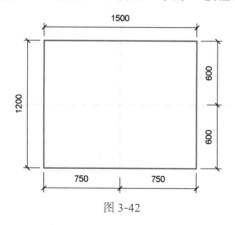

图 3-42

图 3-43

3）创建中间部分形状。单击"创建"选项卡→"形状"面板→"融合"按钮，创建如图 3-42 所示相同的底部轮廓（与步骤 2 中的底部矩形尺寸一致），然后单击"修改 | 创建融合底部边界"上下文选项卡→"模式"面板→"编辑顶部"按钮，创建图 3-44 所示的顶部轮廓，在"属性"框中设置第一端点为 300，第二端点为 700，单击 ✔ 按钮，完成形状绘制。

4）创建顶部形状。单击"创建"选项卡→"形状"面板→"拉伸"按钮创建与图 3-44 所示相同的矩形轮廓（与上一步骤中顶部轮廓尺寸一致），在"属性"框中设置拉伸起点为 700，拉伸终点为 1000，单击 ✔ 按钮，完成形状绘制。绘制完成的形状如图 3-45 所示。

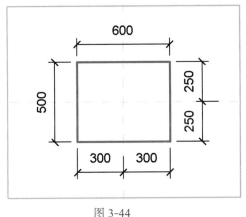

图 3-44　　　　　　　　　　　　　　　　　　　　　图 3-45

5）保存文件。选择"文件"→"保存"命令（或按 Ctrl+S 快捷键），在弹出的对话框中，输入文件名为"基础族"保存族文件至桌面。

【例 3-2】运用"旋转"和"放样"命令，根据图 3-46 给定的尺寸信息，创建杯子族。

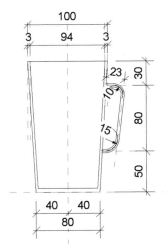

图 3-46

建模思路：

由所给视图可发现，该形状由两部分组成，其中杯子主体部分可通过"旋转"命令创建，手柄部分可通过"放样"命令创建。

创建过程：

1）在 Revit 初始界面中单击"新建"按钮，弹出"新族 – 选择样板文件"对话框，选择"公制常规模型"，单击"打开"按钮，进入族编辑器。

2）创建主体部分。在"立面 – 前"视图中单击"创建"选项卡→"形状"面板→"旋转"按钮，创建图 3-47 所示的边界线轮廓。单击"修改 | 创建旋转"上下文选项卡→"绘制"面板→"轴线"按钮，绘制旋转轴。在"属性"框中设置起始角度为 0，结束角度为 360，单击 ✔ 按钮，完成形状绘制。

3）创建手柄形状。单击"创建"选项卡→"形状"面板→"放样"按钮，再选择"修改 | 放样"上下文选项卡→"放样"面板→"绘制路径"，创建图 3-48 所示的放样路径，单击 ✔ 按钮，完成路径绘制。单击"修改 | 放样"上下文选项卡→"放样"面板→"编辑轮廓"按钮，在弹出的"转到视图"对话框中选择"立面：左"，进入左立面后单击"修改 | 放样＞编辑轮廓"上下文选项卡→"绘制"面板→"圆形"按钮，绘制半径为 2mm 的圆轮廓，单击 ✔ 完成绘制。

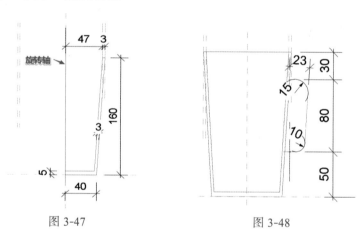

图 3-47 图 3-48

4）保存文件。选择"文件"→"保存"命令（或按 Ctrl+S 快捷键），在弹出的对话框中，输入文件名为"杯子族"，保存族文件至桌面。

【**例 3-3**】运用"放样融合"命令，创建图 3-49 所示的壶嘴模型族。壶嘴两端外直径分别为 100mm 和 60mm，内直径分别为 90mm 和 50mm。

图 3-49

建模思路：

此壶嘴模型为曲线形族，两端形状大小不同，可以采用"放样融合"命令创建；空心壶嘴可使用"剪切"命令创建。首先利用"放样融合"命令创建壶嘴模型；再复制出一个空心壶嘴，修改空心壶嘴的直径，利用剪切工具，完成空心壶嘴的制作；最后利用空心拉伸剪切壶嘴多余的部分。

创建过程：

1）选择族样板，单击"新建"按钮，弹出"新族 – 选择样板文件"对话框，选择"公制常规模型"，再单击"打开"按钮，进入族编辑器。

2）放样融合。Revit 的默认视图为"参照标高"，单击"创建"选项卡→"形状"面板→"放样融合"按钮，进入绘图模式。

3）设置工作平面。单击"创建"选项卡→"工作平面"面板→"设置"按钮，弹出"工作平面"对话框，选中"名称"单选按钮，在其下拉列表中选择"参照平面：中心（前 / 后）"，进入前视图。

4）绘制放样融合路径。单击"修改 | 放样融合"上下文选项卡→"放样融合"面板→"绘制路径"按钮，再单击"绘制"面板→"样条曲线"按钮，绘制图 3-50 所示路径，完成后单击 ✔ 按钮。

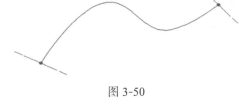

图 3-50

5）绘制轮廓 1 和轮廓 2。依次单击"修改 | 创建放样融合"选项卡→"放样融合"面板→"选择轮廓 1"和"编辑轮廓"按钮，如图 3-51 所示，打开三维视图，用"圆"工具绘制直径为 100mm 的轮廓 1 和直径为 60mm 的轮廓 2，如图 3-52 所示。绘制完成后单击 ✔ 按钮，完成轮廓编辑。选择"视觉样式"中的"真实"效果，如图 3-53 所示。

图 3-51

图 3-52

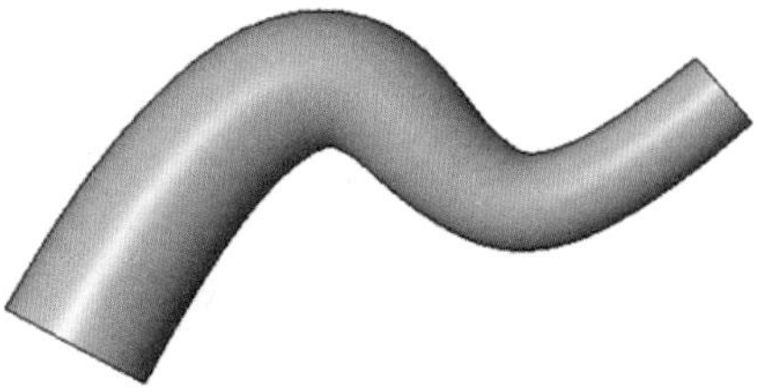

图 3-53

6）编辑空心壶嘴。先选中壶嘴，单击"修改 | 放样融合"上下文选项卡→"剪贴板"面板→"复制到剪贴板"按钮，再单击"剪贴板"面板→"粘贴"下拉列表→"与同一位置对齐"按钮，在原位置复制一个壶嘴，如图 3-54 所示。

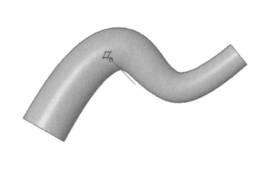

图 3-54

选中其中一个壶嘴，单击"修改 | 放样融合"上下文选项卡→"模式"面板→"编辑放样融合"按钮，如图 3-55 所示。通过编辑轮廓 1 和轮廓 2，使其半径缩小 10mm，绘制完成后单击 ✔ 按钮，结果如图 3-56 所示。

图 3-55

图 3-56

选中小号壶嘴，在"属性"框中将其改为"空心"形状，如图 3-57 所示，利用"剪切"命令剪切两个壶嘴，如图 3-58 所示。

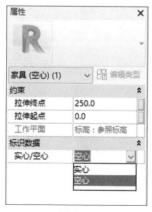

图 3-57

图 3-58

7）空心拉伸。利用"空心拉伸"命令剪掉壶嘴多余的部分。

进入"参照标高"视图，单击"创建"选项卡→"形状"面板→"拉伸"按钮，设置拉伸起点为 –250、拉伸终点为 250，绘制图 3-59 所示形状。同时，在"属性"框中选择"空心"，完成后单击 ✔ 按钮。

单击"修改"选项卡→"几何图形"面板→"剪切"按钮，再分别选择壶嘴和空心三棱柱图元，如图 3-60 所示，最后完成壶嘴的创建，如图 3-61 所示。

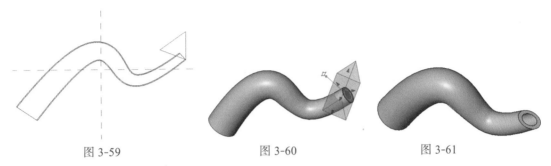

图 3-59　　　　　　　　　图 3-60　　　　　　　　　图 3-61

8）保存文件。选择"文件"→"保存"命令（或按 Ctrl+S 快捷键），在弹出的对话框中，输入文件名为"壶嘴模型族"，保存族文件至桌面。

3.3.2　桥墩族的创建

【例 3-4】根据图 3-62 给定的投影尺寸，创建桥墩模型。

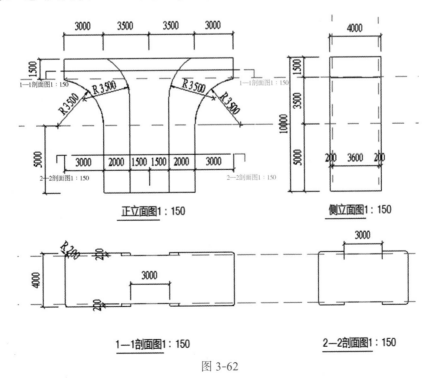

图 3-62

建模思路：

根据题意可知，桥墩高度为 10m，桥墩厚度为 4m，桥墩中部存在造型，左右边存在圆角，宽和半径均为 0.2m。桥墩建模需要充分提取图中信息，特别注意哪些尺寸需要绘制参照平面，以一定的顺序分构件进行绘制。本题基于"公制常规模型"族样板文件进行绘制，主要使用"拉伸"和"放样"命令。

创建过程：

1．绘制参照平面

打开 Revit 软件，在初始界面单击"新建"按钮，弹出"新族 – 选择样板文件"对话框，选择"公制常规模型"族样板，单击"打开"按钮，进入族编辑器。进入前立面视图，按正面图尺寸绘制桥墩主体的参照平面，如图 3-63 所示；进入左立面视图，按侧面图尺寸绘制桥墩主体的参照平面，如图 3-64 所示。

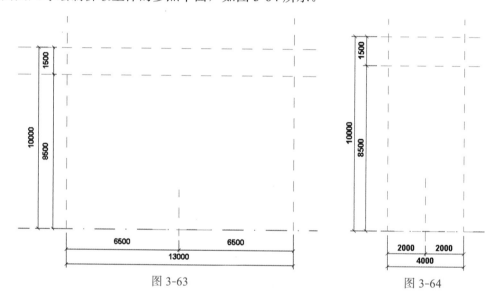

图 3-63　　　　　　　　图 3-64

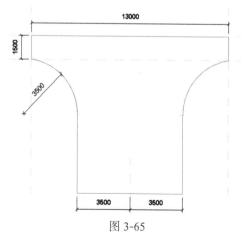

图 3-65

2．绘制桥墩主体

进入前立面视图，单击"创建"选项卡→"形状"面板→"拉伸"按钮，按照题中所给剖面图绘制轮廓。在"属性"框中设置拉伸起点值为 –2000，拉伸终点值为 2000，单击 ✔ 按钮，如图 3-65 所示。

3．绘制桥墩前后立面的空心轮廓

打开前立面视图，在"创建"选项卡→"形状"面板→"空心形状"下拉列表中选择

"空心拉伸"命令，选择工作平面为桥墩主体的正立面，绘制轮廓。在"属性"框中设置拉伸起点值为 200，单击 ✔ 按钮，如图 3-66 所示。打开后立面视图，用同样的方法绘制相同轮廓，三维模型如图 3-67 所示。

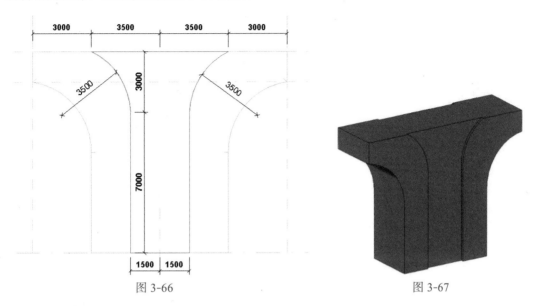

图 3-66　　　　　　　　　　　　　　　图 3-67

4. 绘制桥墩左右边缘的空心轮廓

打开三维视图，在"创建"选项卡→"形状"面板→"空心形状"下拉列表中选择"空心放样"命令，选择桥墩主体正立面为工作平面，绘制放样路径和轮廓，单击 ✔ 按钮，如图 3-68 所示。用同样的方法在桥墩主体的其余 3 个边绘制相同轮廓，完成桥墩三维模型，如图 3-69 所示。

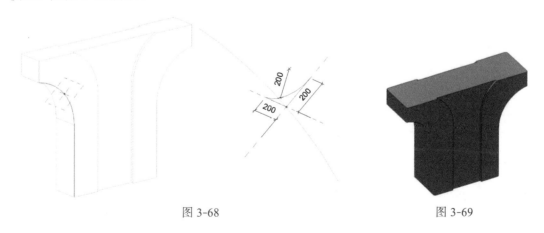

图 3-68　　　　　　　　　　　　　　　图 3-69

3.3.3　书桌族的创建

【例 3-5】根据图 3-70 给定的投影尺寸，创建办公桌模型。

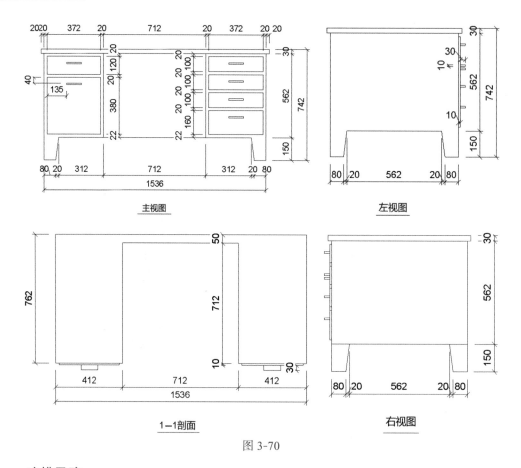

图 3-70

建模思路:

家具的构造一般比较复杂,应充分提取图 3-70 中的信息,想象家具的空间形状,特别注意哪些尺寸需要绘制参照平面,以一定的顺序分构件进行绘制。本题使用给定的"公制家具"族样板文件进行绘制,主要使用"拉伸"和"放样"命令。

创建过程:

1. 查找尺寸参数

根据题意可知,桌脚高度为 150mm,桌体高度为 562mm,桌面厚度为 30mm,桌子左右为对称的 2 个箱体,宽均为 412mm,相距 712mm。

2. 绘制参照平面

单击"新建"按钮,弹出"新族 - 选择样板文件"对话框,选择"公制家具"族样板,单击"打开"按钮,进入族编辑器。进入左立面视图,分别绘制桌脚、桌体、桌面的水平面,参照平面如图 3-71 所示;进入前立面视图,分别绘制桌体、抽屉平面的竖向参照平面,如图 3-72 所示;进入参照标高平面,按照剖面图尺寸绘制办公桌主体水平面的参照平面,如图 3-73 所示。

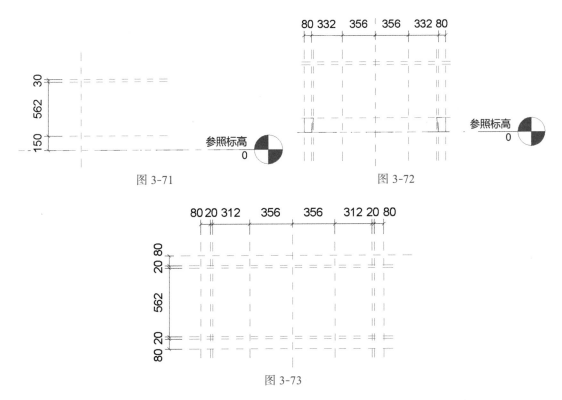

图 3-71　　　　　　　　　　　　　图 3-72

图 3-73

3．绘制桌脚

1）进入参照标高平面，单击"创建"选项卡→"形状"面板→"融合"按钮，如图 3-74 所示。绘制边长为 80mm 的正方形（桌脚底部），如图 3-75 所示。单击"修改|创建融合底部边界"上下

图 3-74

文选项卡→"模式"面板→"编辑顶部"按钮，绘制边长为 100mm 的正方形，在"属性"框中设置第二端点为 150，单击 ✓ 按钮。前立面图如图 3-76 所示。

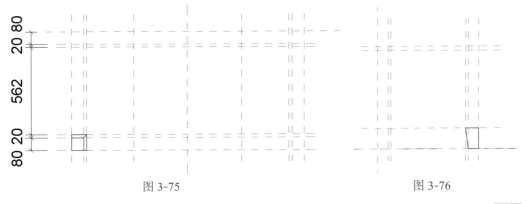

图 3-75　　　　　　　　　　　　　　　　　　　　　　　图 3-76

2）在参照标高视图中选中一个桌脚，单击"修改融合"上下文选项卡→"修改"面板→"镜像"按钮或按 MM（DM）快捷键，镜像出另一个桌脚，如图 3-77 所示。

3）进入参照标高平面，选中两个桌脚，使用"镜像"命令绘制另外两个桌脚，如图 3-78 所示。

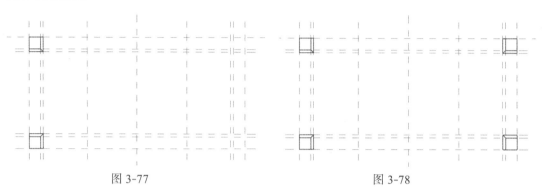

图 3-77   图 3-78

4．绘制桌子主体

进入参照标高平面，单击"创建"选项卡→"形状"面板→"拉伸"按钮，按照题中所给剖面图绘制轮廓，在"属性"框中设置拉伸起点值为 150，拉伸终点值为 712，单击 ✔ 按钮，如图 3-79 所示。

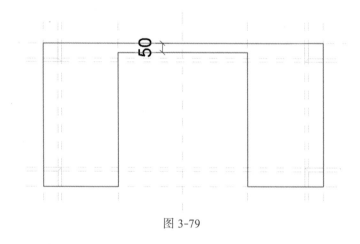

图 3-79

5．绘制抽屉

单击"创建"选项卡→"形状"面板→"拉伸"按钮，选择工作平面为办公桌最前的平面，进入前立面视图，单击"修改 | 创建拉伸"选项卡→"选择拾取线"按钮，在"属性"框中设置拉伸起点值为 722，拉伸终点值为 762，单击 ✔ 按钮，如图 3-80 所示。

进入左立面视图，绘制的抽屉拉伸如图 3-81 所示。

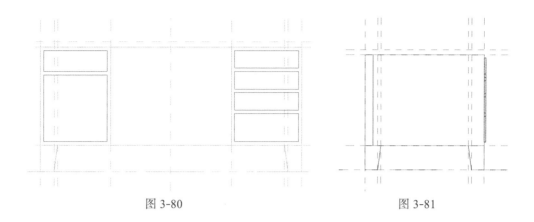

图 3-80　　　　　　　　　　　　　　图 3-81

6．绘制把手

进入参照标高平面，单击"创建"选项卡→"形状"面板→"放样"按钮，选择工作平面为抽屉最前的平面，打开前立面视图，选择绘制路径，按抽屉把手的形状绘制路径，如图 3-82 所示。

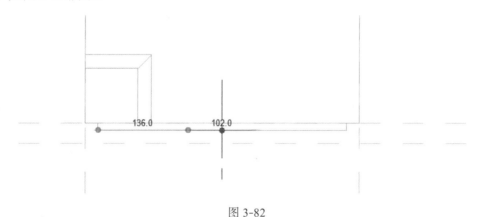

图 3-82

进入前立面视图，单击"修改 | 放样"上下文选项卡→"放样"面板→"编辑轮廓"按钮，绘制把手的放样轮廓，如图 3-83 所示，单击 ✔ 按钮，完成放样的编辑，如图 3-84 所示。可使用相同的方法绘制桌子另一边的把手。

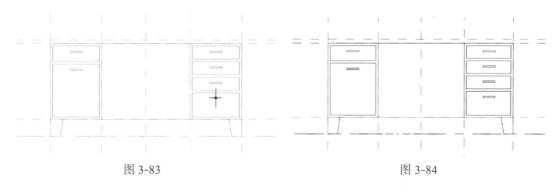

图 3-83　　　　　　　　　　　　　　图 3-84

【操作技巧】由于把手的位置至抽屉顶部的距离均为 40mm，因此在绘制把手时可以使用"复制"命令（或 CO 快捷键），拾取抽屉顶部中点为基点复制其余把手，这样可以大量减少绘制时间，如图 3-85 所示。

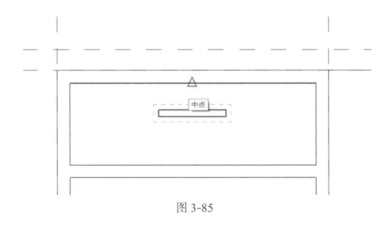

图 3-85

7．绘制桌面

进入参照标高平面，单击"创建"选项卡→"形状"面板→"拉伸"按钮，拾取办公桌顶部平面为工作平面，绘制矩形桌面外轮廓，如图 3-86 所示；在"属性"框中设置拉伸起点值为 712，拉伸终点值为 742，完成后左视图如图 3-87 所示；三维视图如图 3-88 所示。

图 3-86   图 3-87

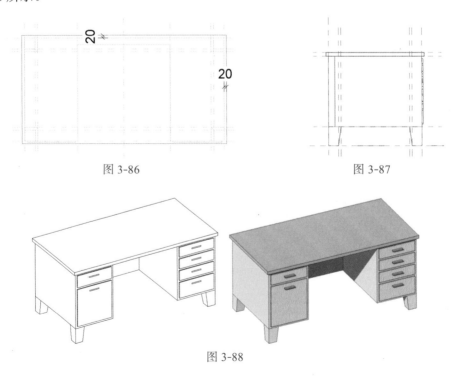

图 3-88

3.3.4　双开门族的创建

【例 3-6】根据图 3-89 给定的投影尺寸，创建双开木门，包含门框架、门嵌板、玻璃和门把手。

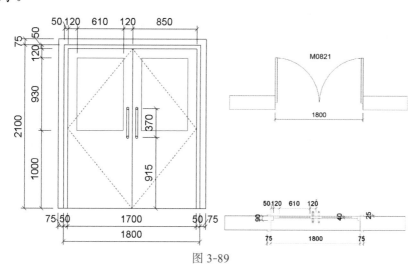

图 3-89

建模思路：

门由门框架、门嵌板、玻璃、门把手等构件组成，一般使用公制门族样板文件进行创建。此门比较规则，使用"放样"和"拉伸"命令绘制即可，使用"符号线"命令绘制门的平立面开启线，为门添加材质时注意为相同材质的构件设置关联参数。

创建过程：

1．选择族样板

单击"新建"按钮，弹出"新族 – 选择样板文件"对话框，选择"公制门 .rft"文件，如图 3-90 所示，单击"打开"按钮，进入族编辑器，如图 3-91 所示。

图 3-90

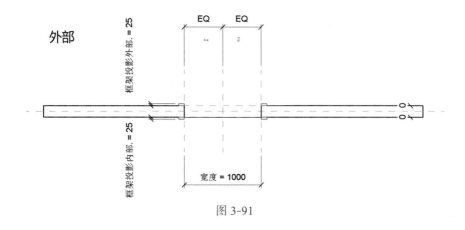

图 3-91

2. 修改门洞尺寸并绘制平、立面开启线

分别进入参照标高视图和右立面视图，设置宽度为 1800，高度为 2100，如图 3-92 和图 3-93 所示。

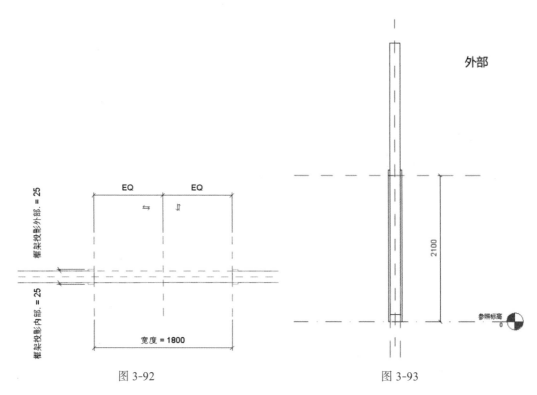

图 3-92   图 3-93

进入参照标高视图，单击"注释"选项卡→"详图"面板→"符号线"按钮，在"子类别"面板中选择"平面打开方向 [投影]"，如图 3-94 所示；单击"绘制"面板→□按钮和⌒按钮，绘制门平面开启线的圆弧部分，如图 3-95 所示。用同样方法进入外部立面视图，绘制立面开启线，如图 3-96 所示。

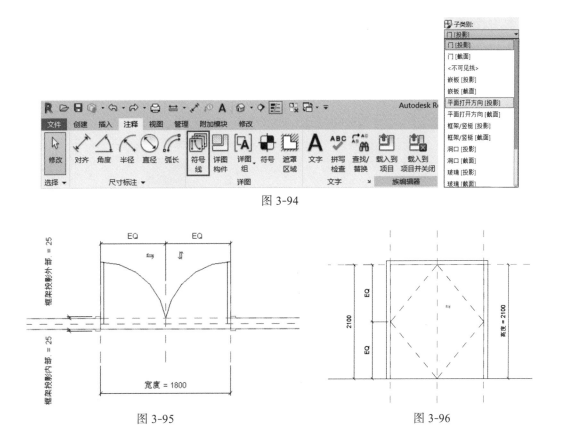

图 3-94

图 3-95

图 3-96

3．创建实心拉伸

进入外部立面视图，单击"创建"选项卡→"形状"面板→"拉伸"按钮，单击"修改 | 创建拉伸"上下文选项卡→"绘制面板"矩形按钮 ⬚，沿尺寸绘制大小 2 个矩形框，如图 3-97 所示。完成后单击 ✔ 按钮，效果如图 3-98 所示。

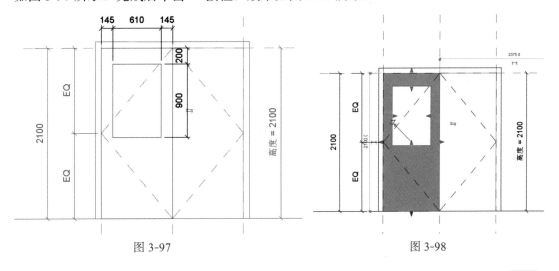

图 3-97

图 3-98

4．创建门玻璃

进入外部立面视图，单击"创建"选项卡→"形状"面板→"拉伸"按钮，绘制图 3-99 所示的矩形框，单击 ✔ 按钮，结果如图 3-100 所示。

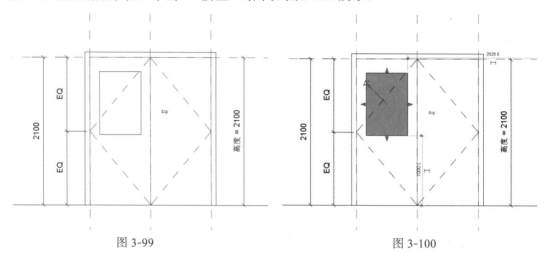

图 3-99   图 3-100

5．为门板和玻璃添加材料参数

1）选中门板，在"属性"框中选择"材质"下拉列表中的"＜按类别＞"，弹出"关联族参数"对话框，如图 3-101 所示。

图 3-101

2）单击"添加参数"按钮，为门添加一个名为"门板材料"的材质参数，如图 3-102 所示，单击"确定"按钮，完成添加。使用同样的方法为门玻璃添加材质参数。

3）单击"修改"选项卡→"属性"面板→"族类型"按钮，如图 3-103 所示，在弹出的"族类型"对话框中单击"门板材料"对应的"＜按类别＞"按钮，如图 3-104 所示，在弹出的"材质浏览器"对话框内选择预设的门板和玻璃材质。

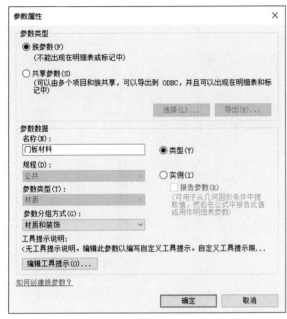

图 3-102

图 3-103

4）同时选中左边的门板和玻璃，单击"修改"选项卡→"修改"面板→"镜像"按钮（或按 MM 快捷键）创建右扇门，如图 3-105 所示。

图 3-104

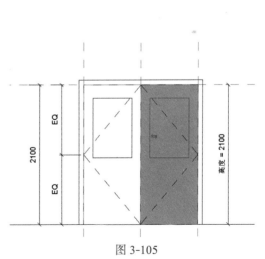

图 3-105

6. 载入门把手族

1）单击"插入"选项卡→"从库中载入"面板→"载入族"按钮，弹出"载入族"对话框，选择"立式长拉手 3"，如图 3-106 所示，单击"打开"按钮。门把手的三维图如图 3-107 所示。

图 3-106   图 3-107

2）单击"创建"选项卡→"模型"面板→"构件"按钮，放置门把手，其放置位置如图 3-108 所示。

3）选中拉手，在"属性"框中单击"编辑类型"按钮，弹出"类型属性"对话框，将嵌板厚度改为 40mm，如图 3-109 所示，单击"确定"按钮，完成拉手的创建。

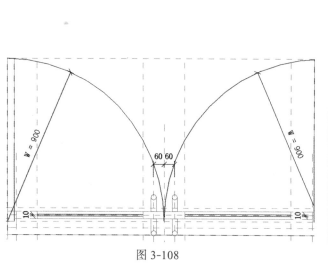

图 3-108

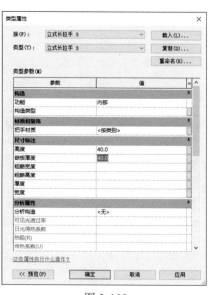

图 3-109

4）图 3-110 所示为双开木门，分别为无门框及有门框两种类型。

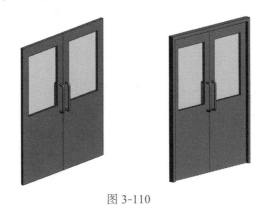

图 3-110

3.4　课后练习

1. 根据图 3-111 给出的视图，创建"混凝土砌块"族模型，图中所有镂空图案的倒圆角半径均为 5mm，整体材质为混凝土，图中未注明尺寸可自定。

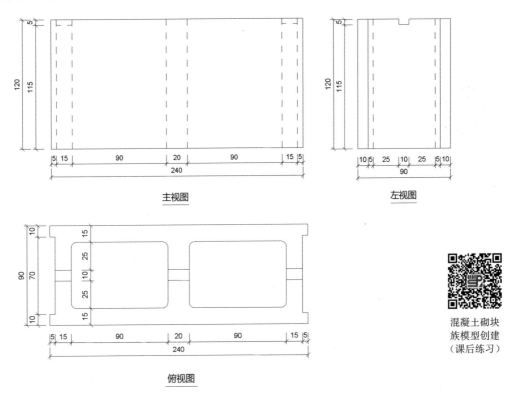

混凝土砌块
族模型创建
（课后练习）

图 3-111

杯形基础模型创建
（课后练习）

2. 根据图 3-112 给出的俯视图、1—1 剖面图，使用"公制常规模型"族模板创建杯形基础，该基础材质为混凝土，图中未注明尺寸可自定。

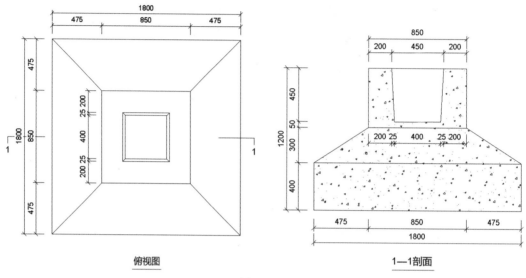

俯视图　　　　　　　　　　　　　　　1—1剖面

图 3-112

3. 根据图 3-113 给出的花瓶立面图、俯视图，使用"公制常规模型"族模板创建花瓶模型，花瓶壁厚为 5mm，花瓶材质为玻璃，图中未注明尺寸可自定。

花瓶模型创建
（课后练习）

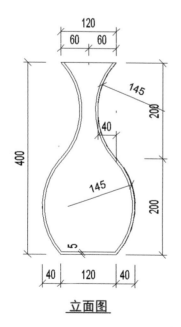

立面图

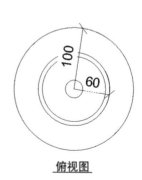

俯视图

图 3-113

4．根据图 3-114 给出的书柜正立面图、左立面图、俯视图，使用"公制常规模型"族模板创建书柜模型，书柜材质为橡木，图中未注明尺寸可自定。

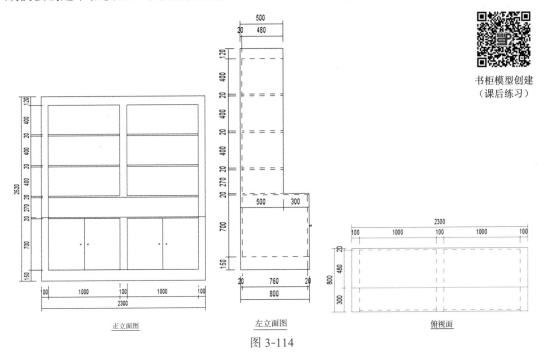

书柜模型创建
（课后练习）

图 3-114

5．根据图 3-115 给出的窗立面图，使用"公制窗"族模板创建窗族，窗外框截面尺寸为 50mm×50mm，窗扇边框截面尺寸为 30mm×30mm，玻璃厚度为 6mm，图中未注明尺寸可自定。

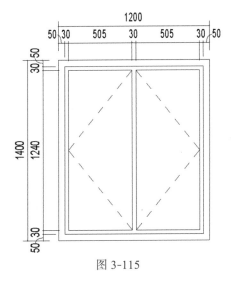

窗模型创建
（课后练习）

图 3-115

第4章

体量的创建及应用

Revit 2021 提供了体量工具，用于项目前期概念设计阶段使用设计环境中的点、线、面图元快速建立概念模型，从而探究设计的理念。完成概念体量模型后，可以通过"面模型"工具直接将墙、幕墙系统、屋顶、楼板等建筑构件添加到体量形状中，将概念体量模型转换为建筑设计模型，实现由概念设计阶段向建筑设计阶段的快速转换。

4.1 体量概述

学习目标

1. 熟悉体量的相关概念。
2. 理解体量的作用。

4.1.1 体量的相关概念

体量的相关概念如下：

1）概念设计环境：用于为建筑师提供创建可集成到 BIM 中的参数化体量族的环境。通过这种环境，可以直接对设计中的点、边和面进行灵活操作，快速创建建筑形体。选用 Revit 软件自带的"公制体量"族样板创建概念体量族的环境即为概念设计环境的一种。

2）体量：体量作为一种特殊的族，可用于观察、研究和解析建筑形式的过程。Revit 体量创建方式分为内建体量和体量族。

3）内建体量：用于创建项目环境中独特的体量形状。内建体量不是单独的文件，保存于项目之内，且仅用于本项目中。

4）体量族：指采用"公制体量"族样板在体量族编辑器中创建，独立保存扩展名为 .rfa 的族文件。在一个项目中放置多个体量的实例或者在多个项目中需要使用同一体量时，通常使用可载入体量族。

5）体量面：体量实例的表面，可直接在表面添加建筑图元，如面墙、面屋顶等。

6）体量楼层：在定义好的标高处穿过体量的水平切面生成的楼层，提供了有关切面上方体量直至下一个切面或体量顶部之间尺寸标注的几何图形信息。

4.1.2　体量的作用

体量的作用如下：

1）体量化：通过创建内建体量或体量族实例表示建筑物或者建筑物群落，并且可以通过设计选项修改体量的材质和关联形式。

2）纹理化：处理建筑的表面形式，对于存在重复性图元的建筑外观，可以通过有理化填充实现快速生成，或者使用嵌套的智能子构件来分割体量表面，从而实现一些复杂的设计。

3）构件化：可以通过"面模型"工具直接将建筑构件添加到体量形状中，从带有可完全控制图元类别、类型和参数值的体量实例开始，生成楼板、屋顶、幕墙系统和墙。另外，当更改体量时，可以完全控制这些图元的再生成。

4.2　体量的创建

▌学习目标

1. 掌握新建体量的方法。
2. 掌握体量中工作平面、模型线、参照点的使用方法。
3. 掌握体量基本形状的创建方法。

4.2.1　新建体量

Revit 2021 提供了创建内建体量和创建体量族两种创建体量的方式，相当于第 3 章的内建族和可载入族。

1. 创建内建体量

如图 4-1 所示，单击"体量和场地"选项卡→"概念体量"面板→"内建体量"按钮，弹出"名称"对话框，输入内建体量族的名称，单击"确定"按钮，即可进入内建体量的草图绘制模式。

图 4-1

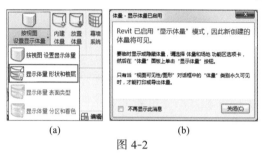

图 4-2

【提示】默认体量为不可见，为了创建体量，在"体量和场地"选项卡→"概念体量"面板→"按视图设置显示体量"下拉列表中选择"显示体量 形状和楼层"命令，激活显示体量模式，如图 4-2（a）所示。如果在单击"内建体量"按钮时尚未激活显示体量模式，则 Revit 2021 会自动将显示体量激活，并弹出"体量 – 显示体量已启用"对话框，如图 4-2（b）所示，直接单击"关闭"按钮即可。

2．创建体量族

选择"文件"→"新建"→"概念体量"命令，弹出"新建概念体量 – 选择样板文件"对话框，找到并选择"公制体量 .rft"族样板，单击"打开"按钮，进入体量族的绘制界面，如图 4-3 所示。

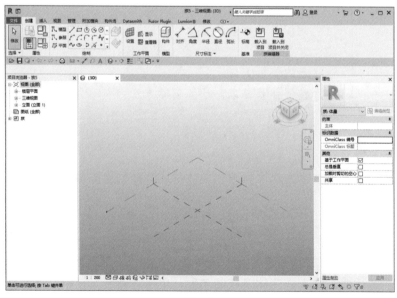

图 4-3

3．内建体量与体量族的区别与联系（表 4-1）

表 4-1　内建体量与体量族的区别与联系

项目	内建体量	体量族
使用方式	创建于项目之内，不可单独保存，只存在于本项目	创建于体量之外，可载入任何项目
创建环境	不可以显示三维参照平面、三维标高等，用于定位和绘制的工作平面	可以显示三维参照平面、三维标高等，用于定位和绘制的工作平面
形状创建方法	形状创建方法基本相同（参见 4.2.3 节）	

4.2.2　工作平面、模型线、参照线和参照点

创建体量三维模型的流程：根据实际情况，选择合适的工作平面创建模型线或参照线，通过选择这些模型线或参照线，使用"实心形状"或"空心形状"命令创建三维体量模型。参照点是空间点，可通过放置参照点增加参照面。工作平面、模型线、参照线和参照点是创建体量的基本要素。另外，在体量族编辑器创建体量的过程中，工作平面、参照线和参照点的使用比构件族的创建更加灵活，这也是创建体量族和构件族的最大区别。

1．工作平面

工作平面是一个用作视图或绘制图元起始位置的虚拟二维表面。工作平面的形式包括模型表面所在面、三维标高、默认的参照平面或绘制的参照平面、参照点上的工作平面及参照线两端的工作平面。

（1）模型表面所在面

拾取已有模型图元的表面所在面作为工作平面。在体量编辑器三维视图中，单击"创建"选项卡→"工作平面"面板→"设置"按钮，拾取模型的一个面作为工作平面，单击"工作平面"面板下的显示按钮，可使当前工作平面亮显，如图 4-4 所示。

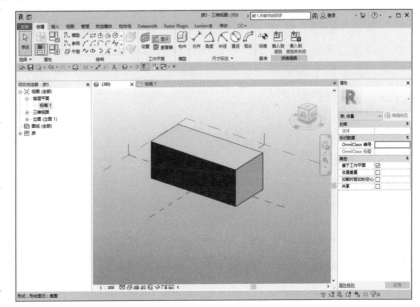

图 4-4

【提示】在内建体量编辑器三维视图中单击"创建"选项卡→"工作平面"面板→"设置"按钮后，直接默认为拾取一个平面；如果是在其他平面视图中则会弹出"工作平面"对话框，需要手动选中"拾取一个平面"单选按钮或指定命名的标高或参照平面"名称"来选择参照平面，如图4-5所示。

（2）三维标高

在体量族编辑器三维视图中提供了三维标高面，可以在三维视图中直接绘制标高，作为体量创建中的工作平面，如图4-6所示。

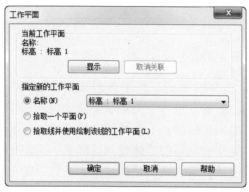

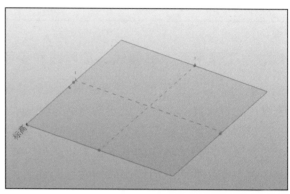

图 4-5   图 4-6

在体量编辑器三维视图中，单击"创建"选项卡→"基准"面板→"标高"按钮，将光标移动到绘图区域现有标高面上方，光标下方会出现间距显示，可直接输入间距，如 30000（即 30m），按 Enter 键即可完成三维标高的创建，如图 4-7 所示。创建完成的标高，其高度可以通过修改标高下面的临时尺寸标注进行修改。同样，三维视图标高可以通过"复制"或"阵列"命令进行创建。

单击"创建"选项卡→"工作平面"面板→"设置"按钮，选择标高平面，即可将该面设置为当前工作平面。单击"创建"选项卡→"工作平面"面板→"显示"按钮，可使当前工作平面亮显，如图4-8所示。

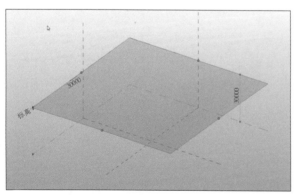

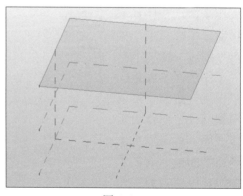

图 4-7   图 4-8

（3）默认的参照平面或绘制的参照平面

在体量编辑器三维视图中，可以直接选择与立面平行的"中心（前 / 后）"或"中心（左 / 右）"参照平面作为工作平面，如图 4-9 所示。单击"创建"选项卡→"工作平面"面板→"设置"按钮，选择"中心（前 / 后）"或"中心（左 / 右）"参照平面，即可将该面设置为当前工作平面。单击"创建"选项卡→"工作平面"面板→"显示"按钮，可使当前工作平面亮显。

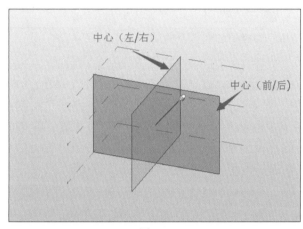

图 4-9

在平面视图中，单击"修改 | 放置 参照平面"上下文选项卡→"绘制"面板→"平面"按钮，如图 4-10 所示，在绘图区域绘制线，可以添加更多的参照平面作为工作平面。

图 4-10

（4）参照点上的工作平面

每个参照点都有 3 个互相垂直的工作平面，单击"创建"选项卡→"工作平面"面板→"设置"按钮，将光标放置在参照点位置，按 Tab 键，可以切换选择参照点 3 个互相垂直的参照面作为工作平面，如图 4-11 所示。

2．模型线和参照线

（1）模型线

使用模型线下的直线、矩形、多边形、圆、圆弧、样条曲线、椭圆、椭圆弧等工具创建二维形状。

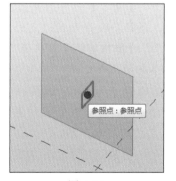

图 4-11

单击"修改 | 放置 线"上下文选项卡→"绘制"面板→"模型"按钮，如图 4-12 所示。

再分别单击"直线"和"矩形"按钮，绘制常用的直线和矩形；"内接多边形""外接多边形""圆形"的绘制方式为：在绘图界面确定圆心后，输入半径距离即可完成绘制。另外，"起点－终点－半径弧""圆角弧""椭圆"等都用于创建不同形式的弧线形状，比较好理解，这里不再赘述。下面介绍样条曲线和通过点的样条曲线的创建过程。

图 4-12

分别单击"样条曲线"和"通过点的样条曲线"按钮，在绘图界面绘制平滑的曲线，如图 4-13 所示。其中，图 4-13（a）为"通过点的样条曲线"绘制图，在其端点和绘制时的转折点处自动生成紫色的参照点；图 4-13（b）为普通"样条曲线"绘制图，需要选中才可以看到线外的拖曳线和拖曳线端点。可以通过拖曳线上的参照点来控制样条曲线，而普通样条曲线则通过拖曳线外的控制点来控制曲线。

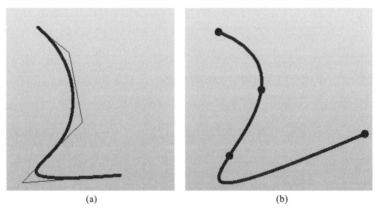

(a)   (b)

图 4-13

【提示】用样条曲线和通过点的样条曲线无法创建单一闭合形状，但是可以使用第二条样条曲线和通过点的样条曲线或其他线段连起来使其闭合。

【操作技巧】可选择"修改|放置 参考线"上下文选项卡→绘制面板→"参照"中的"点图元"工具，绘制 2 个或多个点图元。选择这些点，单击"修改|参照点"上下文选项卡→"绘制"面板→"通过点的样条曲线"按钮，将所选的点创建成一条样条曲线，自由点将成为线的驱动点。通过拖曳这些点，可修改样条曲线路径。

（2）参照线

参照线用来创建新的体量或者作为创建体量的限制条件。

单击"修改|放置 参照线"上下文选项卡→"绘制"面板→"参照"按钮，如图 4-14 所示，可选择具体的绘制工具，如使用"线""矩形""样条曲线"等绘制闭合或不闭合的直线或者曲线。

图 4-14

对于绘制的直线或者由直线组成的形状，每一条直线参照线都有 4 个工作平面可以使用（沿长度方向有 2 个相互垂直的工作平面，端点位置各有 1 个工作平面），因此用一条参照线可以控制基于这条参照线的 4 个工作平面的多个几何图形，如图 4-15所示。

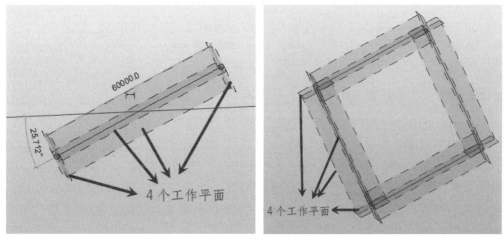

图 4-15

【提示】参照线是有长度和中点的，可以对参照线的长度尺寸进行标注，实现一些特殊控制。弧形参照线只在端点位置有 2 个工作平面，如图 4-16 所示。

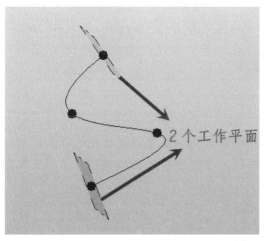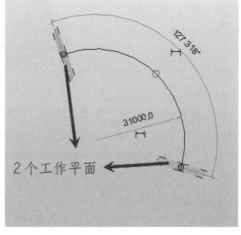

图 4-16

3．参照点

（1）自由点

自由点是一个自由的空间点，可以通过放置参照点来绘制线和样条曲线。

在三维视图中，单击"修改 | 放置 参照线"上下文选项卡→"绘制"面板→"参照"按钮，选择"点图元"工具，在绘图区域放置参照点，如图 4-17 所示。选中该参照点，出现 3 个互相垂直的坐标，该点可以沿着任意方向自由移动。另外，将光标放置在该点，按 Tab 键切换，可以捕捉 3 个互相垂直的参照面，如图 4-18 所示。

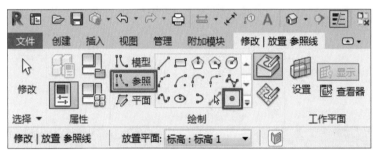
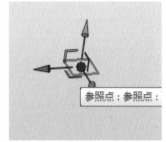

图 4-17　　　　　　　　　　　　　　　图 4-18

（2）基于主体的点

单击"修改 | 放置 参照线"上下文选项卡→"绘制"面板→"参照"按钮，选择"点图元"工具，将光标移动至已有的模型线、参照线、三维形状的表面或边，单击创建的参照点，如图 4-19 所示，选中该参照点出现垂直于线、边或者平行于面的一个参照面。

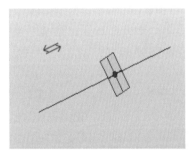
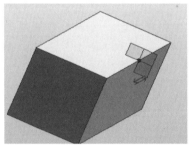

图 4-19

【提示】选中基于主体的参照点，单击"修改 | 参照点"选项卡→"主体面板"→"拾取新的主体"按钮，可以重新放置参照点的位置。放置在主体上的点在拖曳时不能拖离主体，需重新单击"拾取新主体"按钮，即可将参照点拖拽到任意位置或新主体上。

（3）驱动点

驱动点是使用"通过点的样条曲线"工具绘制样条曲线时自动创建的点，可以通过拖曳该点来控制线。

4.2.3 体量基本形状的创建

体量基本形状创建思路：选择 4.2.2 节中讲到的参照点及参照线或模型线，通过"实心形状"或"空心形状"命令创建三维体量模型。

实心与空心体量模型基本创建方法如表 4-2 所示，体量与构件族形状创建的区别如表 4-3 所示。

表 4-2　实心与空心体量模型基本创建方法

选择的形状	说明	实心体量模型	空心体量模型
	选择一条线，单击"修改│线"上下文选项卡→"形状"面板→创建形状下拉列表中的"实心形状"或"空心形状"按钮，线将垂直向上生成实心面或空心面，相当于创建构件族中的"拉伸"命令（但创建构件族时只能选择封闭的形状）		
	选择一个封闭的形状，单击创建"实心形状"或"空心形状"按钮，形状将沿垂直工作平面生成实心体或空心体，相当于创建构件族中的"拉伸"命令		
	选择两条线（其中一条必须为直线），单击创建"实心形状"或"空心形状"按钮，选择两条线创建预览形状时，会出现右图所示的两种创建方式，圆环曲面是以直线为旋转轴旋转生成的，相当于创建构件族中的"旋转"命令（但创建构件族时只能选择封闭的形状和线），也可以选择两条线作为形状的两边形成面	或	或
	选择一条直线及一条闭合轮廓（线与闭合轮廓位于同一工作平面），单击创建"实心形状"或"空心形状"按钮，将以直线为轴旋转闭合轮廓创建形体，相当于创建构件族中的"旋转"命令		

续表

选择的形状	说明	实心体量模型	空心体量模型
	选择一条线及线的垂直工作平面上的闭合轮廓，单击创建"实心形状"或"空心形状"按钮，闭合形状将沿线放样创建实心或空心形体，相当于创建构件族中的"放样"命令		
	选择一条线及线的垂直工作平面上的多个闭合轮廓，单击创建"实心形状"或"空心形状"按钮，封闭形状将沿着指定的线作为路径融合成三维形状，相当于创建构件族中的"放样融合"命令		
	选择两个及以上不同工作平面的闭合轮廓"创建形状"，单击"创建实心形状"或"空心形状"按钮，不同位置的垂直闭合轮廓将自动融合创建体量形状，相当于创建构件族中的"融合"命令		

表 4-3　体量与构件族形状创建的区别

项目	体量	构件族
创建命令	有创建"实心形状"和"空心形状"命令，无"拉伸""旋转""放样""放样融合"等命令；根据所选择的形状对象和"实心""空心"命令，自动生成形状	有创建"实心形状"和"空心形状"命令，也有"拉伸""旋转""放样""放样融合"等命令
创建环境	可以显示三维参照平面、三维标高等用于定位和绘制的工作平面	不可以显示三维参照平面、三维标高等用于定位和绘制的工作平面
轮廓形状	可以是不封闭的形状或者是线，比构件族的创建更加灵活	形状必须是封闭的

4.3　体量的编辑

1. 掌握点、边、面的编辑方法。
2. 掌握 UV 网格分割体量表面的方法。
3. 掌握分割面填充的使用方法。

在概念设计环境中，Revit 2021 提供了参照线、模型线、参照点等图元的绘制，可以通过绘制这些图元和已有模型的边线来创建体量模型。根据不同创建方法生成的体量形状，其编辑状态不同，可以分为自由形状和基于参照的形状。

1）自由形状：选择绘制的模型线，单击"修改|线"上下文选项卡→"形状"面板→"创建形状"命令，可创建的实心或空心形状。选中自由形状后，可以通过"透视""添加边""添加轮廓"等操作进行编辑。

2）基于参照的形状：选择绘制的参照线，单击"修改|线"上下文选项卡→"形状"面板→"创建形状"命令，可创建的实心或空心形状。

4.3.1　编辑点、边、面

1．修改形状

将光标放置在创建好的三维模型中，按 Tab 键切换选择点、线、面，将出现 X、Y、Z 方向三维控制箭头。选中任意一个坐标方向，按住鼠标左键拖曳，选中的点、线或面将沿着被选择的坐标方向移动，如图 4-20 所示。

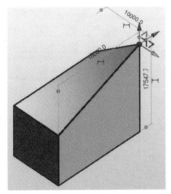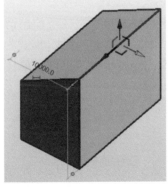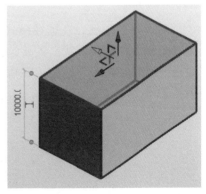

图 4-20

【操作技巧】面的移动，除了选中拖曳外，还可以选中面修改临时尺寸值。例如，选中体量顶部面，将临时尺寸值由 10000 改为 15000，如图 4-21 所示。

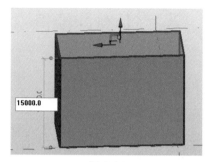

图 4-21

【提示】只有自由形状才可以使用三维控制箭头任意编辑每个点、边和面，而基于参照的形状必须通过单独选择原始的参照线来控制形状。

2．透视

选择体量，单击"修改|形式"上下文选项卡→"形状图元"面板→"透视"按钮，观察体量模型的变化。在透视模式下，体量将显示所选形状几何框架。这种模式便于更清楚地选择体量几何架构并对其进行编辑，如图 4-22 所示。再次单击"透视"按钮，则关闭透视模式。

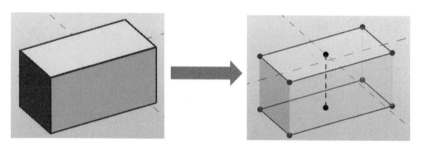

图 4-22

对于自由形状，在透视模式下可以直接通过三维控制箭头任意编辑点、线、面；但是对于基于参照的形状，需要选择体量，单击"修改|形式"上下文选项卡→"形状图元"面板→"解锁轮廓"按钮，轮廓虚线变成实线，也可以单独对点、线、面进行编辑，如图 4-23 所示。

图 4-23

【提示】在一个视图中对某个形状使用透视模式时，其他视图中也会显示透视模式；如果关闭透视模式，则其他视图也会关闭透视模式。

3. 添加边

创建体量时，为了增加形状修改的灵活性，有时需要额外添加边，以便于编辑。

单击"修改｜形式"上下文选项卡→"形状图元"面板→"添加边"按钮，将光标移动到体量面上，将出现新边的预览，在适当位置单击即完成新边的添加，同时也添加了与其他边相交的新的控制参照点，如同 4-24 所示。新添加的边和点与自动生成的边和点一样，可通过拖曳来编辑体量。

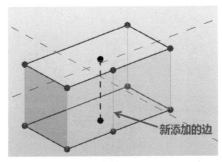

图 4-24

【提示】建议在透视模式下进行添加边的操作。

4. 添加轮廓

选择体量，单击"修改｜形式"上下文选项卡→"形状图元"面板→"添加轮廓"按钮，将光标移动到体量上，将出现与初始轮廓平行的新轮廓的预览，在适当位置单击即可添加新的轮廓，如图 4-25 所示。新的轮廓同时将生成新的参照点及边缘线，可以通过操作它们来编辑体量。

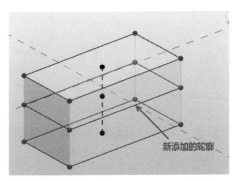

图 4-25

【提示】对于自由形状，选择体量（或者某一轮廓），单击"修改｜形式"上下文选项卡→"形状图元"面板→"锁定轮廓"按钮，手动添加的轮廓将消失，并且无法再添

加新轮廓。同样，单击"修改|形式"上下文选项卡→"图元形状"面板→"解锁轮廓"按钮，将取消对操纵柄的操作限制，添加的轮廓也将重新显示，并可进行添加轮廓的编辑。对于基于参照的形状，轮廓默认是锁定的，此时"添加轮廓"按钮灰显，必须通过解锁轮廓才能添加轮廓。

5．拾取新主体和体量

选择体量，单击"修改|形式"上下文选项卡→"形状图元"面板→"拾取新的主体"按钮，可以拾取工作平面。将体量移动到其他体量的面上，单击"修改|形式"上下文选项卡→"几何图形"面板→"连接"按钮，分别单击需要连接的两个体量，两个体量即连接成一个整体，如图4-26所示。

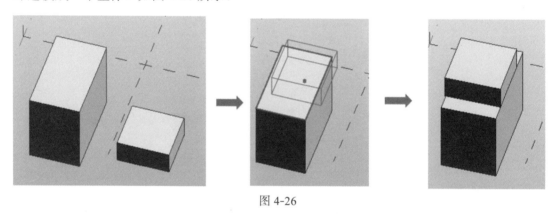

图 4-26

6．空心转换

在两体量连接前，选择上面的小体量，在"属性"框的"空心/实心"下拉列表中选择"空心"，则实心体量转换为空心体量。空心体量可以用于剪切实心体量，使得设计更加灵活。如图4-27所示，选中空心体量下表面，通过操纵手柄向下拖拽，与实心体量相交的部分即被剪切。

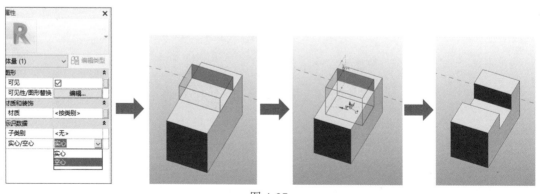

图 4-27

4.3.2　UV 网格分割表面

UV 网格是用于非平面表面的坐标绘图网格，由于表面不一定是平面，因此绘制位置时采用 UVW 坐标系。UVW 坐标系相当于平面上的 XY 网格，针对非平面表面或形状的等高线进行调整，即两个方向默认垂直交叉的网格，其投影对应的纬线方向是 U，经线方向是 V。

选择体量上任意面，单击"修改 | 形式"上下文选项卡→"分割"面板→"分割表面"按钮，如图 4-28 所示。在属性框中输入 U 网格编号为 10，V 网格编号为 10，即在 U、V 方向网格均会按 10 等分进行分割。

图 4-28

图 4-29 所示分别为长方体正表面、球体半球表面和圆柱体柱面表面按照编号后的网格数平均分布后的结果。

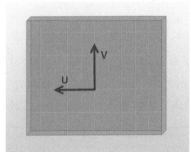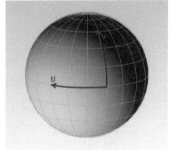

图 4-29

UV 网格彼此独立，并且可以根据需要开启和关闭。选择分割后的表面，可以在"属性"框中设置 UV 网格的布局、距离等参数，如图 4-30 所示。

【提示】分割表面的表现形式可以进行修改。选中分割后的表面，如图 4-31 所示，单击"修改 | 分割的表面"上下文选项卡→"表面表示"面板右下角的对

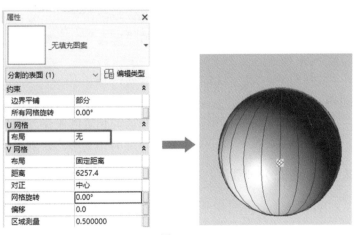

图 4-30

话框启动器，弹出"表面表示"对话框。选中"节点"复选框，分割表面表现形式如图 4-32（a）所示；再选中"原始表面"复选框，分割表面表现形式如图 4-32（b）所示。读者可自行设置，对比不同表面表现效果。

图 4-31

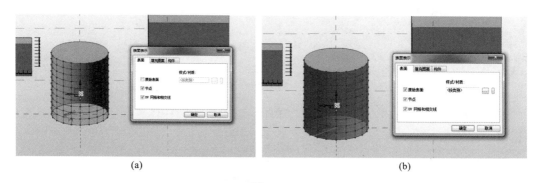

(a)   (b)

图 4-32

U、V 网格的数量可以通过固定数量和固定距离两种规则进行控制，规则可以在"属性"框的"布局"和状态栏中进行设置。例如，在状态栏中，"编号"用以设置数量，"距离"下拉列表中可以选择"距离""最大距离""最小距离"并设置距离，如图 4-33 所示。

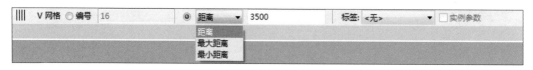

图 4-33

【提示】"距离"下拉列表中的"距离""最大距离""最小距离"分别对网格划分的影响如下：

1）距离：表示以固定间距排列网格，第一个和最后一个不足固定距离也自成一格。

2）最大距离：以不超过最大距离的相等间距排列网格。

3）最小距离：以不小于最小距离的相等间距排列网格。

4.3.3 填充分割面

分割表面后，可以基于分割后的单元格创建表面填充图案。Revit 2021 提供了专用的填充图案集，包含常用的六边形、八边形、错缝、菱形等 16 种图案填充，可以直接选择应用于填充分割表面。

1. 创建表面填充图案

选择尺寸为 24000mm×18500mm 的体量表面，在"属性"框中，将 UV 网格的布局和编号分别设置为"固定数量"和 10，并在类型选择器下拉列表中选择填充图案，如选择"1/2 错缝"，则该表面根据网格数量填充图案，如图 4-34 所示。

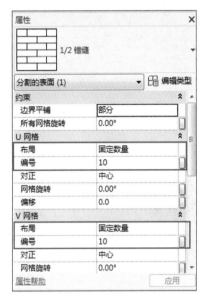

图 4-34

2. 编辑表面填充图案

对添加的分割面填充图案可以通过"属性"框中的"对正"、"网格旋转"和"偏移量"进行修改。

1）对正：当布局设置为"固定数量"时，对正方式的变化不会对图形产生影响。当布局设置为"固定距离"时，UV 网格的对正方式可以设置"起点""中心""终点"3 种样式。例如，选中图 4-35 的填充表面，在"属性"框中设置 V 网格的布局和距离为"固定距离"和 2600，设置对正为"起点""中心""终点"分别对填充图案的影响如下。

① 起点：如图 4-36（a）所示，从左向右排列 V 网格，最右边有可能出现不完整的网格。

② 中心：如图 4-36（b）所示，V 网格从中心开始向两边排列，有不完整的网格则左右均分。

③ 终点：如图 4-36（c）所示，从右向左排列 V 网格，最左边有可能出现不完整的网格。

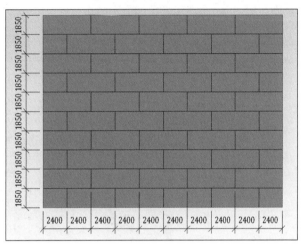

图 4-35

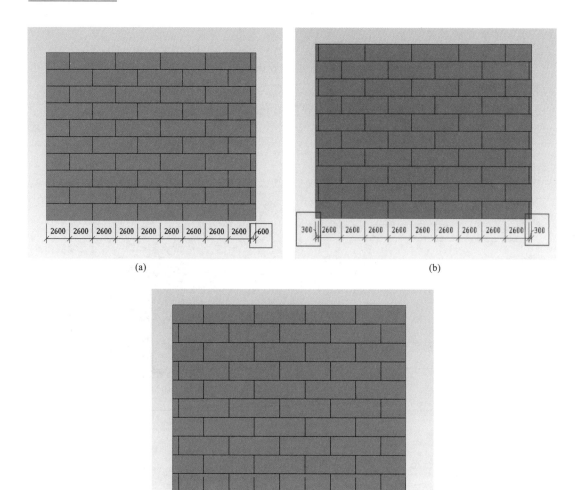

图 4-36

2）网格旋转：以 U 网格为例，选择填充图案表面，将"属性"框中的网格旋转设置为 60°，U 网格旋转如图 4-37 所示。

3）偏移量：偏移量是指根据选择的对正基准进行网格偏移，其值可为正值，也可为负值。对于 U 网格，偏移量为正值时，图案向上移动；当偏移量为负值时，图案向下移动。对于 V 网格，当偏移量为正值时，图案向右移动；当偏移量为负值时，图案向左移动。

选择填充图案表面，以 V 网格为例，设置布局为"固定距离"，距离为 2400，对正为"起点"，当偏移量为 0 时，结果如图 4-38 所示；当偏移量分别设置为 –1000 和 1000 时，结果如图 4-39 所示。同理，读者可自行尝试 U 网格的偏移量数值，对比区别。

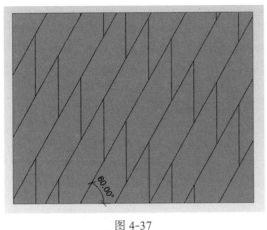

图 4-37

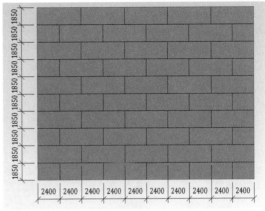

图 4-38

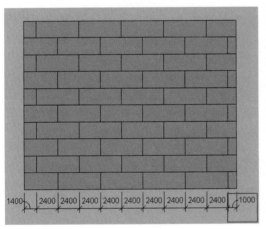

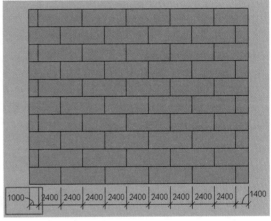

图 4-39

【提示】尝试当布局设置为"固定数量"时，设置偏移量 1000 和 –1000 时对图形产生的影响。

3．自定义填充图案

Revit 2021 提供的 16 种填充图案只是简单的二维图案，如果需要完成更加复杂的体量表面填充，则仅有二维图案是不够的。下面以三维参数四边形填充图案构件族为例介绍自定义填充图案构件族的流程。

（1）创建填充图案构件族

选择"文件"→"新建"→"族"命令，弹出"新族 – 选择样板文件"对话框，选择族样板"基于公制幕墙嵌板填充图案 .rft"，进入族编辑器，绘图区域已有一个矩形网格，包含 4 条参照线和 4 个参照点，如图 4-40 所示。

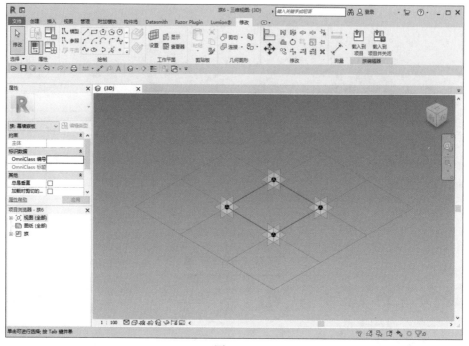

图 4-40

【操作技巧】可以选择已有的矩形网格，从"属性"框中选择需要的网格类型，如图 4-41 所示。

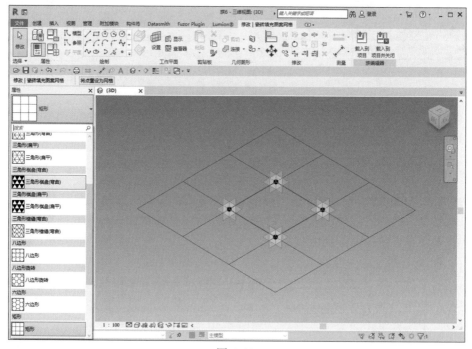

图 4-41

（2）创建四边形填充图案构件族的框架

单击"创建"选项卡→"工作平面"面板→"设置"按钮，移动光标到一个参照点的位置，按 Tab 键切换拾取与参照线垂直的一个参照面作为工作平面，如图 4-42 所示。

单击"修改 | 选择多个"上下文选项卡→"绘制"面板→"圆形"按钮 ⊘，在工作平面上以参照点为圆心绘制一个半径为 100mm 的圆，如图 4-43 所示。

图 4-42

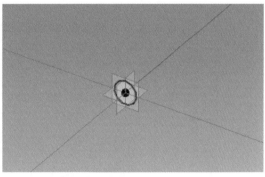

图 4-43

选中该圆以及 4 个参照点和 4 条参照线，单击"修改 | 选择多个"上下文选项卡→"形状"面板→"创建形状"按钮，如图 4-44 所示，创建四边形填充图案构件族的框架，如图 4-45 所示。

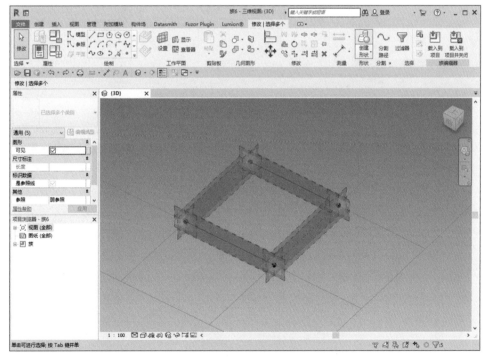

图 4-44

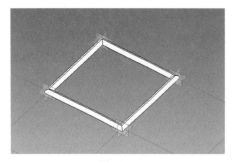

图 4-45

（3）创建四边形填充图案构件族的面嵌板

选择 4 条参照线，在"修改 | 参照线"上下文选项卡→"形状"面板→"创建形状"下拉列表中选择"实心形状"，如图 4-46 所示，在下方出现的两个形状预览图形中选择第二个面形状，自动创建四边形填充图案构件族的面嵌板，如图 4-47 所示。将族以"四边形填充图案构件族"为文件名保存。

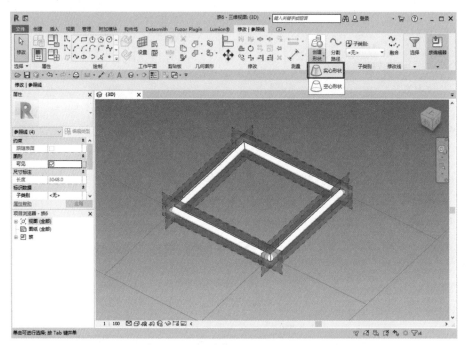

图 4-46

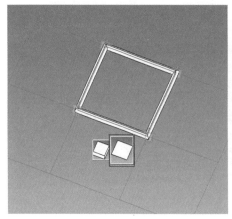
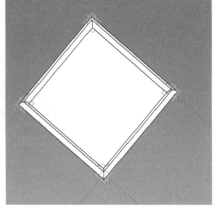

图 4-47

【提示】由于参照线被创建的实体覆盖，不便于选中，因此可以将视图样式设置成线框模式，如图 4-48 所示，在线框视图样式中选中参照线，生成模型，然后将视图样式设置回来。创建族时可以根据需要对自定义的填充图案进行材质设置。

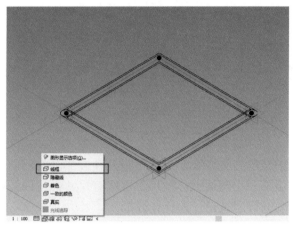

图 4-48

（4）使用四边形填充图案构件族

新建项目，将四边形填充图案构件族载入项目。

新建一个内建体量，创建一个长方体形状，选择一个表面，单击"修改 | 形状"上下文选项卡→"分割"面板→"分割表面"按钮，设置 UV 网格后，将 U 网格与 V 网格的编号设置为 4，在"属性"框中选择"四边形填充图案构件族"，则该表面根据 UV 网格设置的尺寸填充四边形填充图案构件族，如图 4-49 所示。

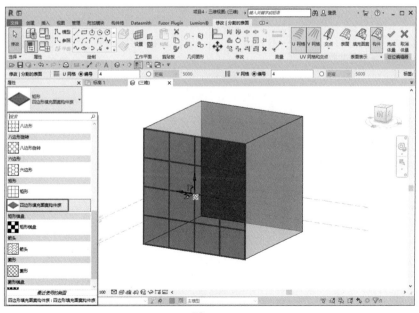

图 4-49

4.4 体 量 应 用

■**学习目标**

1. 掌握体量楼层的创建方法。
2. 掌握面模型的应用。

4.4.1 体量楼层

在 Revit 2021 中，使用体量楼层划分体量，即根据项目中定义的标高创建体量楼层面。体量楼层在图形中显示为一个在已定义标高处穿过体量的切面。体量楼层提供了从有关切面上方体量直至下一个切面或体量顶部之间有尺寸标注的几何图形信息，可以通过创建体量楼层明细表进行建筑设计的统计分析。

1. 创建体量楼层

新建项目，进入立面视图创建标高，并内建体量，或者将创建好的体量族放置到标高 1。标高及体量尺寸如图 4-50 所示。

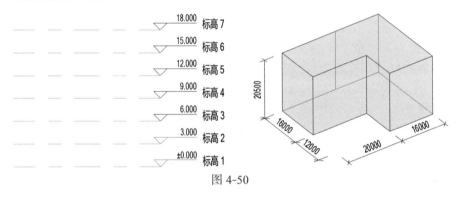

图 4-50

选择项目中的体量，单击"修改|体量"上下文选项卡→"模型"面板→"体量楼层"按钮，弹出的"体量楼层"对话框中将列出项目中的标高名称，选中所有标高单击"确定"按钮，Revit 将在体量与标高交叉位置自动生成楼层面，如图 4-51 所示。

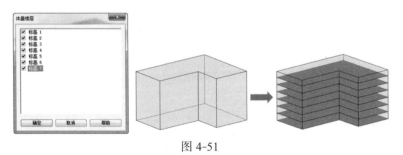

图 4-51

【提示】如果体量的顶面与设定的顶标高重合，则顶面不会生成楼层，其面积包括在下一楼层的外表面积中。

选中体量，在"属性"框中可以读取体量的总楼层面积、总表面积和总体积等信息；单独选中楼层，可以单独读取楼层周长、楼层面积、外表面积和楼层体积等信息，如图 4-52 所示。

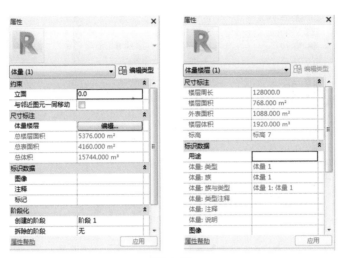

图 4-52

2. 体量楼层明细表

在创建体量楼层后，可以创建这些体量楼层的明细表，进行面积、体积、周长等设计信息的统计。另外，如果修改体量的形状，体量楼层明细表也会随之更新，以反映该变化。

在"视图"选项卡→"创建"面板→"明细表"下拉列表中选择"明细表/数量"，弹出"新建明细表"对话框，在"类别"列表框中选择"体量"→"体量楼层"，再选中"建筑构件明细表"单选按钮，单击"确定"按钮，如图 4-53 所示。

图 4-53

弹出"明细表属性"对话框，在"字段"选项卡中选择需要的字段，如图4-54所示，在其他选项卡指定明细表过滤、排序和格式（参见2.13节明细表），单击"确定"按钮，该明细表将显示在绘图区域中，如图4-55所示。

图 4-54

<体量楼层明细表>				
A	B	C	D	E
标高	楼层体积	楼层周长	楼层面积	外表面积
标高 1	2304.00 m²	128000	768 m²	384 m²
标高 2	2304.00 m²	128000	768 m²	384 m²
标高 3	2304.00 m²	128000	768 m²	384 m²
标高 4	2304.00 m²	128000	768 m²	384 m²
标高 5	2304.00 m²	128000	768 m²	384 m²
标高 6	2304.00 m²	128000	768 m²	384 m²
标高 7	1920.00 m²	128000	768 m²	1088 m²

图 4-55

4.4.2 面模型应用

概念体量模型创建完成后，可以通过"面模型"工具拾取体量模型的表面，快速生成幕墙、墙体、楼板和屋顶等建筑构件。

1. 面楼板

接着4.4.1节的内容，在三维视图中，单击"体量和场地"选项卡→"面模型"面板→"楼板"按钮，如图4-56所示，在"属性"框中选择楼板类型为"常规 –150mm"，在绘图区域单击体量楼层，或直接框选体量，单击"修改 | 放置面楼板"上下文选项卡→"多重选择"面板→"创建楼板"按钮，如图4-57所示，所有被框选的楼层将自动生成"常规 –150mm"的实体楼板，如图4-58所示。

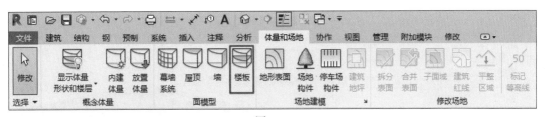

图 4-56

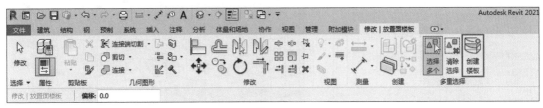

图 4-57

2. 面屋顶

单击"体量和场地"选项卡→"面模型"面板→"屋顶"按钮,在绘图区域单击体量的顶面,在"属性"框中选择屋顶类型为"常规 –400mm",单击"修改 | 放置面屋顶"上下文选项卡→"多重选择"面板→"创建屋顶"按钮,即可在顶面添加屋顶实体,如图 4-59 所示。

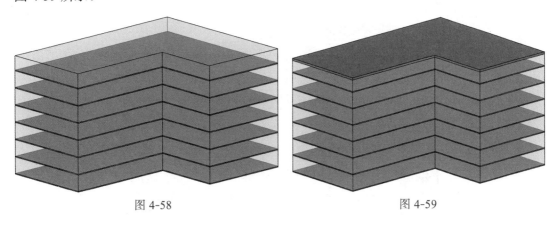

图 4-58　　　　　　　　　　　　　图 4-59

3. 面幕墙系统

单击"体量和场地"选项卡→"面模型"面板→"幕墙系统"按钮,在"类型属性"框中选择幕墙并设置网格和竖梃的规格等参数,如图 4-60 所示。在绘图区域依次单击需要创建幕墙系统的面,并单击"修改 | 放置面幕墙系统"选项卡→"多重选择"面板→"创建系统"按钮,即可在选择的面上创建幕墙系统,如图 4-61 所示。

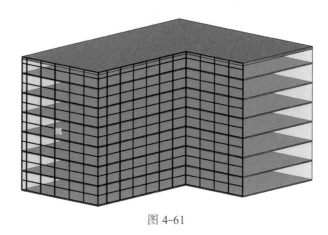

图 4-60 图 4-61

4．面墙

单击"体量和场地"选项卡→"面模型"面板→"墙"按钮，在"属性"框中选择墙类型为"基本墙 常规 -200mm"，在绘图区域单击需要创建墙体的面，即可生成面墙，如图 4-62 所示。

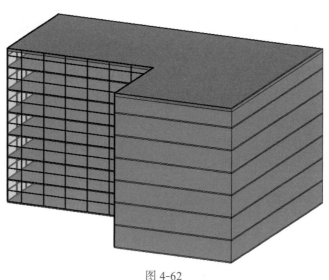

图 4-62

【提示】通过体量面模型生成的构件只是添加在体量表面，体量模型并没有改变，可以对体量进行更改，并可以完全控制这些图元的再生成。单击"体量和场地"选项卡→"概念体量"面板→"显示体量形状和楼层"按钮，则体量隐藏，只显示建筑构件，即将概念体量模型转化为建筑设计模型。

4.5　案例操作

【例 4-1】根据图 4-63 中给定的投影尺寸，采用内建体量创建形体体量模型，通过软件自动计算该模型体积。

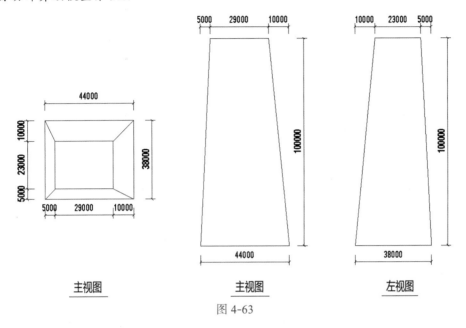

图 4-63

建模思路：

根据题目，需要绘制一个高为 100m 的不规则六面体的体量，并计算该体量的体积，可通过选中已创建好的体量后查看"属性"框实现，也可通过使用明细表的统计功能实现。

创建过程：

1．新建项目，创建标高

新建项目，进入东立面视图，绘制标高 2F，如图 4-64 所示。

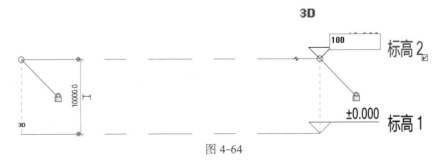

图 4-64

2．绘制参照平面

进入 1F 楼层平面，按图 4-65 所示尺寸绘制参照平面。

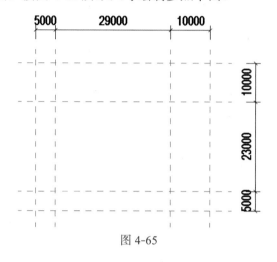

图 4-65

3．绘制主体体量

单击"体量和场地"选项卡→"概念体量"面板→"内建体量"按钮，如图 4-66 所示，软件会自动弹出"体量 - 显示体量已启用"提示框，直接单击"关闭确定"按钮，弹出体量名称的对话框，可以自行定义名称，也可使用系统默认名称，单击"确定"按钮。

图 4-66

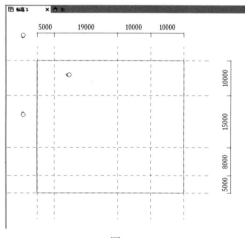

图 4-67

单击"创建"选项卡→"绘制"面板→"拾取线"命令，拾取最外一圈参照平面，并使用"修改"选项卡中"修改"面板上的"修剪"命令 ⊒↑，依次单击每个交点处的两条线，最终得到一个矩形（也可以直接单击"修改"选项卡→"绘制"面板中的"矩形"按钮 ⊡，选择参照平面的对角点，从而快速绘制矩形），如图 4-67 所示。

进入 2F 楼层平面，同上述方法绘制内部矩形，如图 4-68 所示。切换到 3D 视图中，按住 Ctrl 键，选中所绘制的两个矩形，单击"形状"面板→"创建形状"下拉列表的"实心形状"按钮，生成一个实心台柱，如图 4-69 所示。

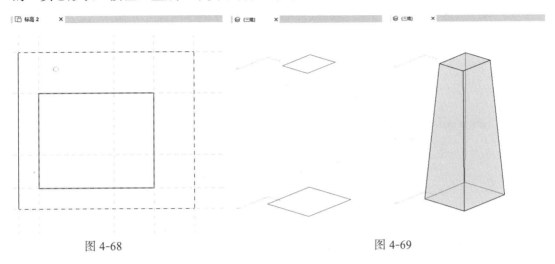

图 4-68　　　　　　　　　　　　　　　　　图 4-69

4．计算体积

完成体量绘制后，退出体量绘制模型，可通过两种方式查看体量体积。

方法 1：选中生成的台柱体量，通过右侧的"属性"框，可以在"尺寸标注"栏中查看总体积和总表面积，如图 4-70 所示。

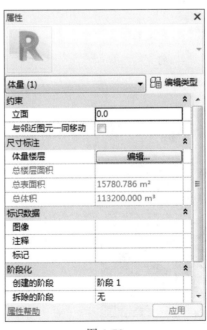

图 4-70

方法 2：在"视图"选项卡→"创建"面板→"明细表"下拉列表中选择"明细表 / 数量"，弹出"新建明细表"对话框，如图 4-71 所示，选择体量后单击"确定"按钮，弹出"明细表属性"对话框,选择"总楼层面积",在"明细表字段"上选择"总体积"后单击"确定"按钮,可得到体积的统计结果,如图4-72所示。

图 4-71

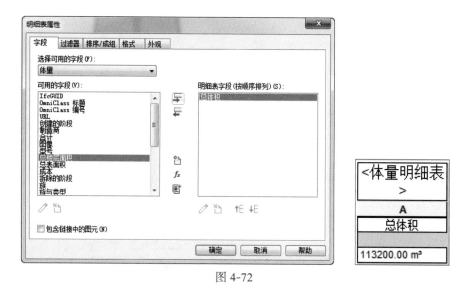

图 4-72

【例4-2】用体量面墙建立图4-73所示的90mm厚长方形斜墙,并在墙面开一个扇形洞口,洞口半径分别为1500mm和500mm。

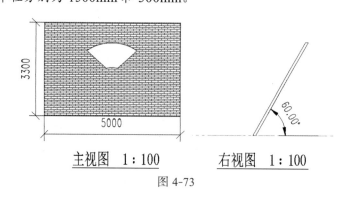

主视图 1:100   右视图 1:100

图 4-73

建模思路:

Revit 2021 常规"建筑/结构墙构件"命令支持斜墙的创建,但是斜墙无法通过"编辑轮廓"方式进行开洞,因此需使用体量创建斜面可通过"面墙"命令拾取得到,通过创建实心拉伸和空心拉伸,可创建图 4-73 所示的体量斜墙面。本题的关键在于设置参照平面,绘制时需选取适当的参照平面作为工作平面,斜墙拉伸的绘制要在斜面完成。完成概念体量模型后,可以通过拾取体量模型的表面生成墙,将概念体量模型转换为建筑设计模型。

创建过程:

1. 绘制参照平面

新建一个项目,分别进入东立面和南立面视图,单击"建筑"选项卡→"工作平面"面板→"参照平面"按钮,按照图 4-74 和图 4-75 所示尺寸绘制参照平面。

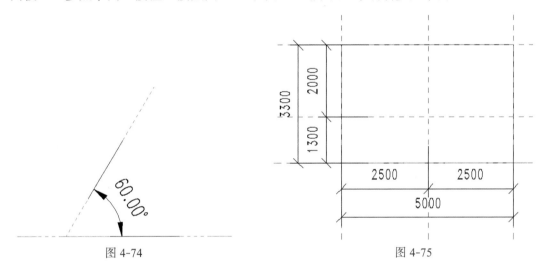

图 4-74

图 4-75

2. 绘制体量主体

在楼层平面视图中,单击"体量和场地"选项卡→"概念体量"面板→"内建体量"按钮,单击"工作平面"面板中的"设置"按钮,在弹出的"工作平面"对话框中选择"拾取一个平面",拾取竖直方向的参照平面作为工作面;进入东立面视图,沿 60°斜参照平面绘制一条直线,如图 4-76 所示,选中这条直线单击"修改|线"上下文选项卡→"形状"面板→创建形状下"实体形状"按钮,生成一个面;进入南立面视图,将体量的各边对齐到相应的位置,如图 4-77 所示。

在体量上用"圆心-端点弧"命令分别绘制半径为 1500mm 和 500mm 的两个半圆,再用"直线"命令绘制与水平线呈 45°的直线,修剪生成一个扇形,如图 4-78 所示。选中扇形,单击"修改|线"上下文选项卡→"形状"面板→创建形状下"空心形状"按钮,再单击"完成体量"按钮完成体量创建,如图 4-79 所示。

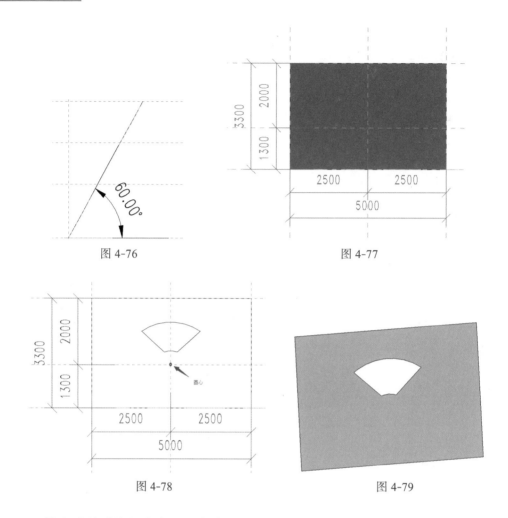

图 4-76 图 4-77

图 4-78 图 4-79

3．将体量模型转换为建筑设计模型

在"建筑"选项卡→"构建"面板→"墙"下拉列表中选择"面墙"命令，选择"常规 -90mm 砖"的墙体，在体量中选择前平面，则前平面即被附上 90mm 厚的墙。按 Esc 退出，按 Tab 键选中体量，按 Delete 删除，则开洞的斜墙创建完成，如图 4-80 所示。

图 4-80

【例 4-3】按照图 4-81 所示尺寸建立幕墙系统模型，幕墙嵌板为 1500mm×3000mm，水平网格起点对齐，垂直网格中点对齐，竖梃采用"圆形竖梃：圆形竖梃 1"。

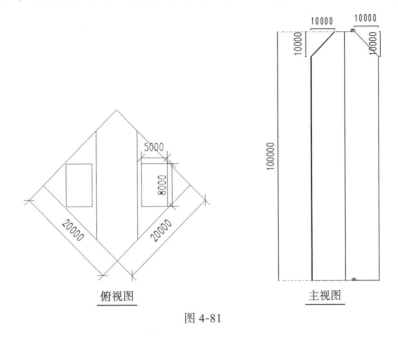

俯视图　　　　主视图

图 4-81

建模思路：

此幕墙系统模型形状比较特殊，直接创建幕墙难度太大，可以通过内建体量，面模型拾取体量模型的表面生成幕墙系统，并设置工作平面，按图示进行尺寸标注。

创建过程：

1. 创建体量模型

新建项目，进入南立面视图，修改 F2 的标高为 100.000。单击"体量和场地"选项卡→"概念体量"面板→"内建体量"按钮，新建一个体量，重命名为"幕墙"。进入 F1 平面视图，绘制间距为 20000mm 的 4 个参照平面，如图 4-82 所示。

框选 4 个参照平面，将其旋转 45°，单击"创建"选项卡→"绘制"面板→"直线"按钮，沿参照平面绘制矩形，选中矩形，创建实心形状，如图 4-83 所示。进入南立面视图，拖曳竖直向上的箭头至 F2。

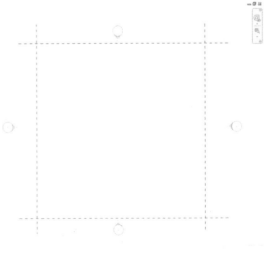

图 4-82

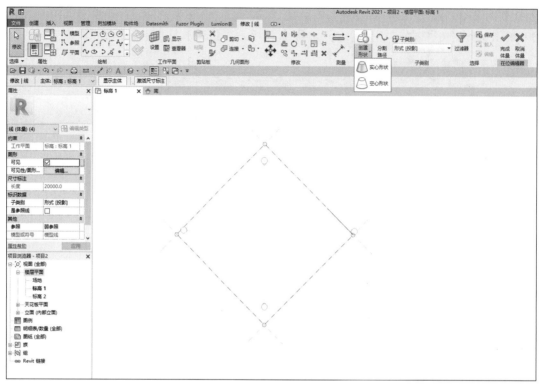

图 4-83

2. 创建空心形状

进入 F2 平面视图，绘制图 4-84 所示的参照平面，单击"创建"选项卡→"工作平面"面板→"设置"按钮，弹出"工作平面"对话框，选中"拾取一个平面"单选按钮，选择绘制的参照平面，进入南立面视图，如图 4-85 所示。

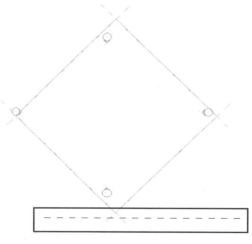

图 4-84

图 4-85

单击"创建"选项卡→"绘制"面板→"直线"按钮，绘制图 4-81 所示尺寸的三角形，如将三角形移动到图示位置，如图 4-86 所示。

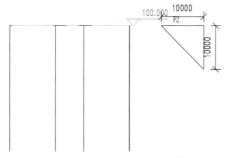

图 4-86

选中三角形，创建空心形状，将其拉伸至可完整剪切的程度。进入 F2 平面视图，按 Tab 键选中空心三角形，使用"镜像 – 绘制轴"命令镜像，如图 4-87 所示。

单击"修改"选项卡→"几何图形"面板→"剪切"按钮，剪切两个空心形状，如图 4-88 所示。

进入 F2 平面视图，在右边绘制一个竖直的参照平面，并拾取此参照平面。进入东立面视图，绘制宽 8000mm，高 5000mm 的矩形；进入右视图，调整拉伸位置，如图 4-89 所示。

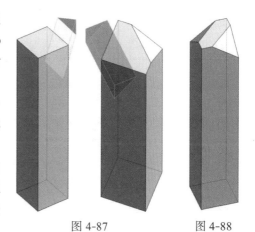

图 4-87　　　　　　图 4-88

选中矩形，创建空心形状并进行剪切，如图 4-90 所示，单击"完成体量"按钮完成体量创建。

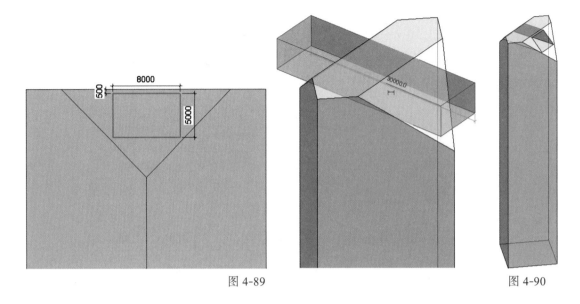

图 4-89   图 4-90

3. 通过面模型创建幕墙系统

单击"建筑"选项卡→"构建"面板→"幕墙系统"按钮，建立一个幕墙系统。在"属性"框中单击"编辑类型"按钮，弹出"类型属性"对话框，如图 4-91 所示。设置完成后单击"确定"按钮，设置"属性"框中的水平网格起点对齐，垂直网格中心对齐，如图 4-92 所示。

图 4-91

图 4-92

单击"修改|放置面幕墙系统"上下文选项卡→"多重选择"面板→"选择多个"按钮，按 Tab 键分别选中体量的各个面，单击"修改|放置面幕墙系统"上下文选项卡→"多重选择"面板→"创建系统"按钮，完成幕墙系统模型的创建，如图 4-93 所示。

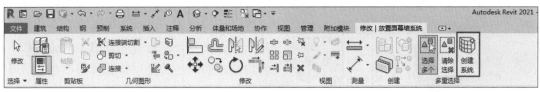

图 4-93

【例 4-4】按照图 4-94 所示尺寸创建综合楼（图 4-95），要求楼板为 150mm，屋顶为 400mm，面墙采用带砌块与金属立筋龙骨复合墙，幕墙嵌板为 1500mm×3000mm，竖梃采用"圆形竖梃：圆形竖梃 1"，并且统计各楼层的面积和周长。

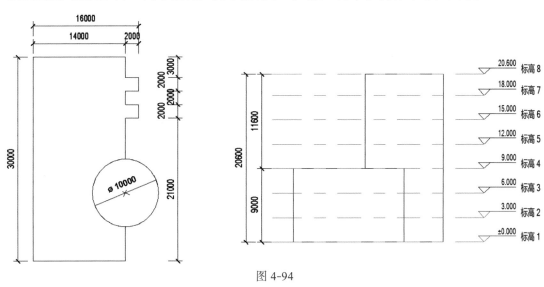

图 4-94

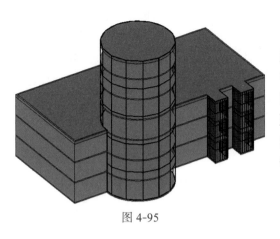

图 4-95

建模思路：

综合楼比较复杂，可先按图 4-94 所示尺寸创建综合楼体量模型，将其导入项目中；然后按照标高要求创建体量楼层，通过面楼板、面屋顶、面墙及面幕墙命令快速创建出综合楼外观，实现体量模型向建筑模型的快速转换；最后使用体量楼层明细表统计每层的建筑面积和周长。

创建过程：

1．新建综合楼体量族

新建概念体量族，将其命名为"综合楼体量"。

2．创建体量模型

在标高 1 楼层平面中用模型线绘制图 4-96 所示的图形，选中所绘制的形状，单击"创建"选项卡→"形状"面板→创建形状下的"实心形状"按钮，生成体量模型。进入南立面视图，修改体量高度为 9000mm，生成的体量模型如图 4-97 所示。

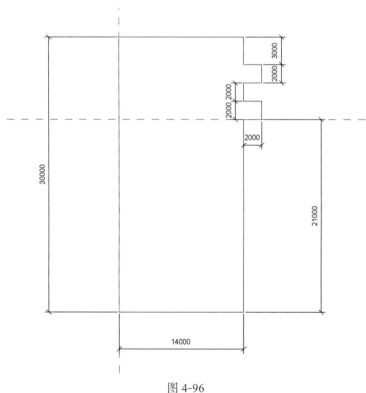

图 4-96

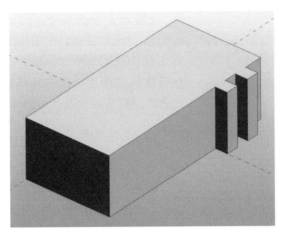

图 4-97

设置标高 1 为工作平面，单击"修改 | 放置 线"上下文选项卡→"绘制"面板→"模型"→"圆形"按钮，再单击"在工作平面上绘制"按钮，如图 4-98 所示，绘制图 4-99 所示尺寸的圆形。选中所绘制的线段，单击"创建"选项卡→"形状"面板→创建形状下的"实心形状"按钮，生成体量模型。进入南立面视图，修改体量高度为20600mm。生成的体量模型如图 4-100 所示。

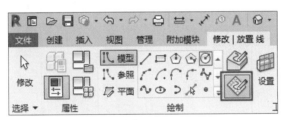

图 4-98

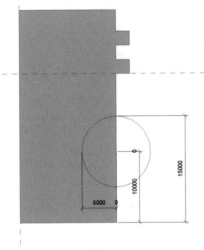

图 4-99

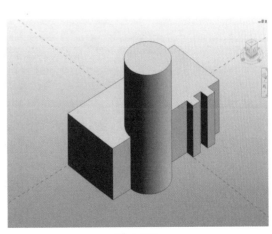

图 4-100

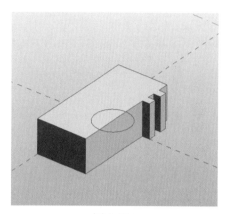

图 4-101

【提示】如若读者练习过程中选择了"在面上绘制",则绘制出的圆形在方形体量的上表面,如图 4-101 所示。因为如果选择"在面上绘制",将自动拾取鼠标区域既有的模型面作为绘制平面,若鼠标区域没有模型面,则以工作平面作为绘制平面。

3. 连接体量模型

进入三维视图,在"修改"选项卡→"几何图形"面板→"连接"下拉列表中选择"连接几何图形",如图 4-102 所示,分别单击两个体量模型,使两个体量模型连接为一个体量模型,连接后可选择整体形状,如图 4-103 所示。

图 4-102

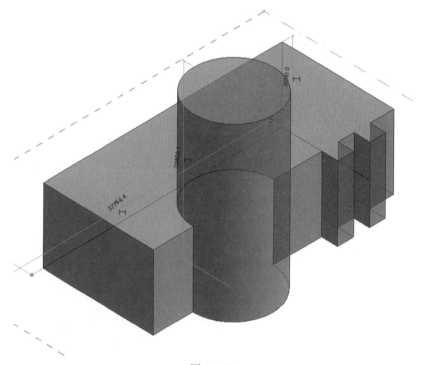

图 4-103

4．新建项目

新建项目，并保存为"综合楼"。进入北立面视图，绘制图 4-104 所示的标高。

	20.600	标高 8
	18.000	标高 7
	15.000	标高 6
	12.000	标高 5
	9.000	标高 4
	6.000	标高 3
	3.000	标高 2
	±0.000	标高 1

图 4-104

5．创建体量楼层

切换项目至"综合楼体量"，单击"创建"选项卡→"族编辑器"面板→"载入到项目"按钮，将"综合楼体量族"载入项目中，放置体量在标高 1 楼层视图。选中体量族，单击"修改 | 体量"选项卡→"模型"面板→"体量楼层"按钮，弹出"体量楼层"对话框，选中全部标高，单击"确定"按钮，完成体量楼层的划分，如图 4-105 所示。

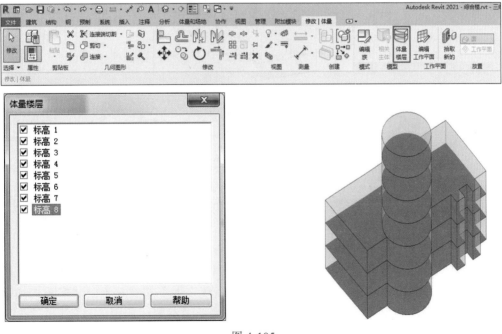

图 4-105

6. 通过面模型创建面墙、面楼板和面屋顶

1）创建面楼板。在"建筑"选项卡→"构建"面板→"楼板"下拉列表中选择"面楼板"命令，如图4-106所示，设置楼板类型为"常规-150mm"。切换到三维视图中，选中需要生成的楼板，单击"修改|放置面楼板"上下文选项卡→"多重选择"面板→"创建楼板"按钮，生成的模型如图4-107所示。

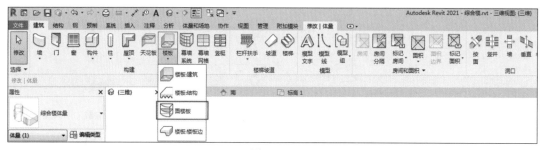

图 4-106

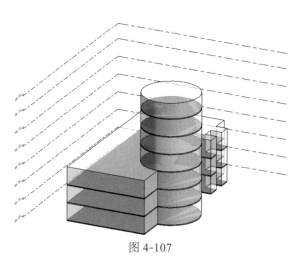

图 4-107

2）创建面屋顶。在"建筑"选项卡→"构建"面板→"屋顶"下拉列表中选择"面屋顶"命令，设置楼板类型为"常规-400mm"。切换到三维视图，选中需要生成屋顶的顶面，单击"修改|放置面屋顶"上下文选项卡→"多重选择"面板→"创建屋顶"按钮，生成的模型如图4-108所示。

3）面墙的创建分为基本墙的创建和幕墙的创建。首先，在"建筑"选项卡→"构建"面板→"墙"下拉列表中选择"面墙"命令，在"属性"框中选择基本墙"外部-带砌块与金属立筋龙骨复合墙"，选中所需面墙，生成基本墙体，如图4-109所示。其次，单击"建筑"选项卡→"构建"面板→"幕墙系统"按钮，进入三维视图，选择图4-110所示的墙面，单击"修改|放置面幕墙系统"上下文选项卡→"多重选择"面板→"创建系统"按钮，在"属性"框中设置幕墙系统参数，如图4-111所示，生成的模型如图4-112所示。

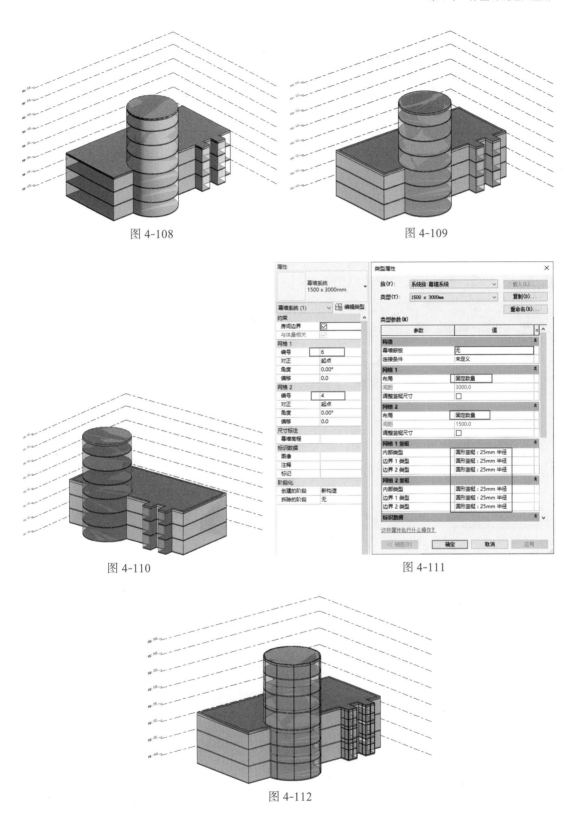

图 4-108

图 4-109

图 4-110

图 4-111

图 4-112

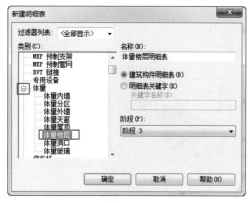

图 4-113

7. 创建明细表，统计各楼层的面积和周长

在"视图"选项卡→"创建"面板→"明细表"下拉列表中选择"明细表/数量"命令，弹出"新建明细表"对话框，选择"体量"→"体量楼层"，选中"建筑构件明细表"单选按钮，如图 4-113 所示，单击"确定"按钮。

弹出"明细表属性"对话框，在"字段"选项卡中选择"标高""楼层面积""楼层周长"字段，如图 4-114 所示，在其他选项卡中指定明细表过滤、排序和格式，单击"确定"按钮，该明细表将显示在绘图区域中，如图 4-115 所示。

图 4-114

<体量楼层明细表>		
A	B	C
标高	楼层周长	楼层面积
标高 1	101708	467 m²
标高 2	101708	467 m²
标高 3	101708	467 m²
标高 4	31416	79 m²
标高 5	31416	79 m²
标高 6	31416	79 m²
标高 7	31416	79 m²

图 4-115

按 Tab 键切换选择"体量族"，按 Delete 键删除，最终模型如图 4-116 所示。

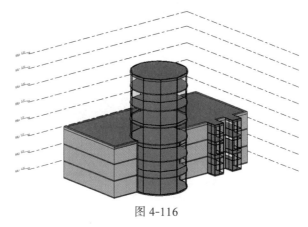

图 4-116

4.6　课后练习

1. 根据图 4-117 给定的尺寸，创建体量模型，图中未注明尺寸可自定。

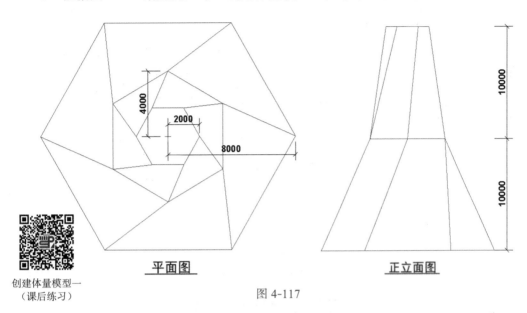

创建体量模型一
（课后练习）

图 4-117

2. 根据图 4-118 给定的拱桥尺寸，创建拱桥体量模型，拱桥宽度为 10m，图中未注明尺寸可自定。

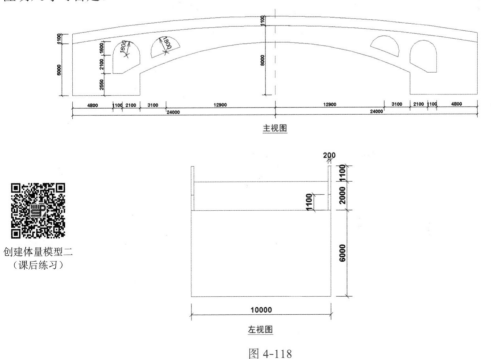

创建体量模型二
（课后练习）

图 4-118

3. 根据图 4-119 给定的投影尺寸，创建体量模型，幕墙、楼板、屋顶，幕墙网格尺寸为 1500mm×3000mm，屋顶厚度为 125mm，楼板厚度为 150mm，图中未注明尺寸可自定。

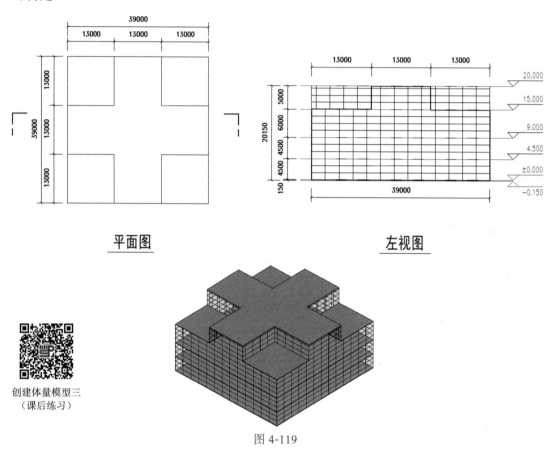

平面图　　　　　　　　　　　　左视图

创建体量模型三
（课后练习）

图 4-119

4. 根据图 4-120 给定的投影尺寸创建体量模型，幕墙、楼板、屋顶，幕墙网格尺寸为 1500mm×3000mm，屋顶厚度为 125mm，楼板厚度为 150mm，图中未注明尺寸可自定。

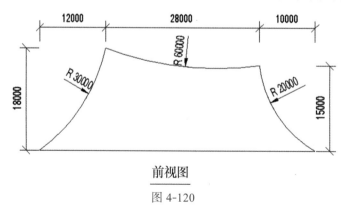

前视图

图 4-120

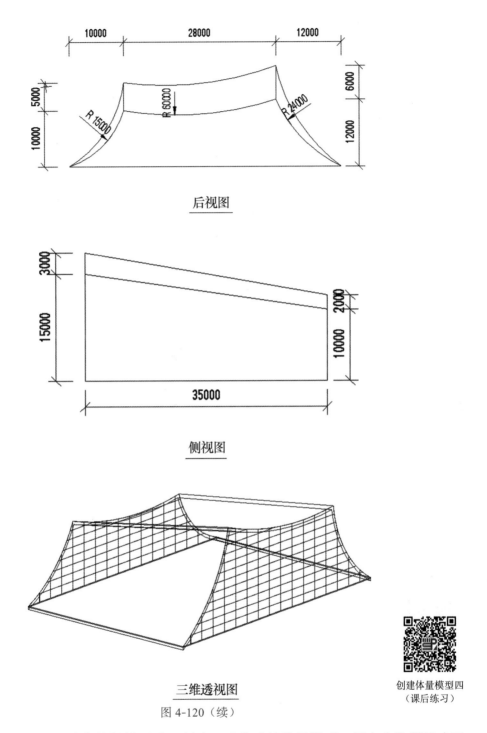

后视图

侧视图

三维透视图

图 4-120（续）

创建体量模型四
（课后练习）

　　5. 根据图 4-121 给定的投影尺寸，创建三叶草建筑体量模型，图中未注明尺寸可自定。

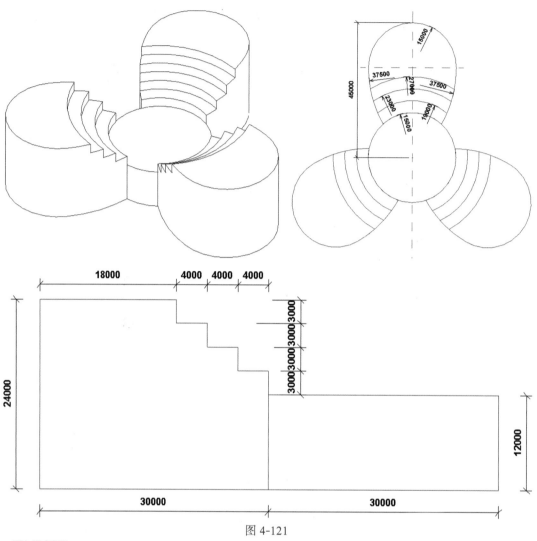

图 4-121

创建体量模型五
（课后练习）

BIM 技能模拟考试

BIM 技能模拟考试（一）

考试要求

1）考试方式：计算机操作，闭卷。

2）考试时间：180min。

3）新建文件夹（以考生姓名命名），用于存放本次考试中生成的全部文件。

试题部分

一、根据下图给定数据创建标高与轴网，尺寸标注无须绘制，标头和轴头显示方式以下图为准，请将模型以"标高轴网"为文件名保存到考生文件夹中。（10分）

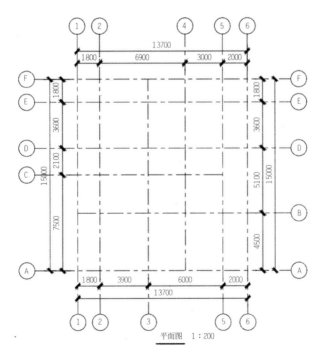

平面图 1：200

创建标高轴网

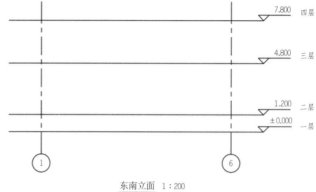

东南立面 1:200

二、根据下图给定数据创建屋顶，尺寸标注无需绘制，屋顶底标高为6.3m，厚度为150mm，坡度为1：1.5，材质不限。请将模型以"屋顶"为文件名保存到考生文件夹中。（10分）

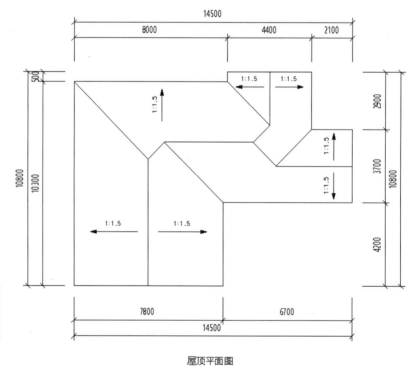

创建屋顶

屋顶平面图

三、根据下图中给定的尺寸创建弧形实体坡道，并为坡道添加栏杆扶手，以900mm栏杆为基础绘制如图所示栏杆扶手，顶部扶手使用"矩形–50×50"族类型，扶杆使用"矩形扶手：20mm"轮廓族类型，栏杆使用"扁钢立杆：50×12"族类型，栏杆间距为700mm。载入栏杆扶手构件"铁艺嵌板1"，并在扶栏1、扶栏2间添加。栏杆扶手整体以坡道宽度为准向内侧移动25mm。请将模型以"弧形坡道"文件名保存于考生文件夹中。（20分）

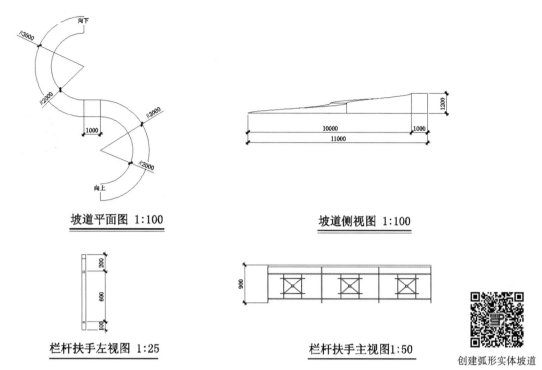

坡道平面图 1:100　　　　　　坡道侧视图 1:100

栏杆扶手左视图 1:25　　　　栏杆扶手主视图1:50

创建弧形实体坡道

四、根据下图给定数据，利用族创建镂空混凝土砌块模型，投影图中所有镂空图案的倒圆角半径均为 10mm，整体材质为混凝土。请将模型以"混凝土砌块"为文件名保存到考生文件夹中。（20 分）

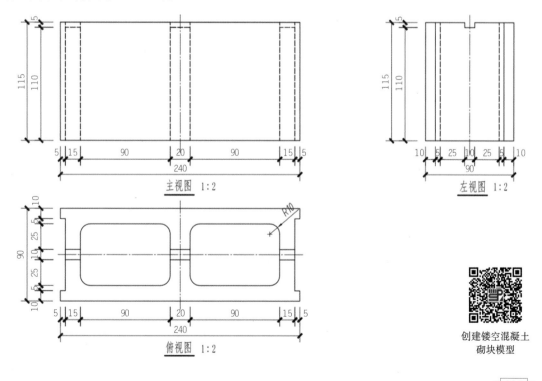

主视图 1:2　　　　　　左视图 1:2

俯视图 1:2

创建镂空混凝土砌块模型

五、根据以下要求和给出的图纸创建模型并将结果输出。在考生文件夹中新建名为"第五题输出结果"的文件夹，将结果文件保存在该文件夹中。（40分）

1. 设置 BIM 建模环境（5分）

1）以考生文件夹中的"第5题样板"作为基准样板，创建项目文件。（2分）

2）设置项目信息。（3分）

① 项目发布日期：2021年1月4日；

② 项目名称：某独栋别墅；

③ 项目编号：20210104-1。

创建某独栋别墅模型

2. BIM 参数化建模（25分）

1）根据给出的图纸创建建筑形体，包括墙、柱、门、窗、楼板、台阶、斜坡、屋面板等构件。其中，门、窗仅要求尺寸与位置正确。

2）主要建筑构件的参数要求见构件参数表（未标注门垛宽度为240mm，图中未注明尺寸可自行设定）。

构件参数表

类型	厚度/mm	材料
墙体	240	混凝土砌块
	120	混凝土砌块
1F 楼板	50	现浇混凝土
屋面板	150	现浇混凝土

门明细表

类型	宽度/mm	高度/mm	合计
JLM-3030	3000	3000	1
M1-800mm×2100mm	800	2100	3
M2-700mm×2400mm	700	2400	2
M-800mm×2400mm	800	2400	1
M-2124	120	2400	1
M-3024	3000	2400	1
总计			9

窗明细表

类型	宽度/mm	高度/mm	底高度/mm	合计
C-0615	600	1500	900	2
C-1212	1200	1200	900	1
C-1215	1200	1500	900	1
C-1512	1500	1200	900	2
C-1515	1500	1500	900	1
C-2415	2400	1500	900	1
C-3015	3000	1500	900	1
总计				9

3．创建并导出图纸（10 分）

1）创建窗明细表，要求包含类型、宽度、高度、底高度及合计字段，并计算总数。（4 分）

2）建立 A3 尺寸图纸，创建"一层建筑平面图"图纸，要求包含一层平面图及窗明细表（图纸命名：一层建筑平面图；项目编号：20210104-1；视图比例：1∶100）。（4 分）

3）用"某别墅一层建筑模型"为项目文件命名，并保存项目文件。（1 分）

4）将创建的图纸导出为 AutoCAD2010.DWG 文件，命名为"一层建筑平面图"。（1 分）

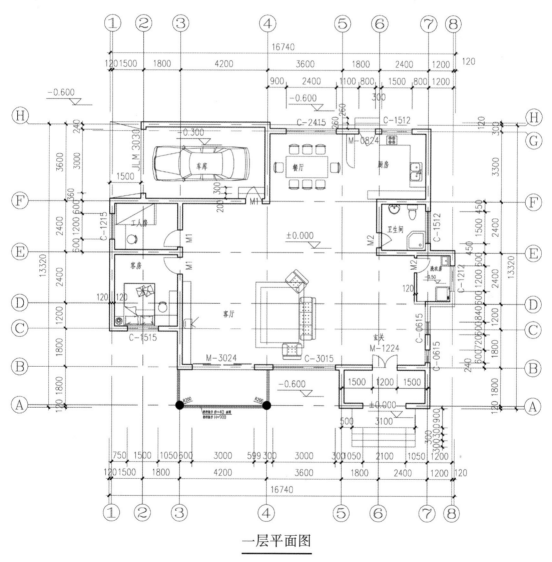

一层平面图

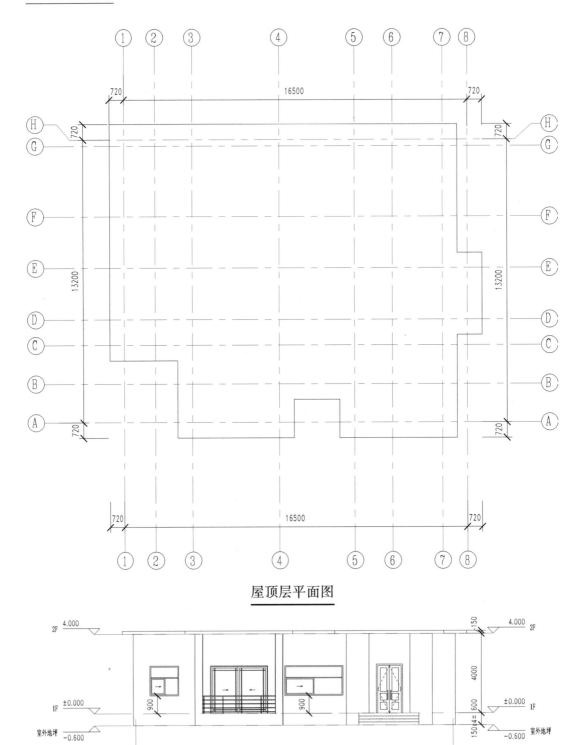

屋顶层平面图

1—8 轴立面

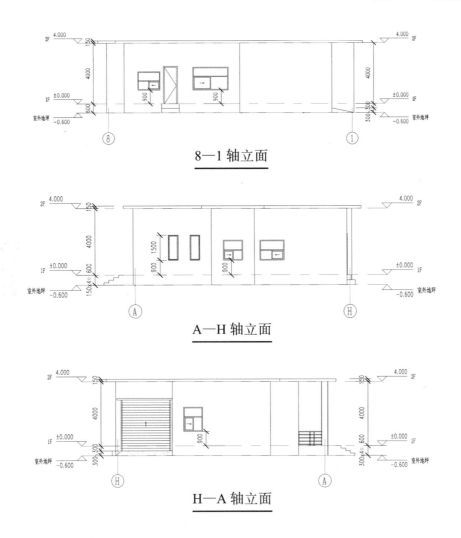

8—1 轴立面

A—H 轴立面

H—A 轴立面

BIM 技能模拟考试（二）

考试要求

1）考试方式：计算机操作，闭卷。

2）考试时间：180min。

3）新建文件夹（以考生姓名命名），用于存放本次考试中生成的全部文件。

试题部分

一、按下图给定数据创建轴网并添加尺寸标注，轴头显示方式以下图为准，1—A、3—A轴网为红色，其余轴网为黑色。请将模型以"轴网"为文件名保存到考生文件夹。
（10分）

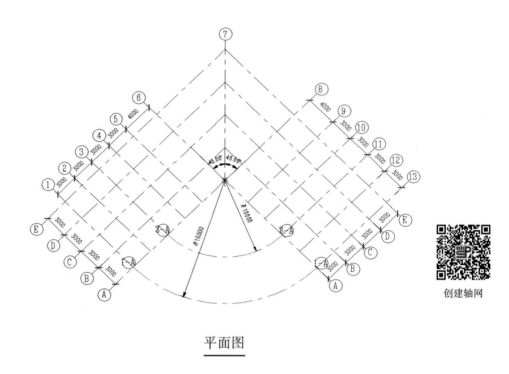

创建轴网

平面图

二、按照给出的楼梯平、剖面图创建楼梯模型；楼梯踏板厚度为50mm，梯段厚度为150mm，平台厚度为300mm；楼梯栏杆高度为900mm，栏杆样式不限。请将模型以"楼梯"为文件名保存到考生文件夹中。（20分）

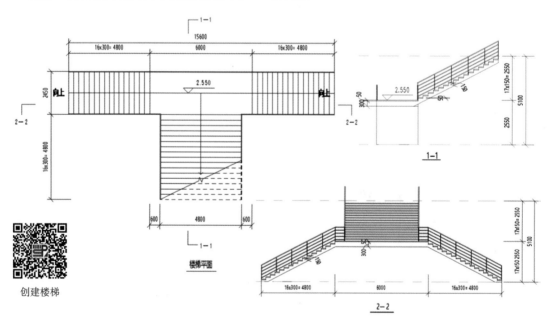

创建楼梯

楼梯平面

三、根据以下给定数据，用体量方式创建模型。请将模型以"体量模型"为文件名保存在考生文件夹中。（10分）

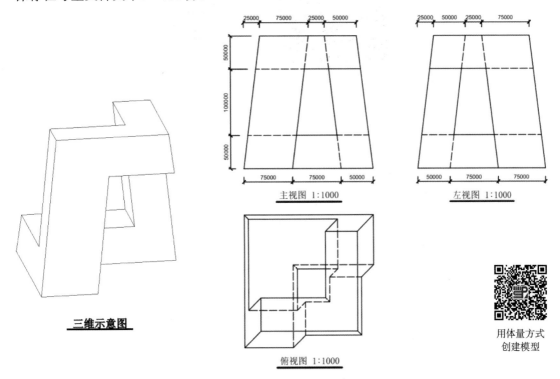

主视图 1:1000

左视图 1:1000

三维示意图

俯视图 1:1000

用体量方式
创建模型

四、根据下面给定的视图创建电视柜构建集，并将柜子面板和主体材质设置为"胡桃木"，中间推拉窗材质设置为"玻璃"，抽屉拉手和 4 个支角材质设置为"橡胶，黑色"。将模型以"电视柜"为文件名保存在考生文件夹中。（20分）

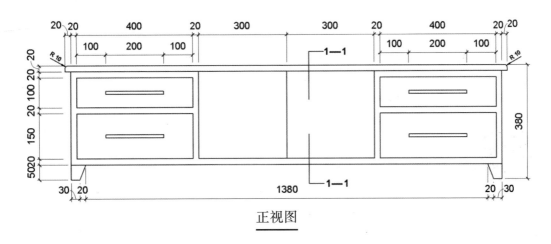

正视图

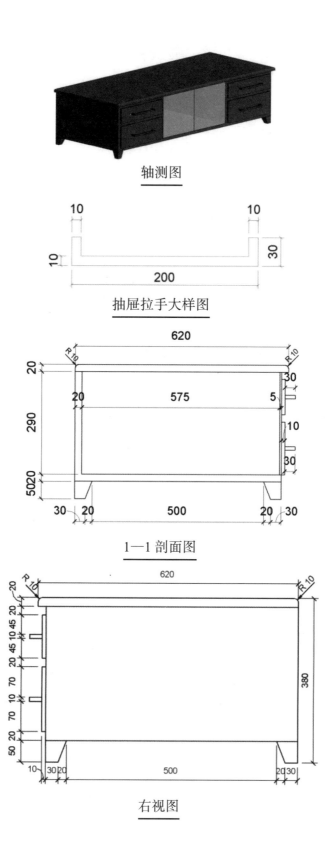

轴测图

抽屉拉手大样图

1—1 剖面图

电视柜模型创建

右视图

五、根据以下要求和给出的图纸创建模型并将结果输出。在考生文件夹下新建名为"第五题输出结果"的文件夹，将结果文件保存在该文件夹中。（40分）

联排别墅模型创建

1. 新建项目与设置 BIM 建模环境（2分）

基于构造样板新建项目，设置项目信息：

① 项目发布日期：2021 年 5 月 1 日；

② 项目编号：2021001-1。

2. BIM 参数化建模（20分）

1）主要建筑构件参数要求见构件参数表。（4分）

构件参数表

类型	参数及要求	类型	参数及要求
200 墙	10mm 面砖	柱	尺寸：300mm×300mm
	180mm 水泥空心砌块		定位：中心线与轴网对齐
	10mm 面砖	屋顶	10mm 屋顶材料 – 瓦
	定位：轴网		3mm 油毡
楼板	20mm 面砖		40mm 刚性隔热层
	30mm 水泥砂浆		20mm 水泥砂浆
	150mm 混凝土		120mm 混凝土

2）根据给出图纸创建建筑形体，包括墙、柱、楼板、屋顶、楼梯、阳台栏杆。其中，要求尺寸、位置、标记名称正确，栏杆类型均用"1100mm 圆管"，屋顶坡度均为 1：2，未标明尺寸与样式不作要求。（14分）

3）按给出平面图为相应的房间添加标记。（2分）

3. 放置门、窗（10分）

1）根据门、窗明细表参数，载入对应门、窗族，创建门窗类型。（5分）

2）按照各层平面图放置门、窗并添加标记。其中外墙门窗定位均为中心位置，内墙门、窗定位不作精准要求；C3 和 C5 窗台高度为 200mm，其余窗台高度均为 600mm；给所有门、窗添加属性，名称为"安装日期"。（5分）

窗明细表

类型标记	族	宽度 /mm	高度 /mm	底高度 /mm	合计
C1	推拉窗 6	900	750	600	4
C2	推拉窗 5	1500	1400	600	8
C3	推拉窗 3– 带贴面	4000	3000	200	3
C4	推拉窗 6	900	1400	600	18
C5	推拉窗 3– 带贴面	4000	2050	200	3
C6	推拉窗 6	1500	1450	600	6
总计					42

门明细表

类型标记	族	宽度 /mm	高度 /mm	底高度 /mm	合计
M1	单扇平开木门 1	900	2100	0	9
M2	双扇平开木门 1	1500	2200	0	3
M3	单扇平开木门 1	800	2100	0	21
M4	双扇平开木门 1	1200	2100	0	6
M5	四扇推拉门 3	3000	2100	0	3
M6	四扇推拉门 3	2000	2100	0	3
总计					45

4．创建图纸（5 分）

1）创建门窗明细表，要求包括类型、宽度、高度、底高度及合计字段。（2 分）

2）建立 A0 尺寸图纸，创建并放置平面图、立面图和剖面图，根据图纸内容给图纸命名，编号任意，一个图框可布置多张图纸。（3 分）

5．模型文件管理（3 分）

1）将创建的平面图、立面图和剖面图导出为 AutoCAD 2010.DWG 文件，将图纸上的视图和链接作为外部参照导出。（2 分）

2）将模型文件以"联排别墅"为项目文件名保存在考生文件夹中。（1 分）

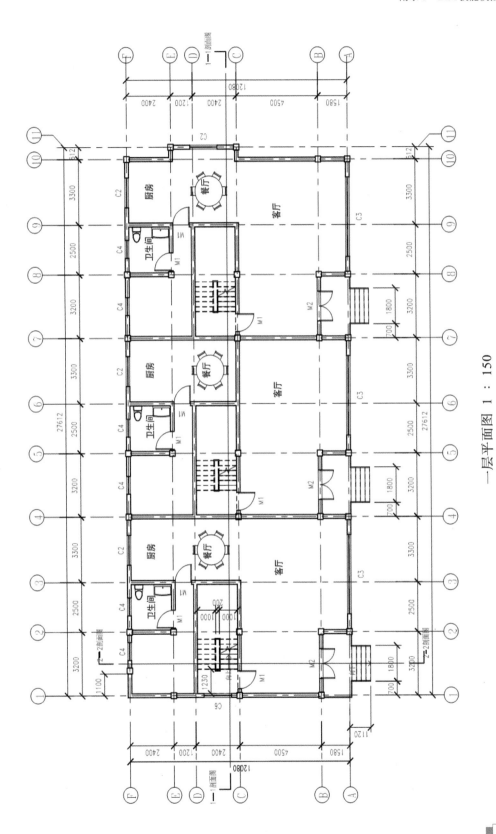

一层平面图　1：150

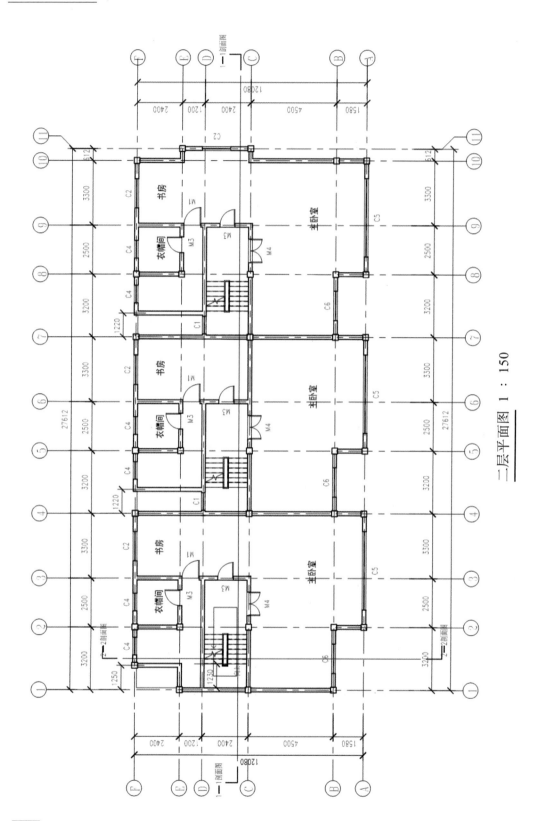

二层平面图 1：150

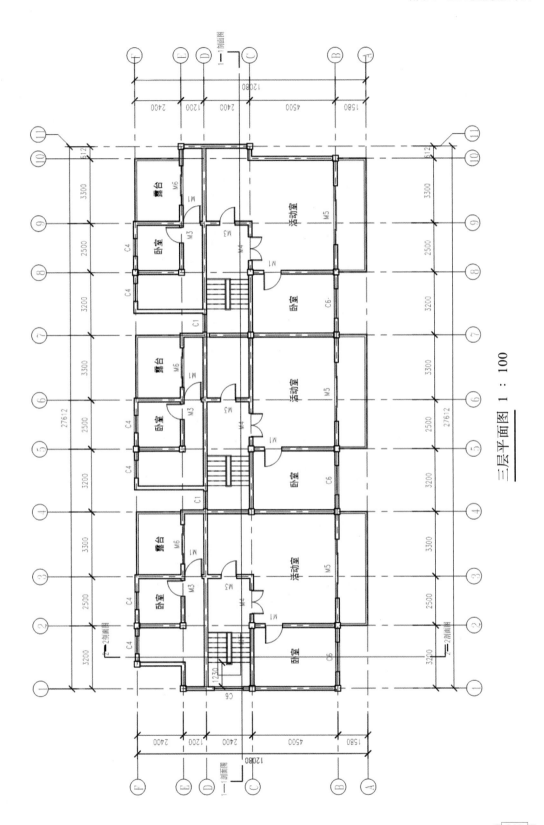

三层平面图　1：100

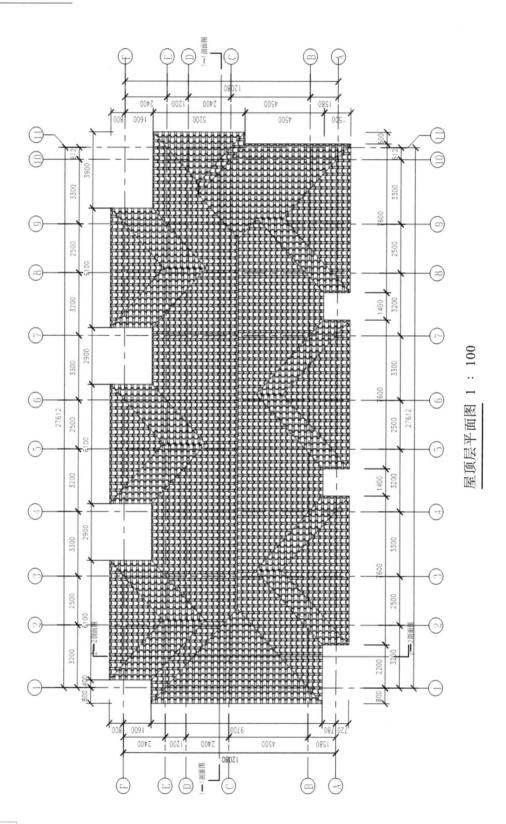

屋顶层平面图 1:100

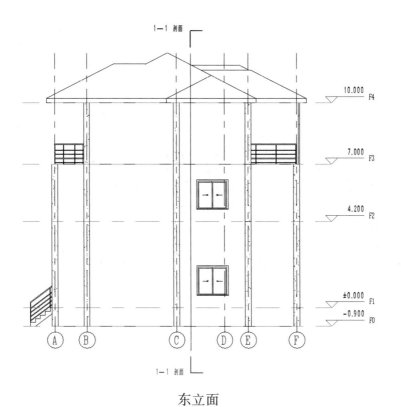

东立面

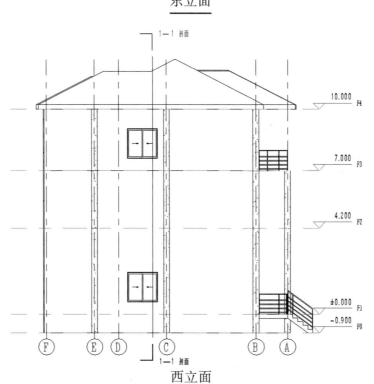

西立面

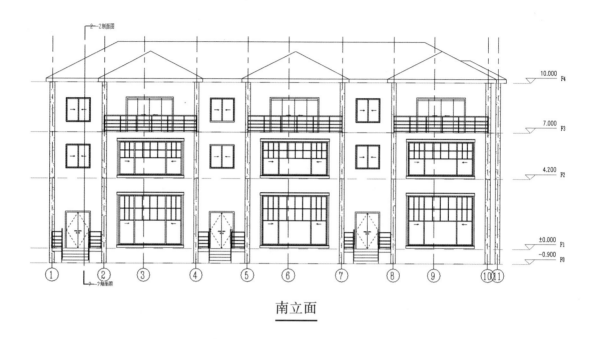

南立面

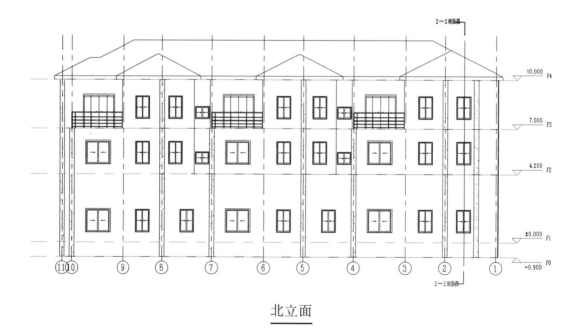

北立面

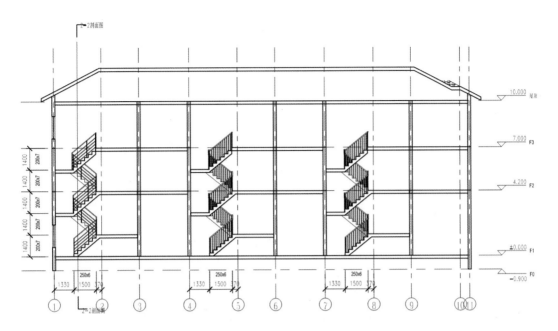

1—1 剖面图

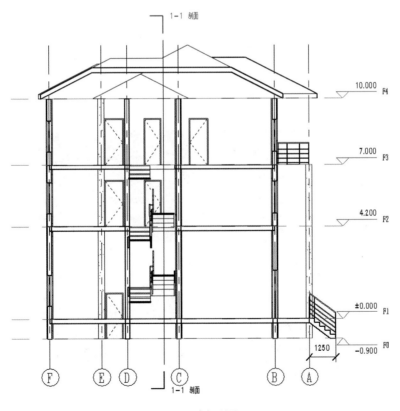

2—2 剖面图

小别墅图纸

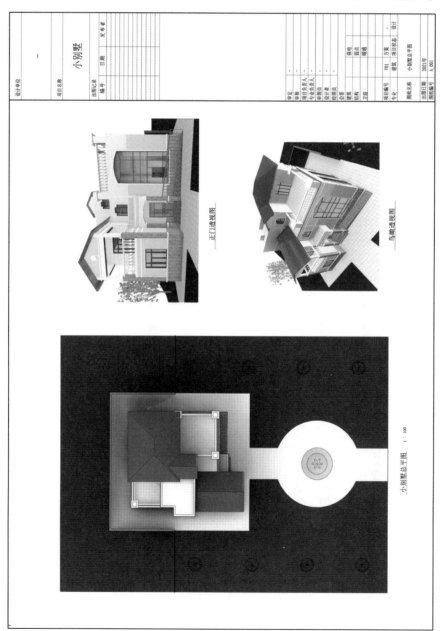

设计单位		—			
项目名称		小别墅			

正门透视图

鸟瞰透视图

小别墅总平面图　1：100

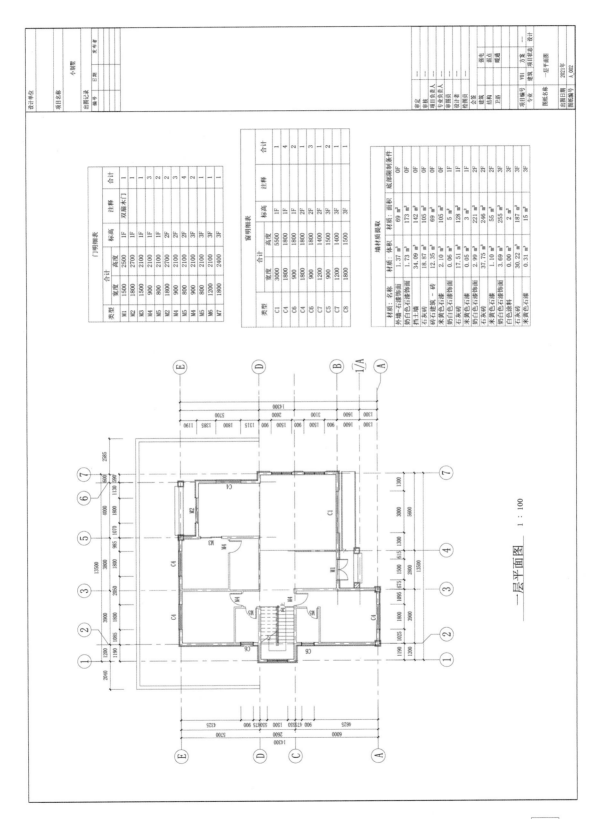

一层平面图　1：100

门明细表

类型	宽度	高度	标高	注释	合计
M1	1500	2500	1F		1
M2	1800	2700	1F		1
M3	1500	2100	1F		1
M4	900	2100	1F		3
M5	800	2100	1F		2
M2	1800	2700	2F		2
M4	900	2100	2F		3
M5	800	2100	2F		4
M4	900	2100	3F		2
M5	800	2100	3F		1
M6	1200	2100	3F		1
M7	1800	2400	3F	双扇木门	1

窗明细表

类型	宽度	高度	标高	注释	合计
C1	3000	5500	1F		1
C4	1800	1800	1F		4
C6	900	1800	1F		2
C4	1800	1800	2F		1
C6	900	1800	2F		3
C7	1200	1400	2F		1
C5	900	1500	3F		2
C7	1200	1400	3F		2
C8	1800	1500	3F		1

墙材质提取

材质：名称	材质：体积	材质：面积	底部限制条件
外墙－石漆饰面	1.37 m³	69 m²	0F
奶白色石漆饰面	1.73 m³	173 m²	0F
挡土墙	34.09 m³	142 m²	0F
石灰砖	18.87 m³	105 m²	0F
砖石建筑－砖	12.35 m³	69 m²	0F
奶白黄色石漆	2.10 m³	105 m²	1F
石灰砖	0.06 m³	5 m²	1F
石灰砖	17.51 m³	128 m²	1F
奶黄色石漆	0.05 m³	3 m²	2F
奶白色石漆饰面	37.75 m³	221 m²	2F
米黄色砖	1.10 m³	55 m²	2F
奶白色石漆	3.69 m³	255 m²	2F
白色涂料	0.00 m³	2 m²	3F
石灰砖	30.22 m³	187 m²	3F
米黄色石漆	0.31 m³	15 m²	3F

设计单位

项目名称　小别墅

出图记录　编号　日期　发布者

审定
审核
项目负责人
专业负责人
设计者
校对员
绘图员

会签　强电　弱电　暖通　建筑　结构　水路

项目编号　V01　方案　项目状态　设计
专业　建筑　一层平面图
出图日期　2021年
图纸名称　一层平面图
图纸编号　A.002

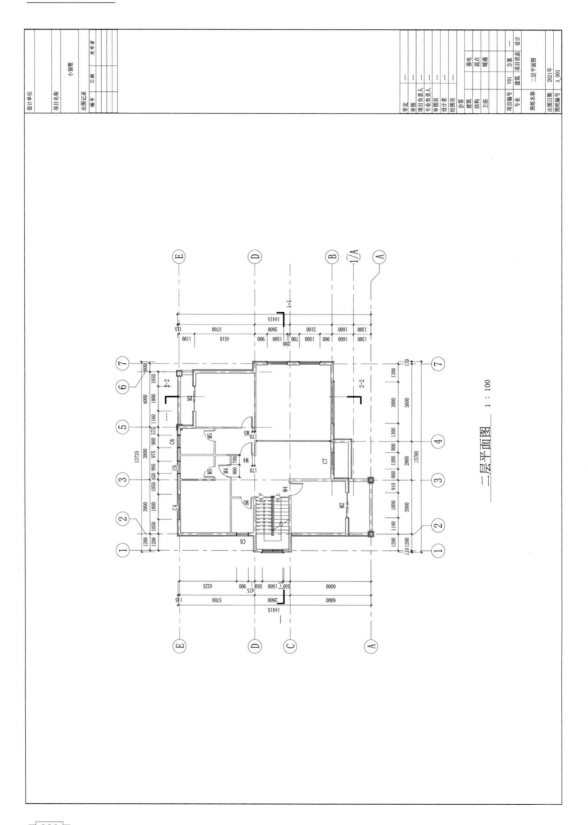

二层平面图　1：100

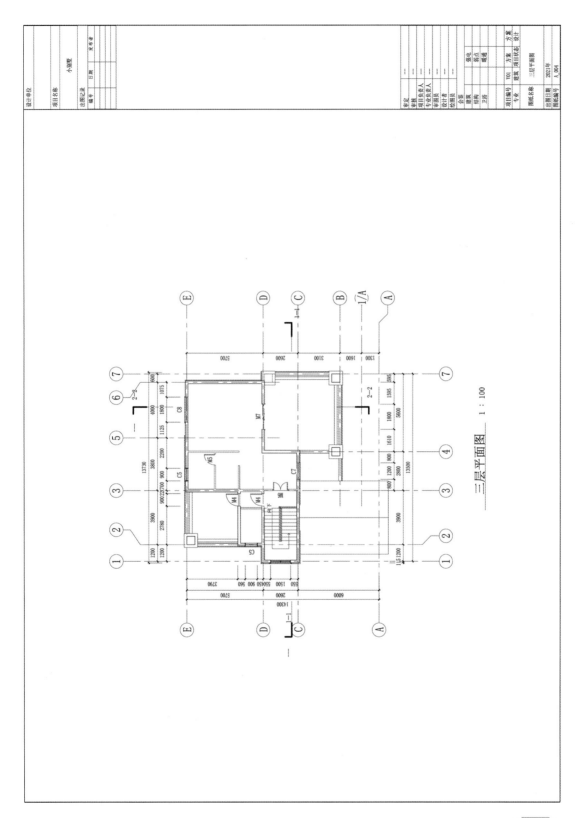

三层平面图　1：100

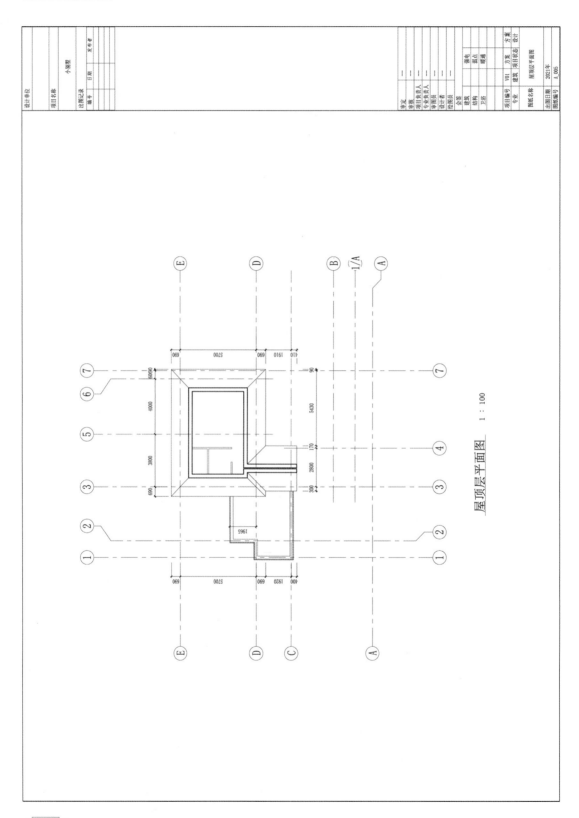

屋顶层平面图 1 : 100

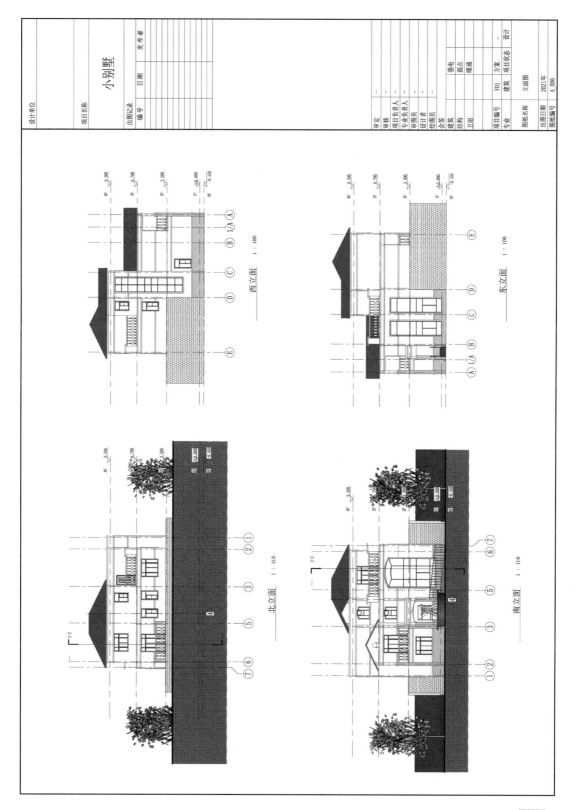

参 考 文 献

ACAA 教育，肖春红，2015．Autodesk Revit Architecture 2015 中文版实操实练［M］．北京：电子工业出版社．

何关培，应宇垦，王轶群，2011．BIM 总论［M］．北京：中国建筑工业出版社．

王婷，2015．全国 BIM 技能培训教程［M］．北京：中国电力出版社．

王婷，应宇垦，2017．全国 BIM 技能实操系列教程 Revit 2015 初级［M］．北京：中国电力出版社．

许诗，2015．巧用 Revit 自有构件创建特殊模型［J］．土木建筑工程信息技术，7（3）：92-96．

赵红红，2005．信息化建筑设计：Autodesk Revit［M］．北京：中国建筑工业出版社．